计 算 机 科 学 丛 书

原书第2版

物联网

架构、技术及应用

[希] 弗洛肖斯·齐阿齐斯（Vlasios Tsiatsis）
[德] 斯塔马蒂斯·卡尔诺斯科斯（Stamatis Karnouskos）
[瑞] 杨·霍勒（Jan Höller）　　　　著
[英] 大卫·博伊尔（David Boyle）
[澳] 凯瑟琳·马利根（Catherine Mulligan）

王慧娟　邢艺兰　译

Internet of Things

Technologies and Applications for a New Age of Intelligence Second Edition

机械工业出版社
CHINA MACHINE PRESS

图书在版编目（CIP）数据

物联网：架构、技术及应用：原书第 2 版 /（希）弗洛肖斯·齐阿齐斯（Vlasios Tsiatsis）
等著；王慧娟，邢艺兰译 . -- 北京：机械工业出版社，2021.10（2024.1 重印）
（计算机科学丛书）
书名原文：Internet of Things: Technologies and Applications for a New Age of Intelligence,
　　　　　Second Edition
ISBN 978-7-111-69182-2

I. ①物…　　II. ①弗…　②王…　③邢…　　III. ①物联网　　IV. ① TP393.4 ② TP18

中国版本图书馆 CIP 数据核字（2021）第 195436 号

北京市版权局著作权合同登记　图字：01-2020-3423 号。

Internet of Things: Technologies and Applications for a New Age of Intelligence, Second Edition
Vlasios Tsiatsis, Stamatis Karnouskos, Jan Höller, David Boyle, Catherine Mulligan
ISBN: 9780128144350
Copyright © 2019 Elsevier Ltd. All rights reserved.
Authorized Chinese translation published by China Machine Press.
《物联网：架构、技术及应用》（原书第 2 版）（王慧娟 邢艺兰 译）
ISBN: 9787111691822
Copyright © Elsevier Ltd. and China Machine Press. All rights reserved.

注意

　　本书涉及领域的知识和实践标准在不断变化。新的研究和经验拓展我们的理解，因此须对研究方法、专业实
践或医疗方法作出调整。从业者和研究人员必须始终依靠自身经验和知识来评估和使用本书中提到的所有信息、方
法、化合物或本书中描述的实验。在使用这些信息或方法时，他们应注意自身和他人的安全，包括注意他们负有专
业责任的当事人的安全。在法律允许的最大范围内，爱思唯尔、译文的原文作者、原文编辑及原文内容提供者均不
对因产品责任、疏忽或其他人身或财产伤害及 / 或损失承担责任，亦不对由于使用或操作文中提到的方法、产品、
说明或思想而导致的人身或财产伤害及 / 或损失承担责任。

出版发行：机械工业出版社（北京市西城区百万庄大街 22 号　邮政编码：100037）
责任编辑：曲　熠　　　　　　　　　　　　　　　责任校对：马荣敏
印　　刷：北京捷迅佳彩印刷有限公司　　　　　　版　　次：2024 年 1 月第 1 版第 2 次印刷
开　　本：185mm×260mm　1/16　　　　　　　　印　　张：16.5
书　　号：ISBN 978-7-111-69182-2　　　　　　　定　　价：99.00 元

客服电话：（010）88361066　68326294

物联网是 IT 产业中发展最快的领域之一。物联网系统的应用领域非常广泛，随着物联网技术的飞速发展，其在产业中的重要性仍在提升，具有广阔的发展前景。

作为物联网专业的教师，曾讲授物联网专业课程多年。见到这本书，首先想了解其内容与我们之前接触的相关书籍有何不同。在通读全文后发现，本书涉及物联网的发展前景、物联网技术和架构以及物联网应用案例等诸多内容，涵盖面广，紧追技术前沿。本书为如何在各个行业和整个社会中实施和部署物联网解决方案提供了全面的概述，适合所有希望了解物联网技术的读者阅读。

翻译这本著作是对自己的知识体系的补充，同时也希望更多相关领域的高校教师、学生及工程师通过阅读本书有所收获。

本书能够顺利翻译完成，要衷心感谢南开大学嵌入式系统与信息安全实验室的宫晓利老师提供的指导和支持，还要感谢机械工业出版社各位编辑的鼎力协助。本书之前的版本以及相似主题的书籍有前辈或同人进行了翻译，阅读这些译著令我们受益匪浅，特此表示感谢。限于译者的水平和经验，译文中难免存在不当之处，恳请读者提出宝贵意见。

译者

2021 年 6 月于华航

第 2 版序言

Internet of Things: Technologies and Applications for a New Age of Intelligence, Second Edition

尽管我们已经取得了一些进展，但时至 2018 年，物联网（IoT）的许多承诺仍未兑现。虽然"智能"系统正在部署，IoT 正在构建，但是随着 IoT 浪潮的到来，许多预期的重大改变尚未实现。是 5 年前的宣传言过其实，还是其他一些系统性问题推迟了 IoT 所承诺的未来？这本书的新版引起人们对新技术及其影响以及围绕物联网的大规模部署而产生的一些持续问题的关注。这是对第 1 版中提出的概念和想法的进一步更新。

此次更新涉及市场预测、对当前物联网系统孤岛方法的理解，以及将它们组合在一起的必要性和问题。此外，与任何技术（尤其是 IoT）一样，底层的连接工具和协议也在不断发展，作者从技术无关的角度研究并解释了不断变化的格局。对于工程师来说，了解每种替代方案的利弊，以便应用适当的技术并避免过时的框架，这一点至关重要，就好像说，"当你拥有的只是一把锤子时，一切都像钉子"。

最后，第 1 版中缺少的一部分内容是安全性。正如我们经常看到的那样，产品和系统设计人员未能充分考虑关于良好安全实践的问题，即忽略了"设计安全"。很高兴看到此主题已在第 2 版中得到补充。

希望在未来 5 年的时间里，我们都可以使用更加环保的系统并过上更好的生活，因为物联网已经发挥了其潜力。希望本书可以帮助读者理解未来的任务和工作，并理解其中的权衡，因为只有这样才能开始构建这些改变世界的系统。

Geoff Mulligan
前白宫首席物联网创新研究员
Skylight 数字咨询公司创始人

我是在计算机科学专业的学生使用 Gopher 来浏览课程提纲的那个互联网时代长大的。我们在固定电话线上通过 2400 波特调制解调器运行使用 ANSI 文本的专用公告板系统,并且通宵通过 USENET 传输新闻和邮件列表。可以把这些想象成过去十年中我们在自动化系统和 M2M 领域所经历的变化的一个类比。20 世纪 90 年代互联网使用人数的惊人增长,在21 世纪 10 年代重现为物联网所连接设备的惊人增长。

很高兴看到这本书在 IoT 的发展高峰期得以出版,此时大部分写作都在推文和博客文章中进行。传统 IP 网络、安全技术和 Web 基础架构的部署需要大量知识和技能,而了解物联网也需要类似的知识范围。数十年来,由于我们通过书籍和教学的方式进行了大量的训练,所以,今天我们才能将这些获得的知识视为理所当然。幸运的是,我们从构建当今的互联网和 Web 服务中获得的大多数知识都可以应用于 IoT。 但是,IoT 技术涉及很多新的方面,包括低功耗网络上的 IPv6、TLS 安全性的新应用、有效的 Web 传输协议,以及通过通常理解的数据对象来管理和使用设备的技术。

系统及网络架构师、管理员和软件开发人员会发现本书对 IoT 架构和技术做了很好的概述。同时,业务经理和产品经理会发现本书对市场细分、应用和需求的介绍很实用,可以作为了解成功的 IoT 产品或服务的入门读物。最后,技术综述是帮助读者找到深入研究特定领域所需信息的理想起点,而架构综述则涵盖广泛的设计范例。另外,本书提出了一个重要观点:如果没有以整体方式将信任和安全性内置到 IoT 技术和系统中,我们将不会看到物联网,而是继续看到孤立的物。

如今,构建物联网的技术已经准备好,在物联网中可以开发、部署设备和服务,以造福整个社会和整个行业。我们现在的挑战是如何将技术教给别人。

Zach Shelby

ARM 公司物联网副总裁

9 岁那年，我开始学习编程，那时我认为计算机很酷。15 岁那年，我开始入侵网络并引起了一些报纸的注意，于是我认为网络很酷。后来做了五角大楼空军中尉，在帮助建立 ARPANET 的时候，我仍然认为网络很酷。1996 年，在帮助设计 IPv6 的同时，我为 PC 编写了 v6 的第一个实现，并在 2001 年将其重写为一个 8 位微控制器版本，此时我意识到嵌入式网络很酷。最近，我探索并发展了智能对象联盟的 IP，现在担任白宫首席创新研究员，致力于信息物理系统和物联网的发展，我看到每个人都注意到 CPS、IoT 和 M2M 将如何重塑我们的世界，那真的很酷。

1999 年，Scott McNealy 打趣道："无论如何，您的隐私权为零……忘了它吧。"我们不应该忘记它，而是要处理它。至关重要的是，我们要考虑隐私问题，开展相关实验，并努力解决而不是迁就问题。与这个新兴的更加智能的世界有关的概念和思想正在成为讨论和辩论的重点，本书及其他物联网书籍在推广这些概念和思想方面尤其重要。根据最近的一项调查，美国现在拥有比居住在美国的 3.11 亿人口更多的与网络连接的工具、传感器、控制器、电话和电子器件。如果我们要正确解决这一问题，那么了解应用程序之间的架构设计权衡就很重要。

物联网和这些机器对机器的网络是使用开放标准协议（尤其是 IP）构建的，这一点至关重要。互联网工程任务组（IETF）现任主席 Jari Arkko 开始描述"无许可的创新"这一概念，因为这种创新可以创建新商务、新系统和新商务模型，而无须征得其他人的许可。开放的协议和开放的标准为这些机会奠定了基础。当 Vint Cerf 和其他人一起创建互联网时，他们并没有计划使用 YouTube 或 Facebook，但是他们的分层网络设计和免费可用的协议允许进行此类创新。

关于物联网的书籍相当多，但很少提供对互联世界的展望以及将展望变为现实所需的基本构建块的描述。本书超越了这些基础知识，在资产管理、工业自动化、智能电网、商业楼宇自动化、智慧城市（与我的首席创新研究员项目 SmartAmerica Challenge 一致，特别受欢迎）和参与式感知等方面给出了具体示例。区分每个应用程序空间的重要细微差别对于理解如何将预期设计应用于每个应用程序至关重要。在每个部分中，对延迟、安全性、隐私、确定性、吞吐量和速度都有不同的要求，了解这些差异对于正确的系统设计以及成功的安装和部署都非常重要，而本书可以提供这些必要的信息。

将成为物联网的一部分的下一代设备不仅可以感知和报告，还可以控制。无论是联网汽车、楼宇自动化系统、敏捷制造机器人、恒温器还是门锁，这些新型联网机器都将对我们的生活产生更大的影响。由于我们允许更大程度的控制和自治以确保安全性，对控制数据和操作说明的保护将变得至关重要。"有意设计"的隐私和安全性势在必行，绝不能日后再考虑。

当我们朝着 2020 年的目标和爱立信所预测的 500 亿个物联网终端迈进时，需要全面考虑并制定计划，以免受到设备管理、隐私问题和数据雪崩的猛烈冲击。自 Kevin Ashton 首次使用物联网一词以来已有十多年了，信息孤岛专有协议的部署和孤岛互联所需的网关限制了物联网的发展速度，但实现互联和继续寻求新的"更好的"协议却需要更多的伪开放标准

（但仍为专有）协议和网关。我们拥有必要的工具，那就是健全的设计和开放标准的应用，这些应用将使我们能够迈入互联互通的新时代。我们满怀信心去迎接一个更安全、更高效的世界和社会，这真是太酷了。

Geoff Mulligan
首席创新研究员
IPSO 联盟、LoRa 联盟创始人

概述

从消费者解决方案到工业规模的解决方案，物联网正在迅速成为我们日常生活的一部分。因此，人们对物联网的兴趣日益增长，尤其是如何基于广泛的标准和技术来创建可靠的、实际的解决方案。另外，公司和政府正在寻求在技术和经济上都可行的解决方案以及设计和实施这些解决方案的适当框架。

"连接的设备"（即连接到互联网的设备）的数量正在增长，并且随着人们购买的设备数量的增加，有望继续呈指数增长。根据 2017 年 11 月的爱立信移动使用报告[2]，自本书第 1 版出版以来，在全球范围内，手机使用量增长了近 20%（从 2013 年的 67 亿增至 2018 年的约 80 亿）。根据同一份报告，目前有 70 亿个物联网设备（短程和广域；IoT 设备是指除了 PC、笔记本电脑、平板电脑、移动电话和固定电话之外的采用不同通信技术的连接设备），到 2023 年，将会有 200 亿个物联网设备，其中通信技术的比例分别为 12%（广域）和 88%（短程）。多年来，终端用户也开始以越来越快的速度使用多种设备（例如，平板电脑、电子书阅读器、手机、数字电视）。同时，考虑到住宅和公司建筑物中的连接设备，移动设备使用数达到数百亿，这些移动设备利用公共和私人基础设施跨城市、地区和国家实现联网。例如，在公共交通中将使用数百万个此类连接设备，以改善面向民众的服务和进行信息传递。这种提高的效率有望帮助减少碳排放并围绕物联网平台创建的数据进行创新。这种爆炸性增长不仅在通信行业而且在更广泛的全球经济中都是前所未有的。

除此之外，物联网解决方案和服务在未来会扮演更广泛的角色。联合国人居署的《世界城市报告》⊖指出：2015 年，全球约 54% 的人口居住在城市而不是农村地区；到 2050 年，这一比例预计将上升到 66%。因此，城市和国家的基础设施必须做出相应的调整，从道路和照明到地铁 / 通勤火车和各类能源管道等。大部分基础设施将配备传感器和执行器，以实现更有效的管理，并且所有与基础设施相关的设备都将连接到大规模数据分析和管理系统，其数据需要被有效地捕获、分析和可视化以便应用于智慧城市的可持续发展中。

可以预见的空前的设备数量，再加上许多机器对机器（M2M）应用程序的垂直特性，使实施基于这些技术的解决方案面临一系列的挑战，对于处理数百亿个附加连接设备的流量负载，传统电信平台的部署和运营成本将高得惊人。此外，由于应用 M2M 技术的案例的特殊性，每个"孤岛"解决方案中都出现了零散的生态系统。这些行业动态对于希望开发 M2M 应用程序或服务的个人和公司来说，会使从支持各种设备和计费的混合，到处理整个价值链上的结算和佣金变得困难。因此，了解如何应对这些变化是公司、城市和政府的关键需求。

本书为希望了解当今物联网状态的读者提供了详尽而全面的分析。当 2012 ～ 2013 年编写本书的第 1 版时，M2M 和物联网的概念正在争夺世界和市场份额。M2M 是一个已建立但规模很小的细分市场，其关注的是到达远程机器的简单集成通信解决方案，而物联网则是无线传感器网络的学术研究与 RFID 和相关识别技术的学术 / 工业研究及发展的融合。

⊖ http://wcr.unhabitat.org。

在第 1 版中，我们旨在区分这些术语并展示物联网的未来发展——一个由涵盖这些术语的 IoT 融合的世界。五年后，我们完成的第 2 版中仅包括关于术语 M2M 及其技术的少量痕迹。市场几乎成倍增长，如果没有令人信服的宣传和基于 IoT 的产品，那么市场上每个重要的 IT 厂商都很难顺利发展。

物联网也从几乎是由爱好者或热心人驱动的"周末项目"社区发展为传统行业（例如制造业、汽车业和公用事业）的主要工业应用领域。这主要是通过使用新的通信技术和云服务对 M2M 进行升级，并将其扩展到每个可以想象的企业中来实现的。这一点可以通过工业互联网联盟和 RAMI 4.0 的创建以及大量的工业实践成果来证明。

本书第 1 版已被广泛阅读、引用并在各国大学中用作教科书。但是，自 2014 年出版以来，各种新的技术进步意味着现在是更新内容的合适时机了。

本书结构

第一部分概述物联网的全球背景，包括技术和商业驱动因素。

第 1 章概述物联网的市场和技术驱动因素，以此作为本书的动机。

第 2 章概述物联网的起源和前景、作为技术集合的主要特征和功能，以及 IoT 要解决的一些类型的问题，包括基于既定趋势的驱动因素。

第 3 章概述物联网的市场驱动力、产业结构、价值链和业务模型示例。

第 4 章介绍架构和系统设计、物联网架构的一些主要功能元素，以及关于 IoT 标准化的思考。

第二部分介绍物联网解决方案的技术构建块，包括安全性、隐私和信任，以及最新的架构和参考模型。

第 5 章概述技术基础——物联网赖以构建的基础，包括设备和设备网关、局域网和广域网、数据管理、商业流程、云技术、机器智能和分布式账本。

第 6 章描述提供针对恶意行为者的安全性所需的基本机制，并概述物联网系统的许多潜在威胁，提出了一些采用分层方法的缓解方案。除了讨论对构建可信赖的 IoT 应用程序和系统至关重要的安全和隐私方面的内容之外，还对主要标准机构指定的安全机制进行了概述，并着眼于物联网安全的未来发展。

第 7 章介绍标准开发组织、联盟和技术社区维护的架构的构成。本章并没有全面讨论开发部分和整个架构的可能实现方法，而是试图讨论关注物联网不同方面的主要组织和团体。

第 8 章介绍与当今物联网相关的架构参考模型（ARM），即 IoT-A（IoT ARM）和工业互联网联盟（IIC）参考架构（IIRA）。IoT-A 提供信息技术（IT）参考架构，而 IIRA 提供相应的操作技术（OT）。

第 9 章概述开发实际技术解决方案时需要考虑的设计约束。

第三部分介绍 IoT 解决方案的实际实现案例。

第 10 章讨论资产管理应用，该应用可以远程跟踪和管理库存。通常，这种功能涉及定期收集资产的准确位置和状态以改进业务流程（例如防止缺货）或降低风险（例如减少物品丢失）。

第 11 章介绍工业环境中的新方法，可通过大量智能的、小型的、联网的、嵌入式的设备以高粒度形式创建系统智能，这与将智能集中在行业解决方案中少数大型或小型应用上的传统方法相反。

第 12 章介绍智能电网的应用案例。智能电网是当前改变电力系统的一场革命，IT 的飞速发展正越来越多地反映到电网及其相关运营的多个基础设施层中，物联网在电网的监控和管理及其利益相关者之间的交互中发挥了新的作用。

第 13 章介绍商业建筑和物联网的使用。楼宇自动化系统的目的通常是减少能源和维护成本，增加控制、舒适性、可靠性以及维护人员和租户的易用性，而物联网在商业楼宇自动化中起着越来越重要的作用。

第 14 章介绍智慧城市，它是物联网应用中一个新兴且日益重要的领域，包括如何应用传感器和相关的 IoT 系统并将其链接到其他模式（例如开放数据计划）中。

第 15 章介绍参与式感知（Participatory Sensing，PS），即城市、公民、以人为本的感知或社会感知。这是公民参与的一种形式，目的是捕获城市周围的环境和日常生活数据。本章涵盖这些场景的一些示例。

第 16 章介绍关于自动驾驶汽车的新技术，并讨论它们通过所谓的 IoT 交互如何对新兴的信息物理系统做出贡献。

第 17 章概述物流管理中的主要角色和参与者，简要介绍所涉及的主要技术，并概述食品运输的示例场景，在该场景中，传统的物流技术（RFID、条形码、EPCIS 等）中引入了感应、本地处理和潜在的本地驱动等 IoT 技术。

第 18 章简要介绍物联网的未来。

附录概述欧洲电信标准协会（ETSI）M2M 的架构和接口。自 2012 年 ETSI 工作结束以来，由于架构和接口规范已合并到 oneM2M 规范中并不断发展，因此附录的内容仅具有历史意义。

V. Tsiatsis

S. Karnouskos

J. Höller

D. Boyle

C. Mulligan

2018 年 11 月

没有他人的支持和投入，本书是不可能完成的。非常感谢爱立信、SAP 和伦敦帝国理工学院的许多同事以及工业界和学术界的同事所做的贡献。

本书是对 2014 年出版的第 1 版[1]的全面更新。除了上一版中的致谢以外，我们还要感谢 Jennifer Zhu-Scott 贡献了 5.7 节。我们要感谢第 1 版的合著者 Stefan Avesand，尽管他由于其他事务无法参与第 2 版的撰写，但仍然功不可没。

我们还要感谢第 1 版的读者给予的支持和意见，他们的帮助使第 2 版变得更棒。

Mulligan 博士要感谢 Olavi Luotonen（欧盟委员会）、Omar Elloumi（贝尔实验室）和开放式敏捷智慧城市（OASC）。

我们还要感谢爱立信的同事的有益讨论和支持，特别感谢 Sara Mazur、Eva Fogelström、Hans Eriksson、Göran Selander、John Mattsson、Francesca Palombini、Peter von Wrycza、Ramamurthy Badrinath、Nanjangud Narendra、P. Karthikeyan、Carlos Azevedo、Klaus Raizer、Ricardo Souza、Sandeep Akhouri、Ari Keränen、Jaime Jiménez 和 András Veres。

还要感谢我们的家人，因为在整个过程中若没有他们的慷慨和支持，完成这本书将是不可能的。

V. Tsiatsis

S. Karnouskos

J. Höller

D. Boyle

C. Mulligan

2018 年 11 月

作者简介

Vlasios Tsiatsis 是爱立信研究院的高级研究员，从事物联网研究已有 20 年，涉及从 8 位微控制器上的节能通信算法到云中的流数据分析等主题，近来延伸到物联网安全方面的研究。他为美国 DARPA 的多个无线传感器网络研究项目，RUNES、SENSEI、IoT-i 和 CityPulse 等欧盟研究项目，以及围绕"机器 / 人 / 移动设备对机器通信"和物联网服务的爱立信公司内部研究项目做出了贡献。Vlasios 在物联网技术和部署方面拥有丰富的理论和实践经验，他的研究兴趣包括安全性、系统架构、物联网系统管理、机器智能和分析。他拥有加州大学洛杉矶分校网络化嵌入式系统领域的博士学位。

Stamatis Karnouskos 是德国 SAP 公司的物联网专家。他致力于研究新兴技术在企业系统中的附加值和影响。在过去的 20 多年中，他领导了多个欧盟委员会和由行业资助的项目，这些项目涉及物联网、信息物理系统、工业 4.0、制造业、智能电网、智慧城市、安全性和移动性。Stamatis 在该行业以及欧盟委员会和一些国家研究资助机构（例如德国、法国、瑞士、丹麦、捷克和希腊等国的机构）的研究和技术管理方面拥有丰富的经验。他曾是智能对象互联网协议（IPSO）联盟的技术顾问委员会以及欧洲网络和信息安全局（ENISA）的常驻利益相关者小组的成员。

Jan Höller 是爱立信研究院的首席研究员，他负责定义及推动技术和研究策略，并为物联网的企业战略做出了重要贡献。10 年前，他最早开展了爱立信在物联网领域的研究活动，并为包括 SENSEI、IoT-i 和 Citypulse 在内的多个欧盟研究项目做出了贡献。Jan 曾在战略产品管理和技术管理中担任过多项职务，自从 1999 年加入爱立信研究院以来，他创立了各种研究活动和研究小组。他曾是 IPSO 联盟的董事会成员，这是 2008 年成立的第一个物联网联盟。他目前是 OMA SpecWorks 的董事会成员，并且是工业互联网联盟（IIC）网络任务组的联合主席。

David Boyle 是伦敦帝国理工学院戴森设计工程学院的讲师。他拥有超过 14 年的跨学术界和工业界开发 IoT 技术的经验。他的研究兴趣包括复杂的传感 / 致动 / 控制系统（信息物理系统）、物联网和传感器网络应用、数据分析以及数字经济的交叉领域。David 于 2005 年获得计算机工程学（荣誉）学士学位，于 2009 年获得爱尔兰利默里克大学的电子和计算机工程博士学位。他的工作已获得国际认可和奖励，并发表在 *IEEE Transactions on Industrial Electronics*（*TIE*）和 *IEEE Transactions on Industrial Informatics*（*TII*）等领先的技术期刊上。他积极参加了多个该领域的技术计划和组织委员会的主要会议。2018 年 David 加入戴森设计工程学院，2012 年至 2018 年他是伦敦帝国理工学院电气与电子工程系的研究员。在此之前，他曾在爱尔兰廷德尔国家研究院微系统中心的无线传感器网络和微电子应用集成小组以及科克大学的嵌入式系统研究小组工作。更早之前，他还曾在法国电信研发 Orange 实验室工作，并在西班牙马德里技术大学（ETSIT UPM）的电信工程高等技术学院担任博士后访问学者。

Catherine Mulligan 博士是伦敦帝国理工学院的客座研究员，并且是 ICL 加密货币研究和工程中心的创始联合主管。她还是伦敦大学学院的高级研究员，担任 GovTech 实验室和 DataNet 的首席技术官，致力于研究作为世界经济基础的区块链、人工智能和先进通信技术的潜力和应用。Catherine 是世界经济论坛区块链委员会的专家和研究员，最近成为联合国秘书长数字合作高级别小组的成员。她拥有剑桥大学的博士学位和研究型硕士学位，并且撰写了多本关于 EPC 和 IoT 的电子通信类书籍。

Internet of Things: Technologies and Applications for a New Age of Intelligence, Second Edition

物联网发展前景

本书的第一部分概述物联网（IoT）的愿景和市场状况，讨论物联网存在的全球背景以及技术和行业中正在起作用的商业和技术驱动因素。本部分还介绍 IoT 架构的基础知识和相关原理，为读者理解第二部分做准备（第二部分将详细讲述 IoT 架构参考模型的细节）。

为什么选择物联网

本书面向所有希望了解物联网技术的人,为如何在各个行业和整个社会中实施和部署物联网解决方案提供了全面的概述。本章将简要介绍物联网的宏观图景和所涵盖的主题。

互联网的出现及其影响可以追溯到 20 世纪 80 年代,到 90 年代初引入万维网(World Wide Web,WWW)之后,互联网就重新定义了许多业务,例如媒体、旅游、零售和金融。举例来说,音乐产业从模拟音频编码转向数字音频编码,而且一旦数字化,互联网就自然地成为音乐的发行渠道。这就导致了整个行业的根本转变,从销售有形产品(例如黑胶唱片和光盘)到销售无形产品(例如 mp3 编码的音乐文件),然后再转变为基于一些演员的音乐流的订阅模型(例如 Spotify 和 Apple Music)。这意味着音乐的分发、销售和享受方式的彻底改变,实际上也导致了音乐产业价值链以及底层商业模式的彻底改变和简化。如今,互联网提供制作、分发、营销和消费音乐的完整流程。从消费者对企业以及企业对企业的角度来看,旅游业也同样发生了转变,并与如何提供预订服务(例如旅行和住宿相结合)整合在一起。零售业也是如此,网上购物已成为一种全球现象,亚马逊公司和阿里巴巴公司就是最好的例子。物联网是另一种根本性的变革浪潮,它正在重新定义能源、制造、运输和医疗保健等多个不同行业和社会领域的业务流程与实践。物联网的不同之处在于,它通过嵌入传感器以捕获物理属性并通过执行器来控制其状态,从而将机器、事物和空间的真实世界的维度作为首要标志添加到现有的互联网中。物联网的本质就是要实现涉及现实资产和机器的智能操作,无论它们是在消费者手上,还是在企业和工业领域中。智能操作是使用软件来收集对现实世界的见解,并自动执行不同类型的转换结果。

世界经济论坛(World Economic Forum,WEF)研究了物联网在工业方面的影响,并概述了工业物联网是如何变革的[3]。它不仅会对行业竞争产生影响,行业边界的定义也会发生变化。它还将创造新的商业机会,包括新的颠覆性公司的出现,正如互联网出现时那样。世界经济论坛已经确定关键的商业机会将产生在如下 4 个方面:首先,它是关于运营效率的重大改进,例如通过远程管理提高资源利用率和设备正常运行时间以及设备的预测性维护,即能够在机器需要维修时进行预测和提前安排;其次,它的出现是一种结果经济,这意味着企业将越来越多地从销售产品转为销售客户期望的产品价值;再次,系统将通过软件平台连接起来,这些软件平台能够在交换数据和信息的基础上进行在线协作,然后成为可交易的资产,这将进一步增加客户价值和效率,并扩大其交付规模;最后,它还将为人与机器之间的协作提供新的手段,增加工人数量,提高安全性和效率,并有望使工作更具吸引力和启发性。

为了了解物联网的潜力和影响,麦肯锡全球研究所研究了物联网解决方案在许多不同环境中的经济覆盖范围[4]。这项研究表明,2025 年物联网的潜在经济影响总量将在每年 3.9 万亿~ 11.1 万亿美元,与世界银行预测的 2025 年全球国内生产总值(GDP)99.5 万亿美元相比,物联网的潜在经济影响可能高达世界经济总量的 11%。需要注意的是,该价值是物联网可能产生的预估经济转型影响,并不代表物联网产品、解决方案或服务销售收入的价值。

麦肯锡公司研究中的设置包括物联网在不同环境中的使用,这些环境主要表示物理空间，如工作场地和家庭，而不是在各种垂直市场（例如，消费电子或汽车）中使用物联网。定义了 9 种不同的环境，每种环境都有自己预估的经济影响范围。图 1-1 显示了不同设置的潜在值，图中的值是基于每个设置的中值，因为各个设置中的范围都会有所不同。

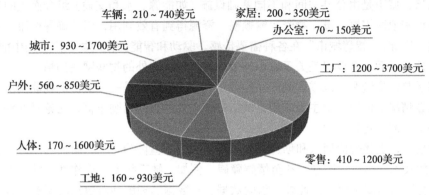

图 1-1 物联网在不同环境下的经济潜力

为了帮助读者更深入地了解这些设置包含哪些类型，以下给出每个设置的一些关键目标和应用程序示例。建议感兴趣的读者参考文献［4］了解更多详情。

- **人体**：这表示附着在人体上或嵌入人体内部的设备，例如可穿戴设备和可摄入设备。应用包括人体健康和健身、疾病监测和治疗、提高健康水平和积极的生活方式管理。此设置还包括使用增强现实来协助执行任务，以及使用传感器和摄像机进行技能培训，从而提高人类的工作效率。在危险的环境中工作时，人体健康和安全是此设置的另一个应用示例。
- **家居**：此设置关注人们居住的建筑物。基于家居功能的物联网应用包括家务和能源管理的自动化，以及安全和安保。这些应用程序对消费者有直接的好处，同时也对其他利益相关者（如公用事业公司）有一定的好处。
- **零售**：此设置包括消费者从事商业活动的空间，不仅与产品有关，还与服务相关。这包括以产品为重点的商店和陈列室，以及购买服务的空间，如银行、餐厅和各种竞技场。还包括诸如自助结账和自动结账、店内优惠和库存优化等应用程序。
- **办公室**：办公室被定义为知识工作者工作的空间。与家庭环境类似，能源和工作环境管理以及安全性都是典型的应用。另一个领域是提高人的生产力和绩效，包括流动工人。
- **工厂**：工厂在这里被定义为标准化的生产环境。工厂包括离散型制造工厂和加工工业工厂。它的广义定义还包括其他重复性工作的场所，例如农场或医院。工厂环境中的应用实例包括基于状态的设备维护和自动化质量监控。其他应用包括流程各部分的自主操作，例如零件的自动制造或农业灌溉，以及材料供应链的优化。
- **工地**：此设置涵盖自定义生产环境，其中每个工地都是唯一的，并且没有两个项目在简化操作方面是相同的。例如自然资源开采，如采矿、石油和天然气。另一个是建筑工地。共同特征包括不断变化的且多次不可预知的环境。通常，操作涉及昂贵和复杂的机械，如钻机和大型运输机。同样，应用程序要考虑针对昂贵机器的预测性维护，以确保高利用率、操作优化和工人的安全。日益重要的还有可持续性和尽量减少环境影响。

- **车辆**：车辆设置包括公路、铁路、海上和空中车辆，并侧重于在车辆自身、内部及车辆与车辆之间使用物联网的价值。示例应用包括自动驾驶车辆、计划维修的远程诊断以及监控车辆的行为和使用情况，以为车辆开发和设计过程提供帮助。
- **城市**：城市是由公共空间和不同基础设施（如能源、水和交通）组合而成的环境。人口稠密地区需要人员、物资运输顺畅，资源得到有效利用，以及确保健康、安全的环境。因此，"智慧城市"在各种需要传感、驱动和智能操作的物联网应用中前景广阔。
- **户外**：最后一个设置是关于城市环境和其他设置之外的物联网使用情况。一个典型的例子是供应链和在线零售的产品物流，其中跟踪物流是一个关键的物联网应用。这种设置情况下的第二个主要应用是城市环境以外的自动驾驶车辆，无论是在铁路上、公路上、海上还是空中。

必须指出，上述价值捕获和创造部分都需要克服一些障碍[3-4]。面临的障碍可能有不同的类型，如技术、组织、监管，甚至情感障碍。例如，缺乏技术互操作性、缺乏安全性和信任，有时甚至只是缺乏信任。此外，访问数据、对数据的理解和对数据的所有权也是可能存在的障碍。很多时候，数据往往停留在"孤岛"中，无法通过系统或组织边界轻松访问。

到目前为止，我们已经开始看到物联网的潜力和广泛的不同用例，还看到了全球经济（包括工业、企业、消费者和公共部门）的潜力。有不同的方法来构建和调整市场规模，也可以构建不同的应用和用例。可以看出，跨部门确实存在重复的应用，如资源优化、设备预测维护以及自主操作。第2章介绍了物联网的进一步驱动因素和使能技术，而用例是本书第三部分的重点。

看待物联网的另一种方法是物联网的流行观点，即大量不同的设备和装置将要连接到互联网上。从电信和数据通信网络的演变来看，花了大约100年的时间用固定电话连接了大约10亿个地方。又花了25年时间才将50亿人与移动设备连接起来，其中一半以上是能够运行互联网应用程序的智能手机。GSM、2G、3G和4G/LTE的移动网络时代主要关注拥有不同移动设备的用户。然而随着5G的出现，我们的目标是全面支持各种不同的物联网应用，从大量低功耗传感器到超可靠的低延迟连接，从而适用于任务关键型工业应用。在这种连接事物的进化中，下一步是连接现实世界的其他部分（机器、物体和空间），即物联网。连接物联网设备的预计数量因来源而异，但它们都显示出呈指数增长的总体趋势，即使在较为适度的预测中，未来几年的设备总数也将达到数百亿台。爱立信公司移动性报告[2]每年发布一次，其中给出了物联网设备快速增长的一个示例，如图1-2所示。

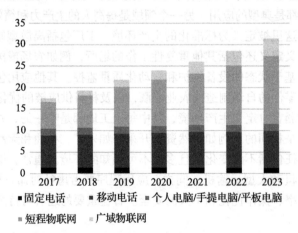

图1-2　对不同类型连接设备的预测（十亿数量级）（改编自爱立信公司资料）

可以看出，预计到 2023 年，连接的物联网设备数量将达到 200 亿台左右，要比其他连接的设备数量高出两倍。2017 ～ 2023 年间，连网的物联网设备预计将以 19% 的复合年增长率增长，这主要得益于新的用例和支付能力。这一增长应与移动电话的适度增长率和个人电脑、笔记本电脑和平板电脑的饱和增长进行比较。还可以看到的是，物联网设备将不会通过单一的网络技术连接，而是通过不同技术的组合进行连接。广域网段由使用蜂窝连接以及其他低功耗远程技术（例如 LoRa）的设备组成（详见 5.2 节）。短程部分主要包括通过 Wi-Fi 和蓝牙（典型通信距离可达 100m）等的技术连接的设备。这一部分还包括通过有线局域网和电力线技术连接的设备。

总之，物联网是规则的改变者，它是技术与企业相互作用产生的创新的完美典范。从技术角度来看，物联网不是一种单一的技术，而是将设备、网络、计算基础设施和软件相结合的系统方法，用以获取知识并实现自动化。现实世界中的物体和场所都装有包含传感器和执行器的装置，以捕捉和控制其物理特性，需要使用不同类型的网络从设备收集数据并提供远程控制，所有这些都取决于感兴趣对象的类型。还需要专门的软件来处理数据，以提取知识、进行推理，并使涉及各种物理对象的过程自动化，这些都取决于利益相关者的需求和目标。构建物联网解决方案需要适当的系统架构设计指南和最佳实践，还需要制定标准，以确保能够有效地构建系统，并确保在特定部署内部以及全球层面的互操作性。物联网解决方案将应用于工业、企业、消费者和公共部门的各种不同案例，并将对市场演变产生深远影响。本书涵盖了所有这些必要的方面。

物联网的起源和发展

2.1 引言

我们的世界正处于一个惊人的转变边缘，这个转变将影响到构成社会和经济基础的每个人、城市、公司和事物。正如互联网重新定义了我们的沟通方式、工作方式和游戏方式一样，一场新的革命正在展开，这场革命将再次挑战我们，以满足新的业务需求，并拥抱技术变革的机遇。新旧产业、城市、社区和个人都需要适应、发展并帮助创造这个世界迫切需要的新的参与模式。为了解决这些问题，我们正在迈向一个由快速增长的技术能力驱动的智能新时代。

在物理领域中，人、企业或组织有兴趣观察和控制的任何东西都将被连接起来，并通过互联网提供服务。物理实体可以是任何性质的，如建筑物、农田、空气等资源，甚至是个人的现实世界概念，如自己最爱的穿越森林的徒步旅行路线或者工作路线等。物联网不是单一的新技术或新现象，它是一组结合起来的技术，用来实现物联网的承诺。物联网的起源是连接计算机和移动设备的互联网，但连接内容实际上并不新鲜。机器对机器（Machine-to-Machine，M2M）通信已经存在了大约 20 年，现在已经转移到互联网上。同样，构建传感器网络的技术并不新鲜，处理源自事物的数据能力也不新鲜。物联网可以被视为一组不同技术学科和应用的集合。

2.2 物联网的演进

物联网利用设备和系统共享有关事物和机器的数据以及信息，涵盖一系列不断发展的技术和实践，如图 2-1 所示。

无线传感器网络（Wireless Sensor Networks，WSN）是一种互连的传感器节点，通过嵌入式系统的连网来收集环境的物理状况。控制系统被用于操作工业过程的时间已经很长了，它是信息物理系统（Cyber-Physical Systems，CPS）的核心功能，将各种机器的软件和物理组件交织在一起。互联网在工业应用中的引入，特别是在制造业中的引入，使工业 4.0 成为一种新的自动化趋势。可以进一步将"工业 4.0"看作一个更大概念的一部分，称为工业互联网，它可以被看作信息技术（Information Technology，IT）和运营技术（Operational Technology，OT）的结合。OT 是包含软件操作的工业机器的名称。

图 2-1　物联网涉及的一系列技术

这些方法的共同点是以有关事物和相关过程的数据和信息为中心。与此同时,处理不同类型和特征的数据的技术也在不断发展,这些技术包括分析数据、处理大量数据(俗称大数据)以及最近的人工智能(Artificial Intelligence,AI)技术,以实现事物的自动化和智能化。

最后,将所有设备与包含必要应用逻辑、算法和数据处理的软件系统进行实际连接。这就是互联网或基于互联网技术的应用,这也是 M2M 和物联网的来源。M2M 的重点一直是主要通过使用移动网络基础设施,为跨应用域的各种设备提供必要的连接。

正如现在可以理解的那样,物联网技术的"家族"是一个近亲和远亲组合的大家族,包含不同的几代人,但在生活中都有着相同的意义:以各种方式与物质进行现实互动。本书将进一步介绍了上述术语,包括每个术语不断变化的特征,为进一步深入研究提供必要的参考。

2.2.1　简要背景

物联网是过去几十年技术进步的结果,不仅包括互联网协议(Internet Protocol,IP)的惊人普及和互联网的广泛采用,还包括半导体组件和传感器技术成本的降低与尺寸的减小。能限制这种解决方案的应用机会的只有我们的想象力,物联网在工业和更广泛的社会中的作用由于一系列相互作用和相互关联的原因才刚刚开始显现。

正如 2.1 节已经提到的,在过去的 20 年里,互联网无疑对社会和行业产生了深远的影响。从 ARPANET 将远程计算机连接在一起开始,到 TCP/IP 的引入,以及后来电子邮件和万维网等服务的引入,创造了使用量和流量的巨大增长。伴随着技术革新,大幅降低了半导体技术的成本,以及随后通过移动网络以合理成本扩展互联网,数十亿人和几乎所有的企业现在都在互联网上进行互动和开展业务。简单地说,整个社会和工业技术都受到了这场技术革命的影响。

另外一个正在展开的技术革命是利用传感器、电子标签和执行器对物理世界中的物体进行数字观察、识别和控制。离散传感器和执行器组件成本的快速降低意味着,这些组件以前每一个都要花费几欧元,现在已经到了美分的水平。此外,嵌入式计算技术也发展到了更小、更便宜的芯片,成本低于 1 欧元,但仍具有足够的处理能力和存储容量来承载一个微型网络服务器,而且功耗可以使一台设备在普通 AA 电池上运行数年。它们还可以使用不同的无线技术(如蓝牙、Wi-Fi 或蜂窝)以非常低的附加成本连网。因此,物联网设备可以以较低的相对成本嵌入电灯或电动工具等普通商品中。

因此,虽然 M2M 解决方案已经实践相当长的一段时间了,但现在正进入物联网解决方案数量将大幅增加的时期。原因有三:

- 从工业设施到公共空间和消费者需求,人们越来越需要了解各种形式的自然环境。这些要求通常由效率的提高、可持续发展目标或健康和安全改善来驱动[4]。
- 技术和服务的可用性提升,可通过改进的网络和分析工具以更低廉的价格收集和分析数据。
- 物联网设备的组件成本降低,这些设备通过传感和计算功能对日常物体进行检测。

使物联网市场具有吸引力和腾飞的主要原因是技术的成熟和成本的降低以及企业和社会的需求。

2.2.2　简单的企业物联网解决方案概述

为了概述当今典型的简单物联网解决方案,本节从企业的角度对其进行了描述。在这里，物联网解决方案用于远程监视和控制各种企业资产，并将这些资产集成到相关企业的业务流程中。资产可以有多种类型（如车辆、货运集装箱、建筑物或电能表），所有这些都取决于业务类型。典型的简单企业物联网系统解决方案包括物联网设备、为设备提供远程连接的通信网络、应用平台、物联网应用程序本身以及将物联网应用程序集成到企业信息技术系统业务应用中，如图 2-2 所示。

图 2-2　简单的物联网系统解决方案

在本书的示例中，物联网系统组件如下：

- 物联网设备：资产配备物联网设备，并提供传感和驱动能力。这里的物联网设备定义是广义的，因为这些设备有许多不同的实现，从低端的简单传感器节点到具有多模式传感功能的高端复杂设备。
- 网络：网络的目的是在物联网设备与应用程序后端和企业 IT 系统之间提供远程连接。可以使用许多不同的网络类型，包括广域网（Wide Area Networks，WAN）和局域网（Local Area Networks，LAN）。WAN 的示例包括公共蜂窝移动网络、固定专用网络，甚至是卫星链路。
- 物联网平台：在上述广义系统解决方案中，还引入了独立应用平台的概念。这个平台提供通用的功能，这些功能在许多不同的应用程序中都很常见。其主要目的是降低实现成本，提高应用程序开发的易用性。
- 物联网应用：物联网应用是对资产进行的高度特定监控过程的实现。该应用进一步集成到整个企业 IT 系统中。物联网应用可以有许多不同的类型，例如远程汽车诊断或电能表数据管理。相应的企业业务应用程序可以是汽车服务调度应用程序，也可以是消费用电的发票应用程序。

本例中概述的不同技术和系统解决方案将在 2.4 节中进一步阐述，并在第二部分中详细介绍。

现有的物联网应用程序涵盖了众多行业领域，这里提到了一些示例。互连汽车代表了一个快速增长的行业，典型应用包括导航、远程车辆诊断、按里程计费保险计划、道路收费和被盗车辆追回。另一个行业是公用事业，目前正在大规模推广不同的计量应用，主要用于远程电能表管理以及电力、天然气和水用量的数据收集。医疗保健是另一个快速增长的领域，远程病人监测就是一个例子。物流部门也有许多应用，如货物跟踪、车辆定位和食品等易腐货物的监控。自动取款机（Automated Teller Machines，ATM）和销售终端（Point of Sales，POS）是金融和零售业的例子。在消费领域，家庭自动化和可穿戴设备用于日常生活和健身是主要例子。

2.2.3　物联网的未来

在前面的例子中，物联网可能看起来像是在各个领域已经存在多年的解决方案，例如遥测或 M2M，那么真正的新功能是什么？简单地说，它是使用开放的和标准化的互联网及

Web 技术，而不是特定行业的技术。它使用互联网本身作为基础设施，不是单独部署、孤立的网络基础设施，而是混合设备、数据和应用的通用结构，体现了应用的丰富性和复杂性，以及物联网系统的互连性，是所有参与其中的利益相关者的协作和共同创新。

目前正在构建的是物联网生态系统，它与当前的互联网并无不同，它允许事物和真实世界的对象相互连接、通信、交互，并像人类当今通过网络参与各种活动一样参与到各种应用中。随着对相关系统的复杂性、规模经济和确保互操作性方法的理解的加深，再加上与关键的业务驱动和跨价值链的管理体系相结合，将推动物联网解决方案的广泛采用和部署。我们将在第 3 章中更详细地讨论这个问题。

因此，互联网不再仅仅是关于人、媒体和内容，它还将包括所有现实世界的资产、作为智能生物交换信息、与人互动、支持企业的业务流程、实现自动化以及创造知识。物联网不是一个新的互联网，它是对现有互联网的延伸。

物联网还涉及如何在众多应用中共享并集成来自许多不同设备的数据，即物联网不是封闭式的"一个设备 + 一个应用"来解决一个问题，而是关于"多个设备 + 多个应用"的开放式多功能方法，如图 2-3 所示。这种复用方法实现了真正的开放式创新，并通过在整个物联网系统设计中实现互操作性和特定点来推动技术的定义，从而实现横向集成。

物联网涉及技术的选择，也涉及它们在什么样的环境中被应用。物联网可以专注于技术的开放式创新承诺，也可以专注于在针对性强且封闭的环境（如工业自动化）中的高级和复杂处理。当在更封闭的环境中使用物联网技术时，物联网的另一种解释可能是"事物的内联网"。

早期提出的设想（例如参考文献[5]）包括传感器和执行器服务的全球开放结构等概念，这些结构集成了众

图 2-3 物联网

多 WSN 的部署，并以开放方式为应用创新提供不同级别的聚合传感器和执行器服务，不仅用于纯粹的监控和控制类型的应用程序，而且还可以利用上下文信息来增强或丰富其他类型的服务。物联网应用将不仅仅依赖于传感器和执行器的数据和服务。从物理世界的角度来看，同样重要的还有其他具有相关性的信息源的融合。这些数据可以是来自地理信息系统（Geographic Information Systems，GIS）的数据，如道路数据库和天气预报系统，这些数据可以是静态的，也可以是实时的。是从社交媒体（如 Twitter 或 Facebook 状态更新）中提取的与真实世界观察相关的信息也可以输入同一物联网系统。本书的第二部分将介绍一些示例。

展望物联网中的应用和服务，可以发现应用的机会是无限的，只有想象力会限制可实现的目标。人们可以轻松地预见新兴应用领域，这些应用领域由来自各个行业、社会和人们的多样化需求所驱动，这些需求既符合本地利益，也符合全球利益。应用可以专注于安全性、便利性或降低成本、优化业务流程或满足对可持续性和辅助生活的各种要求。列出所有可能的应用是徒劳的，选出其中最重要的应用也是徒劳的。第 1 章已经介绍了重要的物联网设置，图 2-4 给出了由不同趋势和兴趣驱动的新兴应用领域的例子。可以看到，它们非常多样化，

并且包括城市农业、机器人和食品安全追踪等应用，接下来对这 3 个例子进行简要说明。

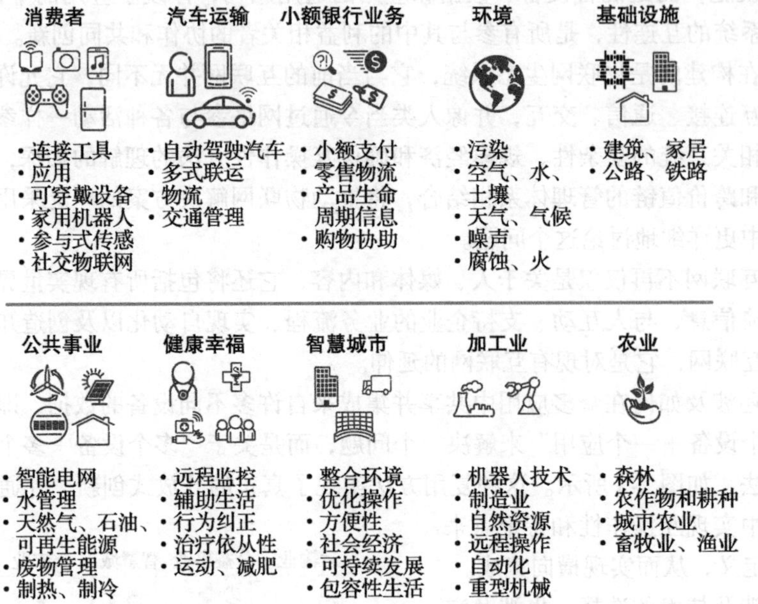

消费者	汽车运输	小额银行业务	环境	基础设施
·连接工具 ·应用 ·可穿戴设备 ·家用机器人 ·参与式传感 ·社交物联网	·自动驾驶汽车 ·多式联运 ·物流 ·交通管理	·小额支付 ·零售物流 ·产品生命周期信息 ·购物协助	·污染 ·空气、水、土壤 ·天气、气候 ·噪声 ·腐蚀、火	·建筑、家居 ·公路、铁路

公共事业	健康幸福	智慧城市	加工业	农业
·智能电网 ·水管理 ·天然气、石油、可再生能源 ·废物管理 ·制热、制冷	·远程监控 ·辅助生活 ·行为纠正 ·治疗依从性 ·运动、减肥	·整合环境 ·优化操作 ·方便性 ·社会经济 ·可持续发展 ·包容性生活	·机器人技术 ·制造业 ·自然资源 ·远程操作 ·自动化 ·重型机械	·森林 ·农作物和耕种 ·城市农业 ·畜牧业、渔业

图 2-4　新兴物联网应用领域

城市农业：我们的世界现在是一个"城市星球"，世界上 50% 以上的人口生活在城市地区。人们对可持续发展日益重视，包括减少人员和货物运输对环境的影响，以及在粮食生产方面，减少对农药的需求与肥料向河流与湖泊的渗漏。在粮食的消费地（即城市地区）来生产粮食，其前景是非常好的。通过物联网技术，城市农业可以高度优化。传感器和执行器可以监测和控制工厂环境，并根据特定样本的需要来定制条件。通过集雨和远程供水相结合，可按需组合进行供水。城市或城区可以有独立的基础设施来供应不同的肥料。可提供排水设施，以免破坏建筑物外墙和屋顶上生长的作物，并保护任何可回收的营养物质。天气和光线也可以被监测，自动控制的百叶窗可以屏蔽光线，起到保护作用并创造温室小气候。植物产生的新鲜空气可以收集并送入建筑物，消耗废物的藻类罐可以产生肥料。城市农业可以是高度工业化部署与垂直温室的结合[6]，也可以是人们在公寓中使用更多的自助式设备的集体努力。后者还可以培养一种基于社区的微观市场的新商业模式，所有这些都是本着民主化市场的精神⊖。城市农业的愿景是成为一个可以自我维持的系统，即前面提到的循环经济的一个例子。

采矿业：采矿业正经历着前所未有的变化。必须提高生产率，降低单位生产成本，延长矿山和场地的使用寿命。此外，必须提高人力资源的安全性，减少或不发生事故，并通过减少能源消耗和碳排放来减少对环境的影响。矿业界对此的回答是，把每一座矿山变成一个完全自动化和远程控制的作业。包括爆破、破碎、研磨和矿石加工的矿山工艺链将高度自动化并相互关联。将对使用的重型机械进行远程控制和监测，矿区将连接起来，并对矿井的空气和气体进行监测。由于矿井中高达 50% 的能源消耗来自通风，因此在柴油车运行的地方进行非常精确的通风可以实现节能，矿井中的传感器可以提供有关机器位置的信息。另一个趋势是，公司总部的本地控制室将被更大的控制室所取代。可以远程控制场地及大型机器人的

⊖　https://en.wikipedia.org/wiki/Sharing_economy。

传感器和执行器是实现此目的的工具，它们可用于采矿机械的钻孔、运输和处理。目前，力拓（Rio Tinto）公司的"未来矿山"计划○和 ABB 公司的"下一级"采矿活动正在大力推动这一发展，许多其他公司也开始效仿。

　　食品安全：在美国爆发了几起与食品有关的疾病之后，美国食品药品管理局（US Food and Drug Administration，USFDA）制定了《食品安全与现代化法案》（Food Safety and Modernization Act，FSMA）[7]。FSMA 的主要目标是确保美国食品供应的安全。欧盟和中国也宣布了类似的食品安全目标。这些目标将对从农场到餐桌的整个食品供应链产生影响，并要求众多参与者整合其业务的各个部分。从动植物卫生的养殖条件监测、农药和动物食品的使用登记、物流链、一直到零售商监测农产品的运输和存储条件，所有这些都将进行端到端的连接。射频识别（Radio Frequency IDentification，RFID）等标签将用于识别物品，以便在整个供应链中对其进行跟踪、查验和认证，传感器将监测必要的环境条件，如温度和湿度是否保持在规定的水平内。食品的来源对消费者也是完全透明的。

　　从这几个例子可以看出，物联网可以针对封闭的特定领域的应用，也可以针对非常开放的创新驱动的应用，实现新的业务模式。应用可以跨越整个价值链并支持整个生命周期。应用可以是企业对企业（Business-to-Business，B2B）的，也可以是企业对消费者（Business-to-Consumer，B2C）的，并且十分复杂，因为涉及众多参与者以及大量的异构数据源。

　　接下来将进一步讨论物联网如何由不同的需求驱动，以及如何基于这些需求获得一组不同需求、重复出现的能力。我们还将看到支持构建物联网的不同技术是如何涌现的，以及用于构建不同目标下的 IoT 解决方案的通用模型或架构。

2.3　全球环境下的物联网

　　物联网解决方案在许多不同的场景中已变得相当普遍。虽然远程监控资产（个人、企业或其他资产）的需求并不新鲜，但许多并行事物正在汇聚，不仅在技术行业内，而且在更广泛的全球经济和社会领域中，都在为变革创造驱动力。我们的星球正在面临巨大的挑战，无论是环境、社会还是经济，人类在今后几十年中需要应对的变化是前所未有的。其中许多现象都是同时发生的，从对自然资源的限制到世界经济的重新配置，人们越来越多地依靠技术来协助解决这些问题。

　　从本质上讲，一系列大趋势结合在一起，既创造了解决挑战的预期能力，又创造了能够使人实现预期能力的技术。由此可以进一步衍生出一套物联网技术和业务驱动力，如图 2-5 所示。大趋势是一种模式或趋势，它将在几代人的宏观层面上对社会产生

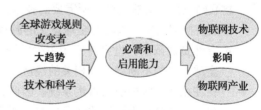

图 2-5　大趋势、能力和影响

根本性和全球性的影响。在可预见的未来，它将对世界产生重大影响。在这里既包括游戏规则的改变者和面临的挑战，也包括可用于应对这些挑战的科学及技术进步。对大趋势的全面描述超出了本书的范围，感兴趣的读者可以参考关于这个主题的许多优秀书籍和报告，包括国家情报委员会[8]、欧洲互联网基金会[9]、Frost & Sullivan[10] 和麦肯锡全球研究所[11] 的出版物。在下面的内容中，将重点讨论对物联网产生影响的大趋势，为了简单起见，表 2-1

　　○　http://www.riotinto.com/australia/pilbara/mine-of-the-future-9603.aspx。

对此做了总结，包括规则改变者、科技发展趋势、能力以及物联网的含义。

表 2-1　物联网的大趋势、能力和影响摘要

大趋势	能力	影响
全球游戏规则改变者 · 自然资源限制 · 经济形式转变 · 人口结构的变化 · 社会经济期望 · 气候变化 · 环境影响 · 安全和安防 · 城市化	**预期能力** · 集成基础架构 · 资产到AI的整合 · 大型监控 · 自动化操作 · 复杂遥控 · 劳动力转移 · 系统内部的领域专业知识 · 可视化 · 数据和服务风险 · 认知自动化 · 增加安全级别 · 跨价值链整合 · 成本合理化	**技术** · 垂直到水平系统 · 独立于应用程序的设备 · 技术整合 · IP和Web启用 · 开源软件开发 · 开放式API · 支持软件的架构 · 云原生部署 · 智能和自动化
技术和科学 · 信息和通信技术 · 材料科学 · 复杂和先进的机械 · 能源生产和存储	**支撑技术** · 传感与驱动 · 嵌入式计算 · 无处不在的连接 · 数据处理和存储 · AI · 虚拟化和云 · 应用开发	**产业** · 开放和创新驱动 · 云和即服务提供 · B2B2C · 面向服务 · 开发者联盟影响力 · 长尾赋能 · 数据和服务市场 · 新的市场角色/价值体系 · 跨域整合 · 商品化设备 · 应用程序和用户驱动

2.3.1　规则改变者

规则的改变来自社会、经济和环境的一系列变化，这些变化给要解决的问题和事件带来了压力，同时也为重新制定解决方案带来了机会，以解决世界所面临的这些问题。目前对监测、控制和了解物理世界的需求非常强烈，规则的改变者正在与不断进步的科学技术相结合。物联网正是应对这些挑战所需要的技术。

下面将概述其中一些具有全球意义的游戏规则变革者以及它们与物联网之间的关系：

- **自然资源限制**：世界需要用更少的资源做更多的事情，从原材料到能源、水和粮食，全球人口的不断增长和相关的经济增长需求对资源的使用造成了越来越大的限制，包括在循环经济中引入再生系统。因此，在全球供应链中使用物联网来提高产量、提高生产率并且减少损失的情况也在不断增加。

- **经济形式转变**：随着从后工业时代向数字经济迈进，整体经济处于不断变化的状态。从产品导向型经济向服务导向型经济转变就是一个例子。这意味着提供服务的产品的终身责任，在许多情况下，它要求将产品连接起来，并包含嵌入式技术以收集数据和信息。与此同时，全球经济的领导地位也出现波动，全球各经济体必须应对由于这些力量而产生的变化。随着各种技术的日益嵌入以及任务的自动化执行，各国需要管理这一转变并确保物联网也能够创造新的就业机会和新的行业。

- **人口结构的变化**：随着经济的日益繁荣，世界各地的人口结构将发生变化。许多国家

需要在不增加经济支出的情况下应对人口老龄化问题。因此需要使用物联网，例如帮助提供辅助生活，以及降低医疗保健和新兴"保健"系统的成本。

- **社会经济期望**：全球新兴的中产阶级对幸福感和企业社会责任的期望不断提高。生活方式和便利性将越来越多地由技术实现，因为在行业中明显存在的颠覆性及有效做法也将应用于人们的生活和家庭。
- **气候变化和环境影响**：关于人类活动对环境和气候的影响，各界一直争论不休，但实质上这已经得到科学证实。需要应用包括物联网在内的技术来积极减少人类活动对地球系统的影响。
- **安全和安防**：随着社会的进步，公共安全和国家安全变得更加紧迫，但也更加脆弱。这与减少死亡人数和维持健康以及预防犯罪都有关系，不同的技术可以解决目前的一些问题。
- **城市化**：可以看到城市人口的急剧增长和关于大城市的讨论，城市化对城市基础设施提出了全新的要求，以支持不断增长的城市人口。物联网技术将在城市领域的优化中起到核心作用，并为城市决策者提供更多的支持。

2.3.2　基础科技发展趋势

科技的进步和突破正以越来越快的速度出现在许多学科中，以下是对与物联网直接相关的科技进步的简要描述。信息和通信技术学科的趋势将在 2.3.3 节中单独描述，因为它们是本书的核心。

从制药、化妆品到电子产品，**材料科学**对许多行业都有很大的影响。微机械系统（MicroElectroMechanical Systems，MEMS）和纳机电系统（NanoElectroMechanical Systems，NEMS）可以用来制造先进的微型电动机和传感器，如加速度计和陀螺仪。新兴的、柔性的、可打印的电子产品将为现实世界中的嵌入式技术带来一系列创新。新材料提供了不同的方法来开发和制造大量不同的传感器与执行器，并应用于环境控制、水净化等领域。此外，我们还将看到其他的创新用途，如智能纺织品，这将提供生产下一代可穿戴技术的能力。从物联网的角度来看，材料科学的这些进步将得到越来越多的应用，并且传感器的定义也会越来越广义化。

复杂和先进的机械是指自主或半自主的操作技术。如今，它们被用于许多不同的行业，例如机器人和非常先进的机械用于不同的恶劣环境，如深海勘探或用于采矿业的解决方案，如上面提到的力拓公司的未来矿山。先进机械技术是指具有多种模式，并结合本地自主能力和远程控制进行操作。传感和驱动是关键技术，除了远程操作的可靠通信外，还需要用于日常任务的本地监控控制回路。此类解决方案通常需要实时特性。这些系统将继续发展，并自动完成今天由人类完成的任务，自动驾驶汽车的不断进步就是一个典型的例子。

能源生产和存储与物联网相关的原因有以下两点。首先，它关系到在确保电力供应的同时减少气候和环境影响的全球利益。例如，智能电网意味着使用可负担得起的光伏板等进行微型发电。此外，智能电网还需要新型的储能方式，无论是电网本身，还是电动汽车（Electric Vehicles，EV）等新兴技术，都依赖于越来越高效的电池技术。其次，为 WSN 中的嵌入式设备供电将越来越依赖于不同的能量收集技术，还将依赖于新型微型电池技术和超级电容器。随着这些技术的改进，物联网将适用于需要较长电池寿命的广泛场景。

2.3.3 信息和通信技术发展趋势

虽然材料科学、复杂和先进的机械操作以及能源生产和存储领域的重大进展将对物联网产生影响，但首先最重要的是，信息和通信技术（ICT）的进步将推动提供这些解决方案的方式，因为它们是物联网背后的核心使能因素。自20世纪50年代末到60年代初集成电路发展以来，这些技术对企业和社会的影响越来越大。变化速度的加快让人们实现了以低廉的成本来"感知地球"。

如今，**传感器、执行器和标签充当了物理世界的数字接口**；小型和低成本的传感器和执行器是物理领域和ICT系统之间的桥梁；使用RFID等技术的标签提供了在任何物体上放置电子标识的方法，而且可以廉价地生产。

嵌入式处理正在不断发展，不仅朝着拥有更高能力和处理速度的方向发展，而且还向最小应用的方向发展。小型嵌入式处理市场日益扩大，例如拥有片上RAM和闪存、I/O功能以及IEEE 802.15.4和蓝牙低功耗等网络接口的8位、16位和32位微控制器，它们能够集成在微型片上系统（SoC）上。这些设备的占地面积很小，只有几平方毫米，功耗很低（在毫瓦到微瓦的范围），但仍然能够支持一个具有小型Web服务器的TCP/IP堆栈的使用。

如今，**互联网的即时连接**几乎无处不在，这主要得益于无线蜂窝技术3G、4G/LTE的飞速发展以及未来5G系统在全球范围内的快速部署。这些系统为许多应用提供了无处不在并相对廉价的连接，且具有准确性，包括低延迟和以高可靠性处理大量数据的能力。这些系统还可以通过IEEE 802.11、IEEE 802.15.4、低功耗蓝牙和电力线通信（Power Line Communication，PLC）技术解决方案等上一跳技术得到进一步补充，以实现成本最敏感的部署和最小设备。像6LoWPAN这样的技术能够提供端到端、延伸到局域网的IP连接，而借助IP和Web的优势可以避免使用诸如ZigBee PRO之类的传统协议和专有协议。3GPP还将LTE扩展到底层应用，同时为更受限的设备提供了针对特定IoT应用的超低功耗扩展（如NB-IoT）。

在过去的几十年中，**软件架构**经历了几次演变，特别是随着网络范式不断地占据主导地位。对软件架构演进的描述超出了本书的范围，在这里，我们将从软件的角度来看待成功的物联网解决方案。从一个简单的角度来看，可以从最初面向平台的封闭环境查看软件开发技术，其中开放式API为开发人员提供了一种简单的机制来访问平台的功能（例如，用于移动设备的安卓API）。随着时间的推移，由于网络的使用和功能的日益增强，这些平台已经成为开放的平台：它们不依赖于特定的编程语言，也不局限于平台开发人员和平台所有者之间的封闭性。

软件开发已经开始使用**面向服务的架构**（Service-Oriented Architecture，SOA）和最近的微服务⊖方法来应用网络范例。通过将网络范式扩展到物联网设备，它们可以成为构建任何应用的自然组件，并方便地将物联网设备服务集成到任何基于SOA的企业系统（例如，使用网络服务或RESTful接口）。物联网应用可以成为独立于技术和编程语言的应用。这有助于推动物联网应用开发市场，因为物联网应用的开发与为网络构建的应用没什么不同，而且互联网开发人员也很容易获得。建立应用开发市场的关键组成部分就是开放式API。

就像**开放式API**对互联网的发展至关重要一样，它们对于创建一个成功的物联网市场也同样重要，我们已经看到了这一领域的发展。简单地说，开放式API涉及在许多公司之间创

⊖ https://www.matinfowler.com/articles/microservices.html。

建市场的共同需求，例如物联网市场。开放式 API 允许创建一个流动的工业平台，允许多个开发人员以多种不同的方式组合组件，与开发平台或安装设备的人员几乎没有交互。正如将在第 3 章详细讨论的那样，一家公司不可能成功地猜测出什么会成功或与物联网相关的所有客户群喜欢什么。开放式 API 是市场对这种不确定性的反应，如何组合组件的选择权留给了开发人员，他们只需要获取技术描述并将它们组合在一起。

如果没有开放式 API，开发人员将需要与几个不同的公司创建合同，以便访问正确的数据来开发应用程序。对于大多数小型开发公司来说，建立这种服务有关的交易费用将高得吓人。它们需要就所需数据与每家公司订立合同，并与每家公司在法律费用和业务发展方面花费时间和金钱。开放式 API 消除了创建此类合同的必要性，而是允许公司建立另一种意义上的“合同”，以便在没有法律团队、没有谈判合同甚至没有见面的情况下，相互之间与开发人员动态地共享少量数据。因此，开放式 API 减少了与建立新的市场边界相关的交易成本[12]，降低了开发风险，并有助于建立具有创新能力的市场，从而鼓励创造力和应用程序开发。

与此同时，在信息和通信技术领域，**虚拟化**具有许多不同的方面，在过去几年里得到了广泛的关注，尽管它已经存在了相当长的时间。**云计算**具有不同的服务模式，是物联网信息通信技术发展中最重要的方面之一，因为它允许多个应用程序的虚拟化，独立执行环境可隔离地驻留在同一硬件平台、大型数据中心和分布式基础设施中。

云计算可以灵活地部署服务，并可以通过“按需付费”这样一种可行方式来访问长尾应用程序，即只为实际使用的资源付费。它可以避免在公司内部安装服务器和准备相关的专用 IT 服务运营人员，从而使他们能够专注于自己的核心业务。云计算还有一个好处，那就是如果不同的业务在同一个平台上执行，则可以简化它们之间的互连。例如，在通用的虚拟化环境中，通过高度的控制就可以方便地处理服务等级协议（Service Level Agreements，SLA）。当从面向产品转为面向服务时，云计算也是一个关键的推动因素：公司可以将软件作为服务销售，而不是销售软件本身。

与数据中心主题有些关联的是处理大量数据以获取洞察力的观点。在物联网解决方案中使用**分析、机器学习**（Machine Learning，ML）**和人工智能**（Artificial Intelligence，AI）的势头正在迅速增强。基于图形处理单元（Graphics Processing Units，GPU）和现场可编程门阵列（Field-Programmable Gate Arrays，FPGA）构建的专用硬件加速器正在嵌入数据中心，以便更高效地执行不同的 ML 和 AI 算法。因此，这些技术是物联网的关键推动因素，因为它们允许对设备和传感器可能生成的大量数据集进行整理和聚合，并生成所需的洞察力，从而实现自动化操作。不过，物联网不应被混淆为“又一个大数据”场景。在工业自动化控制应用中，即使是一个比特也非常重要。这完全取决于当前物联网应用的类型，例如工业自动化控制场景或趋势预测场景，这意味着物联网数据可以离线处理，也可以在关键任务的实时应用中处理。

因此，物联网数据通常还涉及许多不同且异构的数据源，也涉及许多不同的数据用途。物联网数据的分析因此可被视为与时间（即当数据被接收时）和相关性（即数据块与手头问题的总体相关性）有关的一组复杂交互集。管理这些交互对物联网解决方案的成功至关重要。因此，在物联网的不同应用领域，决策支持甚至决策系统将变得非常重要，处理数据、聚合信息和创建知识所需的工具集也将变得非常重要。跨域和异构系统的知识表示也很重要，语义和链接数据工具也是如此。因此，可以预测认知技术和自我学习系统的使用将会增加。

物联网数据方面的一个基本补充是由执行器实现的可操作服务表示的维度。就融合和聚合而言，感知和驱动具有双重性。当数据分析主要通过聚合来发现洞察力时，可以考虑复杂的多模态驱动服务，这些服务需要分解到单个原子驱动任务的级别。物联网还要求以传感和驱动的闭环控制回路的形式进行智能化，这可以是简单的也可以是非常复杂的。这种双重性和封闭控制方面将对技术提出新的要求，这些技术超越了在当前流行的"分析"方法中使用的仅面向数据的技术所能达到的目标。

如本节所述，物联网市场在解决行业、社会甚至个人的重大问题方面有着不可思议的前景。然而需要注意的一个关键问题是，为了高效运行，这样的系统需要处理大量的复杂问题。因此，建立伙伴关系和联盟至关重要：没有一家公司能够独立生产交付物联网解决方案所需的所有技术和软件。此外，没有一家公司有能力为这个市场独立开发出新的解决方案。物联网解决方案将设备、网络、应用程序、软件平台、云计算平台、业务处理系统以及控制系统和 AI 技术的不同方面结合在一起。如果没有标准化、**开源和联盟伙伴关系的高水平开放技术的发展**，这在规模上是完全不可能实现的。

本节讨论了与信息和通信技术相关的全球趋势。下面将讨论物联网将支持的功能，以应对未来的挑战。

2.3.4　期望能力

如前几节所述，物联网解决方案需要交付几个反复出现的信息和通信技术的预期需求。这些需求涉及几个方面，如成本效率、有效性和便利性，精简并减少对环境的影响，鼓励创新。总的来说，运用技术来创造更智能的系统、企业和社会。上述信息和通信技术的发展为我们提供了一个丰富的工具箱来处理这些不同的方面，特别是物联网技术。在下面的内容中，将举例说明在全球大趋势的推动下，这些预期能力是如何通过使用赋能技术来实现的。

虽然物联网到目前为止主要针对特定问题，采用定制的、筒仓式的解决方案，但很明显，新兴的物联网应用将解决大规模分布式监控应用中更复杂的问题。物联网系统通常在传感和控制方面变得多模式化，在管理上变得复杂，并且分布在更大的地理区域中。例如，智能电网[○]的新要求涉及能源生产、分配和消耗的端到端管理，考虑了需求响应、微发电、能源存储和负载平衡等方面的需求。另一个例子是工业化农业，包括自动灌溉、施肥和大规模监测作物、土壤或牲畜。在这里可以清楚地看到传感器数据类型、驱动服务和底层通信系统之间的异构性，以及应用智能软件以实现各种业务目标和关键性能指标（Key Performance Indicators，KPI）的需求。

以智能城市解决方案为例，这里显然需要整合多个不同的基础设施，如公用设施，包括地区供热和制冷、水、废物和能源，以及交通，如公路和铁路。每一个基础设施都有多个利益相关者和独立的所有权，即使它们在建筑物、道路网络等相同的物理空间中运行。整个城市的优化需要在不同层次的分离筒仓中开放数据和信息、业务流程和服务，创建与不同基础设施相关的公共服务和数据结构。这种多基础设施的集成将在系统的各个级别上驱动对水平方法的需求，例如，在资源级别上，设备捕获数据和信息，通过信息和业务流程级别使用公共网络基础设施，直到在城市级别上对所有流程进行协调优化。本书将在第 14 章详细讨论这些问题。

与此同时，先进的远程操作机械，如矿山或深海勘探船的钻井设备，将需要对复杂的操

○ https://www.nist.gov/engineering-laboratory/smart-grid。

作进行实时控制，包括不同程度的自主控制系统。这就对分布式应用软件的执行和网络本身的实时特性提出了新的要求，同时也对部署和执行应用程序逻辑的灵活性提出了要求。

物联网将使更多企业和组织的资产被连接起来，从而使资产更紧密、更迅速地集成到业务流程和领域知识系统中。简单的东西可以用一种更可控、更智能的方式来使用，通常被称为"智能物体"，比如建筑工地使用的电动工具。这些连接的资产将生成更多的数据和信息，并向信息和通信技术系统提供更多的服务功能。管理信息和服务的复杂性成为员工面临的日益增长的障碍，应高度重视使用各种分析工具来获得洞察力。这些洞察力与特定领域的知识相结合，可以通过决策支持系统和可视化软件协助个人或专业人员的决策过程，还可以为该领域的工作人员提供支持。

由于社会运作涉及大量的参与者在提供服务方面扮演不同的角色，而且企业和行业越来越依赖于跨生态系统的高效运作，因此，跨价值链和跨价值网络的集成是一个日益增长的需求。这需要一种技术和业务机制，该机制支持跨组织和跨领域的运作和信息共享。即使是完全没有联系的行业也会因为新的需求而连接起来，电动汽车的推行就是一个例子。电动汽车使用新的电池和能量存储技术，但也需要将 3 个独立的元素连接起来，即汽车、带充电桩的道路基础设施以及电网。此外，电动汽车的使用产生了新的收费要求，需要新的计费方式，从而对电网本身的电力分配和存储提出了新的要求。

随着行业、个人和政府组织共同解决涉及多个利益相关者的复杂问题，这些协作场景将变得越来越重要。这就强调了不同层次的服务和信息的开放性和公开性。重要的是能够在横向维度上跨组织共享信息和服务，以及能够聚合及合并服务和信息，从而在纵向维度上达到更高的精细度和价值。物联网的开放性和协作性意味着需要合适的方法来发布及发现数据和服务，以及实现信息互操作性的手段，但也需要注意信任、安全和隐私。信息互操作性需要数据的语义，这样数据就可以跨系统共享，而无须采用人工的方式将数据从一个系统解释到另一个系统。还需要信息的出处，以便可以信任该信息，并且可以根据任何责任问题来确定来源。这极大地提高了系统集成所需的能力，以及跨多个利益相关者和多个组织边界管理大规模复杂系统的能力。随着人们越来越依赖信息和通信技术解决方案来监测和控制现实世界的资产和实物财产，我们不仅需要提高网络安全水平，还需要提高网络的物理安全。在当今互联网的使用中，通过侵入公司的信息技术（IT）系统或个人的银行账户，有可能造成经济损失。与此同时，个人也可能面临黑客攻击社交媒体账户的社会损害。在物联网中，如果能够控制资产（如车辆或可移动桥梁），就有可能造成严重的财产损失，甚至危害生命。确保物联网系统本身的安全是一回事，确保物联网系统不会造成物理伤害并以安全的方式运行又是另一回事。这就对在物联网系统中能够正确实现信任和安全提出了要求。

2.3.5 物联网的启发

在更好地理解了所需的功能，以及技术演化如何支持这些需求之后，可以确定物联网对技术和业务方面的影响。其中有许多影响已经证明了正在发生的事情。

随着市场上各种物联网平台的丰富，从垂直方向的系统，或基于特定应用的系统，向水平方向系统的转变已经是一个确定的趋势。这些平台绝大多数是基于云的平台，专注于提供物联网平台即服务（见第 5 章）。通过各种行业联盟的工作，物联网的水平工作方式也得到了证实，其中工业互联网联盟（Industrial Internet Consortium，IIC）就是一个非常突出的例子。在 IIC 中，来自生态系统和工业系统不同部门的大量参与者聚集在一起，共同定义如何构建工业物联网系统的最佳实践方式。

对技术碎片化的整合也正在进行中。用于建筑自动化的传统技术已经非常丰富，例如 BACnet、LonWorks、KNX、Z-Wave 和 ZigBee。可以看到新的联盟正在形成，将来自互联网工程任务组的互联网和网络技术集合作为智能建筑的基准，例如在 FairHair Alliance[⊖] 中，也可以看到一些传统标准组织的参与。采用互联网工程任务组的同一套标准作为跨行业通用基准的其他例子包括开放互连基金会（Open Connectivity Foundation，OCF）[⊜]、OMA SpecWorks[⊜] LwM2M 解决方案和 Arm's Mbed®联盟。从这些努力中也可以看出开源软件的重要性。在设备技术侧正在发展的技术使得设备更加独立于应用，从而使在许多不同的应用中重复使用设备变得更容易。

此外，过去的创新很大程度上是关于连接事物的可能性，例如使用 M2M 解决方案，而现在的重点已经迅速转移到利用事物的数据上。过去的重点是能够连接，而今天的创新是将 ML 和 AI 技术应用于物联网。

随着人们的注意力逐渐转移到数据的重要性上，以及通过技术整合实现互操作性和使设备不受应用限制，由于这些原因，语义互操作性的解决方案越来越受到关注。语义互操作性有助于扩展具有不同数据源的物联网解决方案，并允许不同的物联网解决方案进行集成，即朝向"系统中的系统"。这也将有助于实现物联网相关数据和服务的数字市场。

2.3.6　障碍和担忧

在物联网的发展过程中，出现了很多机遇，但不应该忽略出现的一些新的担忧和障碍。对于物联网，人们首先想到的可能是对个人隐私和征信情况的保护。使用 RFID 标签来跟踪人是一个引起关注的问题。随着传感器（包括智能手机）在各种环境中的大规模部署，可以收集关于人的显式数据和信息，再使用分析工具，甚至可以从匿名数据中分析和识别用户。但立法机构也越来越多地关注到这些问题，欧盟的《一般数据保护条例》^⑤（General Data Protection Regulation，GDPR）就是一个突出的例子。

在构建集成来自大量数据源的数据解决方案时，数据和信息的可靠性和准确性是另一个需要关注的问题，这些数据源可能来自不同的提供商，这些提供商超出了人们的控制范围。由于在决策过程中存在依赖不准确甚至错误信息的风险，问责甚至责任的问题就变成了利益问题。诸如数据来源和信息质量（Quality of Information，QoI）之类的概念变得非常重要，尤其是在考虑到不同来源的数据被聚合以获取洞察力时的情况时。

可以重申的是，安全问题还有一个额外的层面更令人关心。如今的经济或社会损失不仅有可能在互联网上发生，而且随着实物资产在互联网上的连接和可控，财产损失以及人身安全甚至生命安全都成为一个问题：一个人们可以谈论的网络物理安全问题。

大规模采用物联网的一个明显障碍在于大规模部署物联网设备和嵌入式技术的成本。这不仅是资本支出（CAPital EXpenditure，CAPEX）的问题，更重要的可能是运营支出（OPerational EXpenditure，OPEX）的问题。从技术的角度来看，需要的是高度自动化的资

⊖　https://www.fairhair-alliance.org。

⊜　https://openconnectivity.org。

⊜　https://www.omaspecworks.org。

⑭　https://www.mbed.com/。

⑤　https://www.eugdpr.org。

源调配,从而实现零配置。这不仅涉及系统参数和数据的配置,而且还涉及位置等关联信息(例如,基于地理信息系统(Geographic Information System, GIS)的坐标或房间 / 建筑信息)。

这些担忧和障碍不仅会对找到技术解决方案产生影响,更重要的是还会对商业和社会经济方面以及立法和监管产生影响。例如,随着越来越多的体力劳动和脑力劳动由机器和软件完成,那么对长期工作的影响是什么?

2.4 用例示例

到目前为止,我们应该了解制定物联网解决方案的主要特点,例如,开放系统的方法、数据的重要性、多用途设备和应用的独立性、各种来源的信息以及分析的作用。这与"这是我的问题,为了解决它,我部署了一个连接的设备来获取一些可视化的数据"的思想形成对比,即"点对点"的解决方案。

为了说明这一点,我们提供了一个虚拟的说明性示例,其中采用了两种不同的解决方案:第一种方法是更传统的方法,这是许多 M2M 解决方案的构建方式;第二种方法是使用物联网方法来解决问题。我们想强调物联网导向方法相对于传统方法(如 M2M)的潜力和好处,但同时也指出,除了 M2M 可以实现的功能之外,物联网还具有一些关键性功能。

美国卫生与公共服务部的研究表明,企业员工近 50% 的健康风险与压力有关,压力是在众多因素中的最高风险因素,其他因素还包括高胆固醇、超重问题和酗酒等。由于压力可能是众多直接影响健康状况的根本原因,如果能够查明造成压力的因素并采取正确的预防措施,那么在人类生活质量以及国家成本和生产力损失方面都有很大的潜在帮助。执行压力源诊断、提供减压建议、记录和测量压力缓解剂的影响以进行压力评估等都是迭代方法,是一种显著减少压力负面影响的机会。

测量人体压力可以使用传感器。两种常见的压力测量方法是心率和皮肤电反应(Galvanic Skin Response, GSR),市场上有一些可穿戴产品可以进行这种测量。这些传感器只能提供心率和 GSR 的强度,而不能解释造成该强度的原因。高强度可能是压力的原因,但也可能是由于锻炼的原

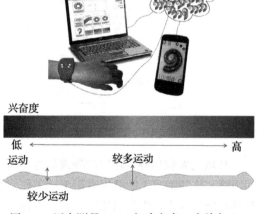

图 2-6 压力测量 M2M 解决方案。资料来源:SICS 和爱立信公司

因。为了分析压力是积极的还是消极的,需要更多的信息。典型的 M2M 解决方案将基于以下方式:从人那里获取传感器输入,方法是为这个人配备适当的设备(在我们的案例中即上述可穿戴设备),并使用智能手机作为移动网关,以将测量值发送到由其托管的应用服务器,例如健康服务提供商。除了心率和 GSR 测量之外,可穿戴设备中的加速计还可以测量人的运动,从而提供将任何身体活动与兴奋度测量联系起来的能力。应用服务器承载必要的功能来分析收集的数据,并根据经验和领域知识提供压力级别的指示。压力信息可以通过智能手机应用程序或计算机上的网络界面提供给患者或护理者。M2M 系统解决方案和测量数据如图 2-6 所示。事实上,这是目前非常流行的许多可穿戴设备制造商提供的典型设置。如今可

穿戴设备的制造商也是该领域的服务提供商。

正如已经指出的，这种被限制在几种测量模式的解决方案只能提供非常有限的关于是什么导致了压力或兴奋的信息（如果有）。日常生活中产生压力的原因，如家庭情况、工作情况和其他活动，是无法确定的。随着时间的推移，压力测量日志的组合，以及护理人员在测量到的压力水平较高时，就任何具体事件对患者进行访谈，这样做可以提供更多的见解，但这是一种成本高、劳动密集型且主观的方法。如果可以在分析过程中添加更多的关联信息，就可能执行更准确的压力情况分析。

从物联网的角度来解决同样的问题，就需要添加数据以提供一个人全天情况下更深入和更丰富的信息。前景是，可用的数据越多，可以分析和关联的数据就越多，以便找到模式和依赖关系。然后，需要尽可能多地获取有关个人日常活动和环境的数据。相关的数据源有许多不同的类型，可以是公开的信息，也可以是高度个人化的信息。图 2-7 显示了一个最终的物联网解决方案，在图中可以看到对个人情况有影响的各种数据源的示例。图 2-7 中所展示的还有获取领域专业知识的重要性，这些专业知识可以挖掘到可用的信息，还可以提供建议以避免紧张的情况或环境。

图 2-7 面向物联网的压力分析解决方案。资料来源：爱立信公司

环境因素包括特定环境的物理属性，包括工作环境的空气质量和噪声水平，或卧室的夜间温度，这些都对人的健康有影响。工作活动可以包括收件箱里的邮件数量或日程安排，这些都可能对压力产生负面影响。另一方面，休闲活动可以对兴奋和压力水平产生非常积极的影响，并能起到更大的治愈作用。这些不同的消极因素和积极因素需要分离和过滤；图 2-8 所示是一个提供压力分析反馈的智能手机应用程序示例。在这种情况下，可穿戴设备只是众多组件中的一个。还应注意的是，大多数实际的信息来源都是完全不可知的具体应用，例如测量和预防消极压力。

通过获取领域专业知识，分析可以是主动的和预防性的。需要指出的是，领域专业知识并不意味着需要咨询专家，领域专业知识可以由基于 AI 的知识系统提供，并将应力分析的实际结果反馈到知识库中，进一步训练应力模型。通过了解哪些因素会导致消极压力，系统可以提出要采取的行动，甚至自动发起行动。这些行动可能是非常简单的，例如建议将夜间卧室温度降低几摄氏度，但也可能更复杂，例如必须处理整个工作环境。在这里，AI 再次发挥作用，提出必要的建议甚至自动采取行动，如降低室温，但仍需征得当事人同意。可以看出，这实际上已经离自适应的学习系统不远了。

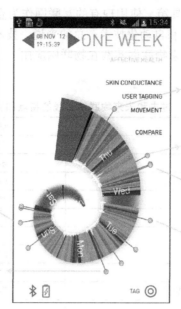

图 2-8 压力分析可视化。资料来源：SICS 和爱立信公司

正如这个简单的例子所说明的那样，一个面向物联网的解决方案可以提供更高的精度来实现预期的结果。还可以观察到物联网解决方案的一些关键特征，换句话说，考虑到许多不同的数据源依赖于源自传感器的数据源，但也依赖于与物理环境相关的其他数据源，然后还依赖于公开可用的数据和私人数据。数据源（例如传感器节点）也应该侧重于提供信息，并且在最大程度上独立于应用，使得它们的重复使用可以最大化。这里还看到了分析和知识提取的核心作用，以及了解可操作服务，这些服务包括使用执行器来控制物理环境，其代价是复杂性的增加。解决方案必须确保安全性和隐私性，并且需要处理不同精度和不同质量的数据和信息，以便最终提供可靠的解决方案。另一个问题是如何处理用户交互。应用应该是非侵入性的，因为信息和决策量过载也是导致人类压力的另一个因素。在物联网消费领域，这也是物联网应用的另一个障碍。

2.5 思维方式的转变

总之，未来的物联网解决方案与过去的解决方案有很大的不同，而这些解决方案的成功得益于观念的转变。首先，到目前为止，物联网解决方案通常专注于单独解决一个非常具体的问题，而且主要针对单个利益相关者。另一种方法是从更广阔的角度来解决更大范围的问题，或涉及多个利益相关者的问题。由于当今的狭隘观点，大多数现有的物联网设备都是针对具体应用的特殊用途设备，通常涉及设备协议。因此，物联网解决方案通常是有效的垂直孤岛，没有横向集成或与相邻用例的连接，而且这种扩展往往很难。物联网应用传统上也是由非常专业的开发人员构建的，并部署在企业内部。原因有二：首先，现有的传统技术特定于一个行业中，特别是在设备方面，技术使用高度分散，各个行业几乎没有标准；其次，最先进的软件工程实践尚未得到广泛采用。

未来物联网解决方案的一个关键方法是，从上述的封闭纵向部署转向以开放性、多用途和创新性为特征的部署。这种转变包括如下主要步骤：从孤立的解决方案转移到开放的环境中；使用 IP 和 Web 作为技术工具箱，使用现有的互联网作为企业和政府运作的基础；多模态传感、驱动和数据源；洞察力和自动化技术；总的来说，技术和商业都朝着横向连接的方向发展。表 2-2 总结了过去和未来物联网实践在物联网应用、业务和技术方面的主要不同特点和思维转变。

表 2-2　过去和未来物联网实践的特点和方法

方面	过去的做法	物联网的做法
应用和服务	点问题驱动	创新驱动
	单应用 – 单设备	多应用 – 多设备
	以通信和设备为中心	以信息和服务为中心
	资产管理驱动	洞察力和自动化驱动
业务	封闭业务	开放市场
	业务目标驱动	合作与联盟驱动
	B2B	B2B，B2B2B，B2C
	建立的价值链	生态系统和价值网络
	启用咨询和系统集成	启用开放式 Web 和即服务
	内部部署	云部署
技术	垂直系统解决方案	水平推动方法
	专用设备解决方案	通用商品设备
	事实和专有	标准和开源
	特定的封闭数据格式和服务描述	开放式 API 和数据规范
	封闭式专业软件开发	开放式软件开发
	企业整合	开放式 API 和 Web 开发

物联网商业视角

3.1 引言

在过去的几年里，随着各种解决方案在商业上的推出，物联网的使用量也在增加。2015年全球物联网市场规模达到5982亿美元，预计到2023年将达到7242亿美元。此外，预计2016～2023年全球市场复合年增长率（Compound Annual Growth Rate，CAGR）为13.2%[13]。基础设施制造商 Juniper 公司预测，2021年连接的物联网设备、传感器和执行器的数量将超过460亿。

然而，物联网的市场发展与当今所采用的技术以及如何发展物联网以提供新的经济效益和价值创造机会有着错综复杂的联系。第2章从全球技术角度概述了这些过程，本章将概述物联网市场中活跃的驱动力。本章首先讨论信息驱动价值链[14]背后的概念，然后将注意力转向商业模式的创新。

3.1.1 信息市场

在 M2M 和物联网之间需要注意的一个关键方面是，用于这两个解决方案的技术可能非常相似，它们甚至可能使用相同的基本组件，但数据管理的方式将会不同。在 M2M 解决方案中，数据保持在严格的边界内——通常是在一家公司的边界内，并且仅在一个项目的范围内。它仅用于最初开发时的目的，然而，由于基于网络的技术，物联网的数据可能会被用于许多不同的目的，甚至可能超出最初的设计初衷。理论上，在所谓的信息市场中，数据可以在公司和价值链之间共享。或者，数据可以在公共信息市场上公开交换。

虽然公共信息市场通常围绕物联网的愿景，特别是在第14章将讨论的智慧城市，但在数据交换的信任、风险、安全和保险能够得到充分的妥善管理之前，此类市场不太可能普及。因此，在接下来的内容中，将关注交付跨越多个价值链的物联网解决方案和市场的业务驱动因素，而不是公开交易的物联网市场。

3.2 定义

本章中不讨论详细的经济理论，但提供了一些基本的定义，这些定义将帮助读者理解从 M2M 向物联网转变的市场动态，并且介绍为了推动整个市场的发展必须设置哪些业务以及经济促进因素。

3.2.1 全球价值链

价值链描述了企业和工人将产品从概念到最终使用而进行的一系列活动，包括设计、生产、营销、分销和对最终消费者的支持[15]。图3-1展示了一个简化的价值链，它由5个单独的活动组成，这些活动共同创建一个最终产品。

24　第一部分　物联网发展前景

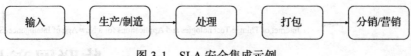

图 3-1　SLA 安全集成示例

这些活动可以在一家公司内完成，也可以分为不同的公司完成[16]。从全球价值链（Global Value Chain，GVC）的角度分析一个行业，可以通过"关注有形和无形增值活动的顺序——从概念、生产到最终使用"，了解全球化背景下的活动。因此，全球价值链分析自上而下和自下而上地提供了全球产业的整体视角。

在技术产业的背景下，全球价值链分析是特别有用的，因为这样的分析可以帮助识别现有产业结构（如 M2M 解决方案）和新兴产业结构之间的界限，正如物联网市场所见。

3.2.2　生态系统与价值链

根据 James Moore[17] 的定义，商业生态系统指的是在相互作用的组织和个人的基础上所支持的经济共同体。"经济共同体生产对顾客有价值的商品和服务，顾客本身就是生态系统的成员。成员组织还包括供应商、主要生产商、竞争对手和其他利益相关者。随着时间的推移，它们共同发展自己的能力和角色，并倾向于与一个或多个中央公司制定的方向保持一致。那些担任领军角色的公司可能会随着时间的推移而改变，但这个共同体重视生态系统领军者的作用，因为它使成员能够朝着共同的愿景前进，来调整它们的投资，并找到相互支持的角色。"

许多人将物联网市场视为"生态系统"，多家公司彼此建立起松散的关系，然后可能"回馈"生态系统中较大的公司，向终端用户和客户提供产品和服务。虽然这是一个很有用的描述，但价值链与价值创造是相关联的，它是生态系统中某组公司对交换的实例化。这是我们谈论市场创造时的一个重要区别。价值链是一个有用的模型，可以用来解释市场如何创造价值，以及它们如何随时间演变。虽然只由相互竞争的价值链组成的市场空间最终会看到整体市场价值的下降（因为它们只会在价格上竞争），但是在一个生态系统中价值链将相互补充。在本章中，我们针对的是物联网数据市场的创建，因此使用全球价值链分析，生态系统的分析则不在本书的范围内。

3.2.3　产业结构

产业结构是指特定产业部门内的程序和组织。它是一种旨在实现特定产业目标的结构。这是 M2M 和物联网市场之间的关键区别之一——如何围绕这些解决方案形成产业结构，尽管技术实现非常相似。以下各节将详细介绍这一点。

3.3　价值链概述

出于本节的目的，我们对数据的价值链进行了简化，其中正在开发的最终产品是用于决策的信息——在某些情况下是用于向其他人销售的信息。如图 3-2 所示，在这样的价值链中有一些输入和输出。

输入：输入是将基本原料转变成产品的原料。在现实世界中，这可能类似于用于制作巧克力的可可豆。在物联网的情况下，这将是一段原始数据，最终将转化为信息。

生产 / 制造：生产 / 制造指的是原材料投入到价值链中的过程。例如，在现实世界中，可可豆在运往海外市场之前可能会被晒干和分解。与此同时，来自 M2M 解决方案的数据需要验证和标记出处。这正是区块链或分布式账本等新兴技术能够发挥作用的地方。在第 5 章中将更详细地介绍这些技术。

处理：处理是指准备销售产品的过程。例如，可可豆现在可以制成可可粉，也可以在巧克力棒中使用。对于物联网解决方案，指的是聚合多个数据源以创建一个信息组件，该组件可以与其他数据集结合，使其对企业决策有用。

打包：打包是指产品可以被最终消费者识别的过程。例如，巧克力棒现在可以吃了，上面有一个红色的包装纸，写着"KitKat™"。对于物联网，数据必须与来自公司内部数据库的其他信息相结合，以查看是否需要对接收到的数据采取任何行动。这些数据对于需要使用这些信息的终端用户来说是可以识别的，可以是可视化的形式，也可以是 Excel 电子表格的形式。

分销 / 营销：这个过程指的是产品的市场渠道。例如，巧克力棒可以在超市、售货亭甚至网上出售。然而物联网解决方案将产生一种信息产品，可用于在企业环境中创造新知识——例如，根据真实世界的信息制定更详细的维护计划，或根据物联网解决方案的反馈改进产品设计。

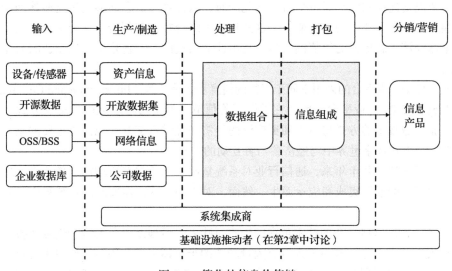

图 3-2　简化的信息价值链

3.4　物联网价值链示例

从价值创造的角度来看，向物联网的转变是为了使传感器的一些数据作为"信息市场"或其他数据交换的一部分公开可用，以便允许更广泛的参与者使用这些数据，而不仅仅是为了最初设计系统的公司使用。应该指出的是，这样一个市场可能仍然是一家公司的内部市场，也可能在几家公司的价值链之间受到严格保护。另一种选择是公共市场，在那里数据可以被视为一种衍生工具，但这种数据的公共交易可能离现实世界市场的实现还有很长的路要走，尽管随着标记化技术的日益使用，人们越来越想要这样一个市场。

基于数据的物联网价值链在一定程度上是由开放式 API 和第 2 章讨论的其他基于开放式网络的技术实现的。只要开放式 API 具有定义明确的接口和对数据格式的明确描述，它们就允许不同技术系统中包含的知识不被嵌入，从而为许多不同的经济实体组合和共享数据提供了可能性。开放式 API 与第 2 章中描述的互联网技术结合意味着知识不再只与一个数字系统绑定。人类的认知和概念技能最初是在 20 世纪 50 ～ 60 年代嵌入到半导体中的，而如今已经与专门用来容纳它们的特定技术系统分离开来。正是这种技术系统的解耦，创造了信息市场。这最初可能使物联网解决方案的价值链看起来比传统产品（如巧克力）的价值链复杂得多，但原则保持不变。接下来将详细介绍可能的物联网价值链，包括信息市场。

信息驱动的全球价值链（Information-driven Global Value Chain，I-GVC）的处理和打包，都是信息市场的发展方向。此时，带有适当数据标记和可跟踪性的数据集可以与其他经济参与者进行交换，以用于他们自己的信息产品开发过程。或者，公司可以选择交换信息组件，这些组件表示公司信息的更高层次的抽象数据。

3.5　物联网新兴产业结构

工业革命的技术以更快的速度将物理组件集成在一起，而 M2M 和物联网则是快速集成数据和工作流，以更快的速度和更高的精度构成全球经济的基础。固定宽带技术主要局限于发达国家的家庭，与之相比，移动技术将消费电子产品送到全球 40 多亿终端用户手中，并将数十亿新设备连接到移动宽带平台。与此同时，云计算等概念能够通过这些移动设备为数十亿终端用户提供低成本的计算能力。这两种技术结合在一起创造了一个平台，它将迅速重新定义全球经济。新形式的价值链实际上是由此而出现的——它是由信息创造的而非实物产品驱动的。

因此，移动宽带平台的采用不同于以往的信息和通信技术（Information and Communication Technology，ICT）产业平台，因为它重塑了价值链中经济参与者之间的交互方式，而且还以类似工业革命技术的方式与员工和更广泛的经济环境进行交互。或许更重要的是，它从根本上改变了个人在数字世界中与经济参与者互动的方式。

如第 2 章所述，几十年来，通信行业对系统集成商的需求有所增加。随着每一代平台的出现，一种新型的系统集成商应运而生。然而，对于物联网，需要新的系统集成商有两个主要原因：

- 技术：推动这些行业的技术革命的因素意味着，所涉及设备的复杂性需要投入大量的研发工作，就像在硅中嵌入具有大量功能的半导体一样。服务需要将来自供应商的多个设备、传感器和执行器进行集成，并向开发人员公开。只有那些有足够规模的公司才能够很好地理解大量的技术，并代表客户充分地集成它们，处理技术的复杂性。虽然利基集成商将继续存在，但完整的解决方案将由大公司或供应商之间的合作进行集成和管理。
- 财务：只有那些能够在新兴产业结构中创造附加价值的公司才能收回足够的资金，重新投资参与系统集成市场所需的研发。没有占领部分集成市场的参与者极有可能被降级到价值链的"较低"端，生产组件作为其他系统集成商的输入。

事实上，一种新型的价值链正在形成——从传感器和射频识别中收集的数据与智能手机的信息相结合，智能手机可以直接识别特定的个人、他们的活动、他们的购买和他们喜欢的通信方式。可以通过多种方式组合这些信息，以创建与个人或公司直接相关的定制服务。搜索查询可以根据用户所在位置进行本地化，广告可以根据用户的年龄、教育水平、职业和品味等个性化信息直接定位到目标用户。尽管世界是否真的需要新方法来宣传商品和服务可能值得怀疑，但在这种发展的背后，是全球经济某些方面的根本变化。

首先，现在有关个人的信息被捕获、存储、处理，并在移动宽带平台上的许多不同系统中重用。这些数据一直存在，但是随着以云计算平台形式出现的计算能力的成本越来越低，现在可以很低廉地将这些数据存储很长一段时间。因此，有关个人和数字系统的信息现在有可能在经济实体之间进行打包、捆绑和交换，这在以前是不可能的。价值不再仅仅通过"使用中的价值"或"交换中的价值"来衡量，现在还存在"再利用中的价值"，特别是因为与前几代的商品创建不同，数据不会在生产过程中被消耗掉。

执行数据收集、存储和处理的参与者形成了可视为 I-GVC 的基础，即产品本身就是信息的价值链。举个例子，当我在一座陌生的城市下火车，想喝一杯像样的咖啡时，知道位置就可以确定价值的差异。我可以选择激活智能手机并使用手机的 GPS 和浏览器功能执行本地化搜索。或者，我可以很高兴地四处走走，直到找到一个认为还行的地方。在这种情况下，我作为一个个人在手机上了解位置并借此找到一家当地咖啡店的价值相对较低——就个人而言，我可能不太看重这个。然而相比之下，对于一家咖啡店来说，知道几百名女性为了一杯意式浓缩咖啡而下了火车，还是有很大价值的。一个咖啡连锁店会知道在哪里开一家新店是很有盈利潜力的。此外，了解这些女性的年龄、受教育程度和通用品味，将使连锁店更精确地根据其目标市场调整咖啡店。

同样，如果我在一家服装店寻找一套新的工作服，通过将自己的信息和不同衣服上的 RFID 标签结合起来，我可以被引导到适合我的年龄组、教育水平和当前雇主的正确的服装选择上。在寻找衣服的过程中，关于我穿过商店的路径的信息可以反馈到一个信息系统中，该系统能够使商店更有效地重组楼层布局，并跟踪我感兴趣的衣服以及我实际选择试穿和购买的衣服。这些信息可用于进一步简化公司的供应链，甚至比现在更进一步，这代表了通信技术对全球经济中公司边界的影响的下一阶段：共享此类信息的公司将更深入地嵌入彼此的工作流程中，从而导致供应链高度连接，并进一步模糊公司在数字经济中的边界。如图 3-3 所示。

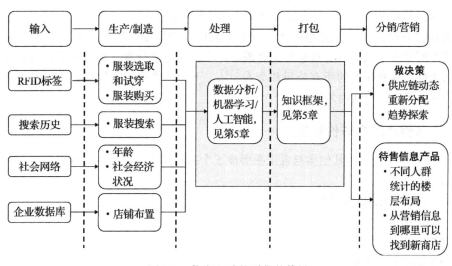

图 3-3 信息驱动的零售价值链

这种精简也可以延伸到生产过程，根据消费者对产品的兴趣改变订单，而不仅仅是根据他们的购买模式。这将减少浪费的库存，更密切地了解季节趋势，并提高作为系统集成商的公司的控制水平。因此，这些数据流的集成不仅允许将供应链连接到一家公司内部，还允许跨行业边界进行连接[14]。上面描述的分析级别需要将来自许多不同人群的数据聚合并将其整理成信息产品，该信息产品可以用作公司和终端用户决策过程的输入。

虽然 I-GVC 与实物之间显然有着密切的联系，但很明显，它本身就有一种信息产品，它与收集传感器和人群数据的聚合数据库的开发有关。此外，虽然信息产品对相关公司很有用，但创建信息产品并不是其核心业务的一部分。因此，它们希望其他参与者为它们开发和创造这些产品，这进一步推动了围绕 ICT 系统（包括物联网和云技术）的新的产业结构的建立。经济本质的第二个变化是将人类嵌入到这些技术平台的基础之中。在这方面最明显的例子是谷歌公司的搜索引擎，它会随着它执行的每个搜索查询而改进。每个人进行的每一次搜索都被跟踪，每个人通过谷歌产品进行的每一次点击都被记录下来，并用于完善构成平台的基础算法。如果没有人将他们的搜索输入到谷歌平台，它就不会以今天的形式存在。技术的大规模消费化，再加上云计算带来的廉价“信息生产”手段，已经促进了信息管理系统的发展，这些系统现在为最终消费者而不仅仅是企业而开发。Facebook 和 LinkedIn 等社交网络，以及 YouTube 或 Blogger 等内容共享网站，允许终端用户以一种以前无法实现的方式存储自己的生活信息。消费者现在在线存储他们的照片、联系人列表、视频、文档和财务数据。表面上，这是“免费”提供的，终端用户只需创建一个账户，登录和上传他们的数据就可以访问网站了。

然而，没有任何服务是真正免费的。公司必须支付计算资源的成本，即使是那些位于云中的资源。虽然终端用户的成本似乎为零，但事实上他们每天都通过使用用户的个人资料推送有针对性的广告来收取费用。例如，在社交网络的早期，这种定向广告并不比“传统的”直接广告方法效果差：根据终端用户提供的数据，他们会收到适合他们年龄段的广告。然而，有了移动宽带平台，可以收集到的关于终端用户的数据量比以前想象的要大好几个数量级。我的位置、受教育程度、就业状况、健康记录、税收数据、信用评级、购买模式、搜索历史、社交网络（生活的和工作的）、人际关系状况，甚至人们给母亲打电话的频率，都会被记录、存储，并通过一个融合的通信行业平台连接在一起。

随着通过移动设备和传感器网络检索到个人信息的数据级别的增加，新兴的 ICT 平台正在迫使人们重新定义对价值概念的既有理解，不仅在通信行业，甚至在这些行业的边界之外，到每天使用这些平台的所有公司和个人[14]。下面概述新兴的价值链及其为创建一个繁荣的物联网市场必须扮演的角色。

3.5.1　信息驱动的全球价值链

在 I-GVC 中，公司和其他参与者正在形成 5 个基本角色，如图 3-4 所示。
- 输入：
  - 传感器、RFID 和其他设备。
  - 终端用户。
- 数据工厂。
- 服务提供商 / 数据批发商。
- 中介。
- 经销商。

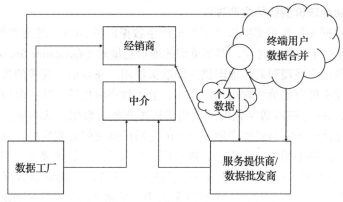

图 3-4　信息驱动的全球价值链

3.5.1.1　信息驱动的全球商品链的输入

I-GVC 有两个主要输入：

- 传感器和其他设备（如 RFID 和 NFC）。
- 终端用户。

这两个信息源都向 I-GVC 链输入少量数据，然后对这些数据进行聚合、分析、重新包装，并在构成价值链的不同经济参与者之间进行交换。因此，传感器设备和网络、RFID、移动和消费设备、Wi-Fi 热点和终端用户构成了价值链中的"分包商"网络的一部分，所有这些都有助于增加信息产品的价值，3.4 节对此进行了讨论。

传感器和 RFID：传感器和 RFID 已经在全球范围进行了不同的应用（如第 2 章所述），以实现全球各个供应链的供需平衡，并且收集气候和其他本地化数据，然后将这些数据传输至集中的信息处理系统中。这些设备捕获和传输开发信息产品所需的数据，作为 I-GVC 的输入。智能手机也被开发出来，使移动设备能够与传感器和 RFID 进行交互。这允许移动终端和传感器技术之间的双向交互。在执行器和移动终端之间交换的数据可能不容易理解，甚至对所涉及的设备没有用处。然而，这些数据被用作商品链输入的一部分，商品链使用它来创建最终交换的信息产品。从这个意义上说，传感器网络、NFC 和 RFID 技术可以被视为 I-GVC 的分包商，即不断收集数据以进行进一步处理和销售。

终端用户：I-GVC 的第二个主要输入是终端用户。由于计算和移动宽带平台的融合，终端用户不再是数字经济的被动参与者，即只是购买公司开发和营销的实体产品的角色。选择使用和参与到数字世界中的终端用户现在深深地嵌入到了生产过程中。每一个向搜索引擎输入搜索查询的人、每一个同意移动宽带平台向服务提供其位置信息的人、每一个使用 NFC 允许银行建立和确认其身份的人，都是构成 I-GVC 基础的全球信息系统的分包商。事实上，如果没有全世界数百万人的贡献，I-GVC 的建立是不可能的。这可能是 I-GVC 中最独特的方面——人类对 I-GVC 的贡献没有国界，个人的数据可以用任何语言、几乎任何数据格式从任何人那里收集。在这个价值链中，每个个体的数据都是独一无二的。事实上，与在全球经济中运作的其他商品链相比，捕捉每个人的独特性是 I-GVC 的一个关键方面。世界上每一个必须使用数字技术处理银行、税务、信息搜索以及与朋友和同事沟通的人，都在不断地为 I-GVC 工作，将其个人资料和知识贡献给价值链。与执行器不断收集本地化数据的方式相同，人类现在每天 24 小时都在 I-GVC 内为信息产品的开发做出贡献。

3.5.1.2 信息驱动全球价值链的生产过程

数据工厂：数据工厂是指那些以数字形式产生数据以供 I-GVC 的其他部分使用的实体。许多这样的公司存在于前数字时代，例如英国的地形测量局（Ordnance Survey，OS）一直从野外收集地图信息，并整理和制作地图供人们购买使用。在以前，这样的数据工厂会生产纸质产品，然后通过零售商卖给终端用户。然而，进入数字时代后，这些公司也通过数字手段提供数据。例如，OS 现在以数字化的形式提供地图和相关数据。从本质上讲，它的商业模式没有发生重大变化——它仍然生产地图——但它的产品交付方式发生了变化。此外，它的产品现在可以被商品链中的参与者组合、再利用，并与其他产品捆绑在一起，作为其他服务的基础。例如，来自 OS 的地图可以与来自旅行服务（如 TFL）的其他数据相结合，在移动设备上提供详细的旅行应用程序。一个更复杂的例子是水文研究所（Sveriges Meterologiska och Hydrologiska Institut，SMHI），它提供瑞典各地的天气和气候数据。SMHI 在瑞典各地拥有大量气象站，通过它们收集天气和环境信息。此外，它还从挪威的 Yr.no 处购买数据。因此，SMHI 生成原始数据，但它也处理数据，并根据客户请求和需求以不同的方式将其打包。SMHI 不仅作为一个数据工厂，而且还作为一个分销商，下面将分别进行描述。

服务提供商/数据批发商：服务提供商和数据批发商是搜集世界各地各种数据来源的实体，通过创建大型数据库，利用这些数据改进自己的信息产品或销售各种形式的信息产品。有许多这样的例子，其中最著名的是 Twitter、Facebook 和谷歌公司。谷歌公司通过开发极其精确、有针对性、基于搜索的广告机制来"出售"其数据资产，并将其出售给希望进入特定市场的公司。与此同时，Twitter 公司通过来自世界各地的"推特"信息流，整理顾客对不同产品和世界事件的看法，从餐馆的服务甚至到全球的选举过程。Twitter 称之为"数据软管"，但公司和开发人员每年要以 36 万美元的价格访问 50% 的终端用户推文。然而，一批新的数据批发商正在出现，即处理由全球传感器网络和移动设备产生的大量数据的公司。这些公司正在整理全球数百万设备通过通信网络传输数据所进行的交易。通过执行器和移动设备传输的数据量将比仅在跨国公司供应链中预想的要高好几个数量级。本书将在第 5 章讨论与这些相关的技术。

中介机构：在 I-GVC 的新兴产业结构中，需要中介机构来处理信息产品生产的各个方面。如上所述，个人信息的收集涉及许多隐私和区域性问题。在欧洲，Facebook 公司收集和使用参与其服务的个人数据的方式实际上可能违反了欧洲隐私法。因此，诸如谷歌、Facebook 和 Twitter 公司所创建的数据库的开发工作可能需要创建能够充分"匿名化"数据的实体，以在相关的区域中进行设置以保护个人的隐私权。这些公司将为消费者提供保护，使他们的数据以适当的方式被使用，即消费者批准其使用的方式。例如，为了获得更好的服务，人们可能会很高兴与服装公司或音乐商店分享个人品味信息，而可能不喜欢个人的信用评级或税务数据被不同的公司自由共享。因此，人们将允许一个中间人代表他们行事，以某种形式在有关资料上加上标签，以确保这些资料不会以之前不同意的方式使用。另一方面，这种性质的中介是为了降低与建立一个供许多不同公司参与的市场相关的交易成本。正如前面关于服务提供商/数据批发商部分所讨论的，产生的数据量也是有问题的——即使使用云计算，也很难处理 I-GVC 中产生的巨大数据量。特定类型的公司对要生产的不同类型的信息产品感兴趣——例如，公司的营销部门可能有兴趣了解特定年龄段的客户对特定产品的看法。另一家公司可能希望了解它所在地区正在进行哪些搜索，而一个地方当局可能希望使用传感器数据从当地工厂获取有关污染的实时数据。每种信息产品的数据类型和分析风格都有根本的不同，而且每种产品都需要独特的技能——一家公司在一个地方处理所有这些类型的数据是极不可能的。因此，更有可能的是，不同的公司、中介机构将开发针对不同利基市场的信息产品。这些公司将能够专注于某些数据集，并成为特定信息产品领域的专家。被开发成信息产品的数据的数量和性质也需要一种全新类型的中介，这种中介能够处理可扩展性问题以及使用这些数据构建产品所引发的相关安全和隐私问题。这可能是拥有全球服务业务的运营商和网络供应商要扮演的最公认的角色，因为它们在开发、操作和维护可扩展到数百万用户的安全系统方面拥有数十年的经验。运营商网络的设计规模平均约有 1 亿的终端用户。随着设备数据网络的出现（不仅仅是人类用户），运营商现在正在研究可以扩展到至少 10 倍大小的系统。能够处理如此多的设备和终端用户的系统需要在整个产业结构中进行高度的合作，因此发展这种规模的中介需要设备制造商和服务提供商在所有层次上进行更密切的合作。因此，I-GVC 可能会进一步模糊构成其基础的高科技公司之间的界限。

经销商：经销商是那些将来自几个不同中介机构的输入组合起来，进行分析，然后将其销售给终端用户或公司的实体。这些经销商目前通过融合通信平台能够轻松访问的数据相当有限，但它们表明了在这个空间内形成的公司实体的类型。BlueKai 公司就是一个例子，它跟踪互联网用户的网上购物行为，为"购买意图"收集数据，以便广告商能够更准确地定位买家。BlueKai 公司整合了来自亚马逊、Ebay 和阿里巴巴等多个来源的数据。通过这些数据，它能够确定地区趋势，不仅帮助企业确定其产品要面向哪个消费群体，而且还可以确定在该国的哪个地区。例如，BlueKai 公司能够识别出西弗吉尼亚州所有正在寻找某价位洗衣机的终端用户。

3.6 国际驱动的全球价值链和全球信息垄断

目前，在融合通信产业的产业结构中，为 I-GVC 生产基础设施的公司与从中获得可观利润的公司之间存在着巨大的地区差异。通过在全球价值链中找到正确的定位，这些公司能够在利润中占有最大份额。通过开发和实施全球融合通信基础设施，打破收集数据的区域界限，这些公司能够让全世界每个使用移动设备的人为其信息产品的开发做出贡献——实际上，全世界的每个人都在为这些公司工作，以便它们能够销售聚合数据以获得巨额利润。尽管这些数据来自全球各个角落的人们，涵盖英国、泰国、澳大利亚、中国和非洲，但移动宽带平台的剩余价值目前正被绝大多数美国公司捕获、开发并塑造成信息产品。它们能够收集和分析数据，能够创造出更好的信息产品，而不受与欧洲相同级别的隐私监管的限制。因此，欧洲、亚洲和全球其他地区的企业都依赖这些公司，以获得最适合其企业需求的信息。20 世纪 80 年代末及 90 年代，信息技术的使用成为企业取得成功的关键因素，同样，在 I-GVC 内部开发的信息产品的使用也成为在全球市场上获得竞争优势的关键因素。因此，公司不得不使用最有效的信息产品来满足自己的需求。实际上，I-GVC 并没有像许多人预测的那样打破数字鸿沟，而是导致了一种新型的数字歧视，以及大型跨国公司与 I-GVC 内的参与者或"工人"之间的一种新的依赖关系。虽然工业革命和数字时代的诞生在对待工人的本质上可能有巨大的不同，特别是在如此多对终端用户"免费"的宣传中，在资本积累的过程中，离不开人类的共同努力。大量的工人为开发的信息产品做出了贡献，但只有少数大公司获得了剩余价值。事实上，这在业界引发了一些有趣的讨论：谁真正拥有这些数据？是提供服务的公司、提供连接的服务提供商，还是终端用户自己？终端用户可能会从使用他的数据中获得资金，这是每次数据用于创建信息产品时的象征性贡献。开发平台的公司和将数据整理成产品形式的公司之间甚至可能达成利润分成。然而事实仍然是，只有那些拥有必要的研发预算、规模和全球影响力的公司，才能利用这些数据的汇总，从中获得可观的利润。

3.7　物联网商业模式创新

对于那些对物联网开发感兴趣的公司来说，一个实用的方法是通过商业模式创新来开发商业模型。最有效的方法是从事务的角度来评估业务案例——如何跨行业进行交换以及如何控制这些交换。通过采用这种方法，企业能够找到合作伙伴，并在物联网生态系统中开展更广泛的工作。在商业模式创新中，公司处理交易有以下 3 种主要方式。

内容是指正在执行的活动类型，从事务的角度来看就是正在交换的内容。**结构**是指活动是如何联系起来的，以及用来联系它们的交换机制。**管理**是指谁执行什么活动以及控制问题。

在生态系统中拥有最多控制权的公司通常会获得大部分的创造价值。然而，在物联网系统中，这通常需要从收入共享的角度来考虑。

物联网技术的发展使许多公司从根本上改变了经营方式，特别是如何组织、开展跨越公司和行业边界与客户、供应商、合作伙伴以及其他利益相关者的交流和活动。物联网解决方案往往会迫使企业重新思考其活动系统（或商业模式）内交易的结构、内容和管理。然而，物联网也将为公司如何构建其网络提供更多的选择——以一种允许运营商创造可持续性能优势的方式来发展跨边界的交易和活动。

3.7.1　当前示例

在整个行业，多个物联网应用被认为是有前途的候选方案，并且已经开始概念证明（Proof of Concept，PoC），如环境、安全管理（例如，人群管理、港口管理 / 物流）、公用事业（例如，计量）和其他"智慧城市"的应用（例如，街道照明、停车、垃圾管理）。还有其他行业——许多在 M2M 解决方案方面有长期经验，运营支出也很高的行业（如石油和天然气），正积极投资物联网设备，因为它们每年在监测和维护方面的支出往往高达数百亿美元。

这些系统的好处对许多利益相关者来说是显而易见的，但新市场开发中的一个关键问题是，"试点"或原型阶段之外，所有利益相关者参与的长期可行性。要将这些解决方案应用到实际环境中，需要的不仅仅是小范围的，甚至是大范围的测试实验。它需要开发适当的、可行的业务模型，提供并奖励所有相关人员创造价值的活动。

此外，如果没有从项目中获得高收益，利益相关者不太可能接受嵌入式设备的高连接性或维护成本。因此，物联网需要新的伙伴关系、生态系统和技术提供商（如芯片制造商、系统集成商、网络运营商）之间的收入共享方案，以确保公平分配。有理由认为，孤立地实现净效益是不可能的，因此商业模式创新是物联网的最佳选择，而不仅仅是产品或流程的创新。这可能发生在 MNO 社区之外，只将运营商交给连接提供商，这对最大化潜在收益和合理管理物联网成本是一种风险。

下面将概述几个潜在的业务模型创新，以提供一些用例的深入说明，帮助读者理解如何开发 / 构建它们。

3.7.2　业务对业务模型

物联网能够实现的一个主要用例是业务对业务模型——企业之间能够更容易地以自动化的方式共享数据，而不是依赖于纸张驱动的流程或电子表格等。这通常意味着物联网解决方案需要一种新的定价模式。业务模型需要跨生态系统与更广泛的参与者进行协作，如图 3-5 所示。

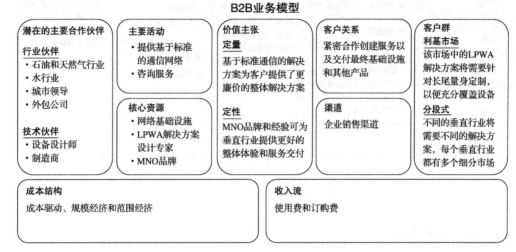

图 3-5　物联网的 B2B 模型示例

3.7.3　数据分析业务模型

另一个可能的商业模式创新是为特定的纵向行业创建数据分析服务。通过与投资于数据分析平台的其他行业参与者进行合作，充分利用物联网数据的潜力创建出新产品，如图 3-6 所示。

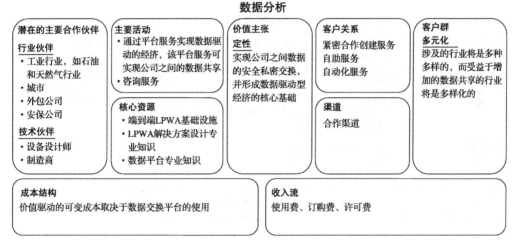

图 3-6　数据分析业务模型示例

3.7.4　新的数据市场模型

通过在物联网解决方案中部署现有资源，但以新方式和新的管理模式将它们连接起来，移动运营商有可能在新数据市场的交付中发挥关键作用。通过这种方法与区块链等创新技术相结合，还可以实现物联网数据的微支付，如图 3-7 所示。

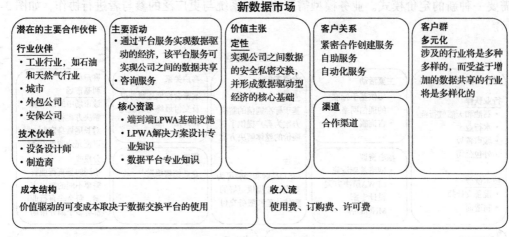

图 3-7　数据市场模型示例

3.7.5　SLA 安全集成

可能最重要的新业务模型之一就是从端到端角度看待不断增长的安全集成的需求。这包括必须确保在此类物联网解决方案中产生、传输和使用的数据的安全性和完整性。这是在物联网数字经济中建立信任的关键领域。如果物联网解决方案产生数据的上游用户不能保证数据的完整性（即这些数据来自传感器，而无法证明传感器本身并没有被篡改，设备本身也没有在传输过程中被篡改），那么根据这些数据做出的决策可能质量很差——在某些情况下甚至是危险的。然而通过应用商业模式创新，移动运营商能够创建一个联盟的方式，向市场提供一种新的解决方案，为物联网数据的上游用户提供关键的保障，如图 3-8 所示。

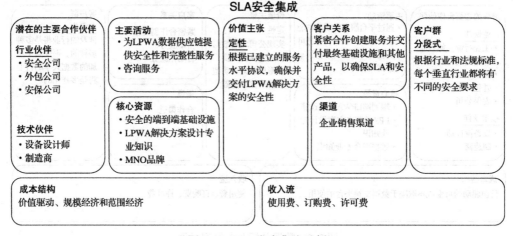

图 3-8　SLA 安全集成示例

3.8　结论

本章从业务的角度概述了物联网。得益于开放的、基于网络的技术，物联网解决方案将推动信息市场的创建，使信息价值链中的不同经济实体之间能够交换数据。在第 4 章中，将讨论物联网解决方案架构的实现。

物联网架构视角

4.1 构建架构

本章将介绍如何在本书中使用"架构"一词，其次介绍它如何与问题、感兴趣的应用和实际的物联网解决方案相关联。架构这个术语有很多解释。传统上，架构既是规划、设计和建筑施工的过程，也是其产物。在计算机系统中，架构是描述计算机系统的功能、结构和实现的一组规则和方法。

在本书中，架构指的是对主要概念元素以及目标系统实际元素的描述、它们之间的相互关系以及架构设计的原则。概念元素指的是预期的功能、数据或服务。实际元素是指技术构建块或协议。本书中的"参考架构"一词涉及一个广义模型，该模型包含与"物联网"领域相关的最丰富的元素和关系集合。对架构理论及哲学的详细描述超出了本书的范围，感兴趣的读者可以在 Rozanski 和 Woods 的研究中找到很好的例子[18]。

每当开始建造某物、房屋、汽车或物联网系统时，通常首先要对所需结构进行描述，即蓝图。没有人会随便用砖木之类的建筑材料来盖房子。为了创建一个蓝图，系统工程师依赖于一系列的方法，以便给出一个结构化的方法来解决当前的问题。这就是物联网架构的作用，即为如何构建系统、要使用的典型元素以及它们是如何组成的提供正确的指导。

在考虑解决特定问题或设计目标应用时，参考架构将用作设计应用架构的辅助工具，即从参考架构的子集中创建实例。应用架构就是用来开发实际系统解决方案的蓝图（见图 4-1）。本书所采用的方法来自欧盟 FP7 项目 IoT-A[19]的启发。

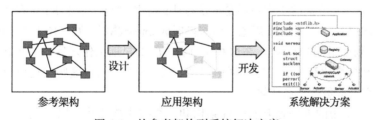

参考架构　　　　　　应用架构　　　　　　系统解决方案

图 4-1　从参考架构到系统解决方案

可以用几个不同的视图描述架构，以捕获与模型相关的特定属性，本书中选择的视图是功能视图、部署视图、流程视图和信息视图。架构是本书第 8 章的核心内容，其中更详细地给出了架构的定义和用途。第 7 章和第 8 章也简要介绍了物联网架构的最新示例。

在为参考架构创建模型时，首先需要建立架构的总体目标和设计原则，这些目标和原则来自对最终系统解决方案的某些所需主要功能的理解。例如，总体目标可能是将应用逻辑与通信机制进行分离，典型的设计原则可能是为协议互操作性进行设计，并为封装的服务描述进行设计。这些目标和原则必须来自对实际问题域更深入的理解，通常是通过识别重复出现的问题或解决方案类型来实现的，从而提取常见的设计模式。问题域也为后续解决方案奠定了基础。通常将架构工作和解决方案工作划分为两个域，每个域关注不同抽象级别上相关的特定问题（见图4-2）。

图4-2中金字塔的顶层在这里被称为"问题域"（软件工程中的"域模型"）。问题域是关于理解感兴趣的应用的，例如通过场景构建和用例分析来获得需求。此外，通常约束也会被标识出来。这些约束可以是技术性的（比如无线传感器节点中的有限电力可用性），也可以是非技术性的（比如来自法律或业务考虑的约束）。第9章将更详细地讨论实际的设计约束。金字塔的底层称为解决方案域。这是建立设计目标和原则、细化概念视图、确定所需功能以及描述功能和信息的逻辑分

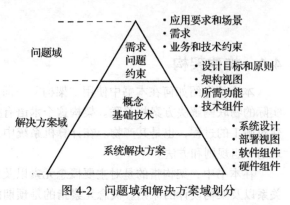

图4-2　问题域和解决方案域划分

区的地方。通常在这里定义逻辑架构，或者生成网络拓扑图形式的网络架构。在此级别识别合适的技术组件（如操作系统和协议或协议栈）也是很常见的。实际的系统解决方案最终由系统设计捕获，系统设计通常产生实际的软件和硬件组件，以及关于如何配置、部署和供应这些组件的信息。4.2节将概述物联网的设计目标和原则，4.3节概述物联网架构的主要功能域。

4.2　需求及主要设计原则

在介绍了架构设计的一些基本概念以及如何促进实际系统解决方案的后续开发之后，现在转向物联网架构设计的主要设计原则。在获取物联网需求和创建物联网架构或参考模型的现有工作中，可以确定两个主要来源，它们既代表着早期工作，也代表着开创性的工作，并具有持久的影响。它们都来自两个较大的欧洲第七框架计划研究项目：SENSEI[20]和IoT-A[19]。另一个早期的工作主要是电信行业的架构规范，是由ETSI在2009年发起的，从而形成了ETSI M2M（见附录）规范，后来扩展成oneM2M⊖，见7.10.1节。ETSI还从使用M2M术语发展到使用IoT术语⊜。在这些项目和组织的早期工作之后，一些其他的物联网架构活动也已经在标准化和行业联盟社区中启动，见7.1节。所有这些架构以及可能遇到的任何其他架构，重点都是推动水平化。

SENSEI[20]采用的方法是开发一种架构和一组技术构建块，以实现"未来互联网中的真实世界集成"。"真实世界互联网"的概念是关于创建物理对象的数字化表示，这在今天被普遍称为Digital Twins⊜。主要功能包括定义真实世界的服务接口，以及将众多的无线传感器和执行器网络（Wireless Sensor and Actuator Network，WSAN）部署集成到全球范围的公共服务基础设施中。服务基础设施提供了一组服务，这些服务对于广泛的应用是通用的，并且与任何底层通信网络相分离，对于通信网络，唯一的假设是它应该基于互联网协议（IP）栈。该架构依赖于提供感知和驱动资源的实际设备、一组相关并以实体为中心的真实世界服务以

⊖　http://www.onem2m.org/。

⊜　http://www.etsi.org/technologies-clusters/technologies/internet-of-things。

⊜　https://en.wikipedia.org/wiki/Digital_twin。

及使用这些服务的用户。SENSEI[20]进一步依赖于开放的供应商和用户群，并为不同的业务角色提供了一个参考模型。在这里，可以清楚地看到架构中的水平点：IP 的使用、公共服务层以及这些服务的公开性。在架构中也确定了一些设计原则和指导原则，以及一组需求。最后是架构本身所包含的一组关键功能。

与此同时，电信行业专注于定义一个公共服务核心来支持各种 M2M 应用，这些应用与 ETSI M2M 和 oneM2M 中的底层网络无关。所采用的方法是分析一组 M2M 用例，推导出一组 M2M 服务需求，然后指定架构和一组支持的系统接口。与 SENSEI[20]类似，用一种明确的方法来实现设备、网关和通信网络分离的水平系统，并创建一个核心公共服务和一组应用，所有这些都由定义的参考点来分离。

最后，IoT-A 中采用的方法与上述两种方法的不同之处在于，IoT-A 所指的架构参考模型（Architectural Reference Model，ARM）不是定义单个架构，而是在 ARM 中实例化一个参考架构。而 IoT-A 的愿景是，通过 ARM 建立一种方法体系，在通信、服务和信息不同的系统级别上，实现各种物联网解决方案之间的高度互操作。IoT-A 还提供了一组不同的架构视图，并建立了术语表示和一组统一需求[21-22]。此外，IoT-A 提出了一种基于用例和需求的具体架构的实现方法。第 8 章将更详细地介绍物联网架构方法和主张。

如前所述，比较这些不同的方法，其共同特点是专注于高级水平系统的实现方法：
- 基础通信网络与支持服务的相关技术有着明显的分离。
- 一个明确的发展愿景是为提供传感和驱动的设备定义统一的接口，包括对设备提供的服务进行抽象。
- 另一个明确的愿景就是将高度特定于应用的逻辑与大量应用中通用的逻辑分开。

回到之前关于理解趋势、所需能力和物联网影响的讨论，这里还从一系列不同的角度明确地确定了水平方法的必要性——在不同层次上跨价值链水平集成的必要性、集成多个基础设施的必要性以及重用现有部署的必要性等。考虑到其他关键特性，比如支持开放式服务开发和安全可靠性，可以制定一个物联网整体架构目标：

物联网架构的总体设计目标应该是以真实世界为中心的、开放的、面向服务的、安全的、提供信任的水平系统。

对现有工作以及第 2 章中关于所需功能和物联网直接影响的结论进行进一步分析，还可以得出一套设计原则，以使用不同的方法来实现总体架构目标。这些设计原则对现在描述的技术解决方案提供了解释和进一步的期望。

对已部署的跨应用领域的物联网资源的再利用设计。已部署的物联网资源将能够广泛地用于不同的应用。这意味着设备应与应用无关，它们在传感和驱动方面所提供的基本服务和原子服务应最大限度地以统一的方式完成。系统设计将受益于提供基本底层服务的抽象视图，这些基本底层服务也与提供服务的设备相分离。

设计一组支持服务，这些服务提供开放的面向服务的功能，并可用于应用开发和执行。在 ETSI M2M 和 oneM2M 面向服务层的 M2M 标准化中，已经看到了一组通用的独立于应用的服务功能的定义。这些支持服务一般应满足利益相关者构建物联网应用的典型环境，如开放环境，特别是应支持物联网视角下的几个核心服务功能。例如，物联网的开放环境将需要对服务、资源和物联网数据进行授权、认证访问和使用机制的确认。

从物联网的角度来看，所需的关键支持服务包括访问物联网资源的方法、如何发布和发现资源、用于对关联信息和感兴趣的真实实体相关信息建模的工具，以及提供不同级别抽象和复杂服务的能力。后者可以包括对数据和事件的过滤及分析，以及涉及传感和驱动控制回路的动态服务组合和自动化。此外，需要定义良好的服务接口和 API 来促进应用程序开发，合适的软件开发工具包（SDK）也是如此。正如稍后将看到的，面向服务越来越意味着云原生实现和微服务方法。

针对隐藏的底层复杂性和异构性进行不同的抽象级别设计，以促进互操作性。正如人们已经看到的，典型的物联网解决方案可能涉及大量不同的设备和相关的传感器模式，它们可能涉及大量不同的参与者，这些参与者提供需要通过不同级别的聚合进行组合和访问的服务和信息。通过提供基础技术以及数据和服务表示的必要抽象，以及信息和服务粒度，系统设计将变得简单。这是为了确保特定物联网系统内不同组件之间以及不同物联网系统之间的互操作性。这将减轻系统集成商和应用程序开发人员的负担。另外，隐藏设备端技术并提供传感和驱动服务的简单抽象也是一方面。另一方面是执行信息或知识聚合的方法。第三方面是在不同的时间范围内——从实时机器人控制到长期预测或规划，提供不同程度的自动化。

为在不同业务领域和价值链中承担提供和使用服务的不同角色的利益相关者设计。正如关于物联网市场方面的第 3 章和第 2 章所讨论的，在部署和运行物联网解决方案的业务环境中，存在不同程度的开放性。物联网解决方案可以跨企业内的一组部门运行，也可以跨价值体系中的一组企业运行，甚至可以在真正开放的环境中提供。业务环境可以被视为没有市场（完全是组织内的）、封闭市场（特定价值体系或价值链中有限且预先确定的一组业务参与者）或开放市场（未定义且参与者数量不限）。这些不同的设置具有不同程度的所需功能，以处理多方利益相关者的视角，同时具有技术和业务性质。第一个基本需求是提供一组确保安全和信任的机制。首先涉及不同利益相关者的信任和身份管理。其次对使用服务以及能够提供服务的访问进行身份验证和授权。最后是能够进行审计和提供可说明性的能力。第二个基本需求是确保互操作性，在利益相关者之间交互点的不同层次上都需要这样做。主要的例子是确保语义级别上的数据和信息互操作性，以及跨组织和管理边界进行业务流程连接。第三个基本需求和市场角度有关，无论市场是封闭的还是完全开放的。需要在服务用户和服务提供者之间为使用的服务或数据提供补偿的机制。由于物联网市场涉及从交易单个传感器数据到聚合洞察力及知识的所有方面，因此需要能够在微观层面和更传统的宏观层面运行的补偿和计费机制。开放的市场环境也需要发布或宣传服务的手段，以及寻找服务的手段。这些不同的需求也为新的市场角色提供了机会，例如聚合者角色、经纪人角色和清算机构，这在其他现有市场中都是众所周知的。

为确保信任、安全和隐私而设计。物联网中的信任往往意味着可靠性，可靠性既可以确保服务的可用性，也可以确保服务的可靠性，而且数据只用于终端用户同意的用途。可靠性的一个重要方面是数据或信息的准确性，因为物联网数据可以有多个来源。像信息质量这样的概念变得很重要，尤其是考虑到一个信息对于一个应用来说可能足够精确，但是对于另一个应用来说却不够精确。如前所述，安全隐私是采用物联网的潜在障碍，也是构建解决方案时需要解决的关键领域。例如，隐私需要通过数据的匿名化来确保，因为对个人的分析不容易完成，甚至无法撤销。尽管如此，可以预见的是，为了维护国家安全或公共安全，当局和机构需要获得支持从而获取数据和信息。

为可扩展性、性能和有效性而设计。物联网部署将在全球范围内进行，预计将涉及数十亿个部署节点。传感器数据将具有相当不同的特性。同时数据可能非常偶然（例如，警报或检测到的异常事件），或者可能以实时数据流的形式出现，这取决于所需数据的类型或基于应用的需要。重要的可扩展性方面包括大量设备及其产生的需要处理或存储的大量数据。性能包括任务关键型应用的考虑，例如对延迟有极高要求的监控和数据采集（Supervisory Control And Data Acquisition，SCADA）系统。

为可演化性、异构性和简单性而设计。技术是不断变化的，考虑到物联网部署的性质，特别是设备和传感器节点可能会在某领域运行多年，有时生命周期超过 15 年（如智能电表），物联网解决方案必须能够承受和迎合新技术的引入与使用，并且处理遗留设备。处理异构性也很重要，因为不同行业使用的面向设备的技术非常不同。使用许多不同的协议来集成遗留设备的方法变得非常必要，不同类型和具有不同功能的网关对于以统一的方式来展示遗留设备功能也非常重要。

为简化管理而设计。再次回顾采用物联网的一个潜在障碍，管理的简单性是设计物联网解决方案时需要适当考虑的一个重要能力。考虑到物联网设备将在 100 亿～ 1000 亿台范围内部署的发展前景，为了降低运营支出，自动配置、自动供应和自动化管理是可行的物联网解决方案的关键功能。

为不同的服务交付模型而设计。现在已经知道，在许多行业中都存在从仅仅提供产品向提供产品和服务相结合的交付模式发展的明显趋势，例如，汽车行业向连网车辆交付应用程序，以及软件行业提供软件即服务（Software as a Service，SaaS）。物联网具有广阔的应用前景，显然得益于弹性部署的解决方案，这是为了满足后期发展的需求。云和虚拟化技术在未来交付物联网服务方面扮演着关键的推动者角色，而本地云软件则是一个日益增长的基本需求。

为支持完整的生命周期而设计。生命周期阶段包括：规划、开发、部署、运行和退役。管理方面包括部署效率、设计工具和运行管理。从规模和复杂性的角度来看，自动化是关键，包括身份管理在内的安全生命周期支持也是关键。特别是，确保设备在从制造到退役的整个生命周期中都是可靠的，这一点很重要，因为它们通常是无人值守的，而且人类也无法接触到它们。

根据这些设计原则，并考虑到详细的用例和目标应用，可以确定功能性和非功能性的需求，这些需求构成了更详细的架构设计基础。在已经引用的工作中，已经确定了不同的需求集，而对更详细的需求感兴趣的读者可以参考文献 [21-23]。

4.3 物联网架构概要

现在已经对设计目标和原则有了更好的理解，这些设计目标和原则能捕获物联网解决方案的主要期望特征，并且还确定了一些通常需要的高级功能。如上所述，人们对典型的物联网解决方案有了越来越多的共识。然而，目前还没有普遍接受的物联网系统架构，也没有定义解决方案组件的一组普遍认可的标准。目前最先进的技术主要来自一组标准化机构和行业联盟，这些机构或将协议指定为系统组件，或将系统和功能架构指定为更完整的端到端物联网架构的各个部分。第 7 章将概述主要的架构活动，以及比较有代表性的例子，包括来自

IIC[一]和 IETF[二][三]的工作。

在解决方案组件和各种架构的中长期物联网技术研究方面，欧洲物联网研究中心（Internet of Things European Research Cluster, IERC）[四]提供了许多欧洲级别的研究活动和项目。

在评估物联网系统架构模式和选择适当的技术时，需要牢记的一个基本考虑因素是多样性。多样性既来自各种可能的应用，也来自各种不同的部署场景和情况。这些多样性聚集在一起产生了一个不同需求和约束的大集合。反过来也意味着，没有一个单一的物联网系统架构，也没有一个单一的系统组件可以实现所有的物联网解决方案。同样，参考架构的目的是提供方法论和常见的重复设计模式，最终指导特定目标物联网系统解决方案的定义，如图 4-1 所示。尝试生成单一的参考架构会导致一些可选的和有条件的需求，所有这些都取决于当前的特定问题或关注的应用。

然而，通过提出主要功能的单一视图，现在可以将构建物联网解决方案所需的已确定关键功能整合到更大的关联背景中（见图 4-3）。这不是一个严格及正式的功能架构，但是提供了一个概念性的概述。它还遵循从分层的角度查看系统的功能以及实现跨层的关键功能域的功能。

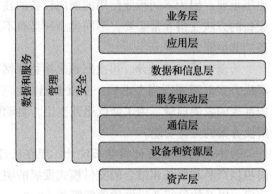

描述架构的其他常见方法是软件方法和网络方法，它们更关注如何实现功能，包括如何分布功能。这些都被形式化为上

图 4-3 物联网解决方案的功能层和功能

述不同的架构视图，并在第 8 章中进行更详细的讨论。这里讨论了不同的功能层和所提供的横切功能。

底层是**资产层**。严格来说，这一层不提供目标解决方案中的任何功能，但代表了任何物联网应用存在的理由。感兴趣的资产是受监视和控制的真实世界中的对象和实体，以及拥有数字表示和数字身份的事物。典型的例子包括车辆、机械和固定的基础设施，如建筑物和公用事业系统、住宅和人本身，因此可以是无生命的，也可以是有生命的物体。资产也可以具有更虚拟的特性，是个人或组织感兴趣的现实世界部分的主观表征。后者的典型例子是在一个物流用例中货车使用的一组特定路线。感兴趣的信息可能是交通流量、道路施工或基于实际天气情况的道路状况。

设备和资源层提供了传感、驱动和嵌入式身份的主要功能，因此是数字领域与物理世界之间的桥梁，使资产和物理基础设施能够被监视、控制和识别。传感器和执行器可以位于各种设备中，可以是智能手机或 WSAN、智能电表或其他传感器 / 执行器节点。传感器和执行器是可以抽象和集成到高级数据处理功能中的资源，因此它们代表着监视和控制数据的源和汇。这一层也是放置不同类型网关的地方，这些网关可以提供与基本资源密切相关的聚合或

[一] https://www.iiconsortium.org/。

[二] http://ietf.org。

[三] http://ietf.org/topics/iot/。

[四] http://www.internet-of-things-research.eu。

其他功能。资产的识别可以通过不同类型的标签来提供，例如 ISO/IEC 18000$^{\ominus}$系列标准中的 RFID 或光学代码（如条形码或快速响应（Quick Response，QR）$^{\ominus}$码）。设备和网关的内容将在 5.1 节中进一步讨论。

通信层的目的是提供一端的设备和资源与另一端承载和执行服务支持逻辑与应用逻辑的不同计算基础设施之间的连接方式。不同类型的网络也能够实现连通，习惯上分为局域网（LAN）和广域网（WAN）。广域网可以通过不同的有线或无线技术来实现，例如，光纤、数字用户线（Digital Subscriber Line，DSL）用于前者，而蜂窝移动网络、卫星或微波链路用于后者。广域网也可以由不同的参与者提供，其中一些网络可以被视为公共的（提供面向公众的商业服务）或私有的（例如，在更封闭的业务或整个公司内部环境中提供服务的专用网络）。特别是在移动网络行业，提供通信服务的方式有多种不同的模式，包括大规模接入和专门的虚拟网络运营商，它们专注于管理 M2M 连接产品，而无法拥有授权的移动频谱或实际的网络资源。

当谈到 LAN 时，有许多不同类型的例子，也没有严格的定义什么可以被认为是 LAN 或 WAN。LAN 的主要例子包括无线个人区域网络（Wireless Personal Area Networks，WPAN），也称为体域网络（Body Area Networks，BAN），用于健身或保健应用；家庭或建筑域网络（分别为 HAN 和 BAN），用于自动化和控制应用；以及邻域网络（Neighborhood Area Networks，NAN）或场域网络（Field Area Networks，FAN），它们用于智能电网的配电网。通信还可以用于更特殊的场景。车辆对车辆（Vehicle-to-Vehicle，V2V）就是一个针对安全应用的例子，比如避免碰撞或汽车排队等。与 WAN 的情况相反，LAN 内使用的接口技术具有特定于行业的特点，受到大量不同标准的支持，甚至是专有的或事实上的标准。LAN 同时使用有线和无线技术。有线 LAN 的一般例子包括以太网、电力线通信（Power Line Communication，PLC），以及用于工业实时控制应用的各种现场总线技术$^{\circledS}$。无线 LAN 网络技术的几个例子包括 IEEE 802.11$^{\circledR}$和 IEEE 802.15.4$^{\circledR}$系列，以及蓝牙技术。蓝牙技术还有一个附加协议，叫作低功耗蓝牙（BTLE 或 BLE），针对典型的物联网应用。IEEE 802.15.4 是针对不同行业不同物联网应用的协议栈基础，例如 ZigBee 规范$^{\circledR}$、家庭自动化专用的 Z-Wave 协议栈$^{\circledR}$、Wi-SUN 联盟$^{\circledR}$和 ISA100.11a$^{\circledR}$。传统行业特有的 LAN 协议栈没有使用 IP 作为网络协议，但是越来越多的例子表明传统协议栈已经向 IP 迁移，例如 IETF 6lo 工作组下的 ZigBee IP 和 IPv6（见 7.3 节）。为了提供连接 LAN 和 WAN 的端到端通信服务，需要使用网关。从通信层的角度来看，网关主要用于在协议栈的不同层次上进行交互或协议转换。这可能涉及了物理层和链路层，但也可能涉及了通信或消息层的交互，例如在传统协议（如 ZigBee）之间进行交互、使用 HTTP 作为通信手段来进行交换服务。5.2 节将详细介绍 LAN 和 WAN 的

○ https://www.iso.org/ics/35.040.50/x。
○ https://en.wikipedia.org/wiki/QR_code。
○ https://en.wikipedia.org/wiki/Fieldbus。
○ http://www.ieee802.org/11。
○ http://www.ieee802.org/15/pub/TG4.html。
○ http://www.zigbee.org。
○ http://www.z-wave.com。
○ https://www.wi-sun.org/。
○ https://www.isa.org/isa100/。

各个方面和技术。

如前所述，物联网应用依赖于执行常见和常规任务的支持服务，从而从简化中受益。这些启用服务由**服务驱动层**提供，通常在组织内部或云计算环境中的数据中心或服务器场中执行。这些启用服务可以提供对底层设备和网络的统一处理，从而在相应的层中隐藏复杂性。例如，远程设备管理可以进行远程软件升级、进行远程诊断或恢复，以及动态地重新配置应用程序，如设置事件过滤器、机器学习算法或控制规则。与通信相关的功能包括选择通信信道（不同的网络可以并行使用，例如为了高可靠性的目的），并集成不同的数据传输和数据摄入方法，例如 HTTP 或 CoAP 等 RESTful 协议，以及 MQTT 和 AMQP 等不同的发布 – 订阅和消息队列机制。基于位置的服务（Location-Based Service，LBS）功能和各种 GIS 服务对于许多物联网应用也很重要。与物联网更具体相关的是与传感器原始数据和驱动服务相关的服务，以及与不同标签（如 RFID）相关的服务。保存可用资源信息和相关服务功能的目录就是一个示例，这可以作为一种集合机制。在这样的目录中，WSAN 中的节点可以使用服务描述自己并介绍应该如何访问自己。然后应用程序执行查找，以查找哪个设备可以提供感兴趣的传感器数据。另一个目录服务示例是 GS1 对象命名服务（ONS）[⊖]（见 7.9 节），它可以将 RFID 代码解析为一个 URL，在这个 URL 中可以找到关于标记对象的信息。第 7 章和第 8 章将提供不同的使能服务的示例。

当资源、通信和服务支持层在设备和标签、网络和网络节点以及计算机服务器等方面有具体的实现时，**数据和信息层**提供了一组更抽象的功能，因为它的主要目的是在不同的物联网应用中提取洞察力、捕获知识并提供先进的自动化。这里的关键概念一般包括数据和信息模型以及知识表示，重点是信息的表示和组织。处理数据、提取洞察力和自动化过程需要不同的工具，它们非常依赖于手头的用例。将机器智能称为这一层所必需的各种工具的总称。不同的功能包括各种类型的分析、ML 算法、控制系统逻辑和 AI 技术。这是 5.3 节的核心内容。

应用层依次提供特定的物联网应用。如第 1 章所述，有一个开放式的数组，其中包含来自不同行业、企业、消费者和社会领域的不同应用。第三部分将专门提供不同物联网应用的示例。

架构大纲中的最后一层是**业务层**，它重点支持对物联网应用感兴趣的任何企业、组织或个人的核心业务或运营。在这里可以将 IoT 应用集成到业务流程和企业系统中。例如，企业系统可以是客户关系管理（Customer Relationship Management，CRM）、企业资源规划（Enterprise Resource Planning，ERP）或其他业务支持系统（Business Support Systems，BSS）。业务层还通过开放式 API 为第三方提供数据和信息访问，还可以包含对用户直接访问应用程序的支持。例如，为智慧城市环境中的公民提供城市门户服务，或为特定企业中的人力提供必要的数据可视化。业务层依赖于物联网应用程序，并将其作为众多促成因素中的一组，并负责必要的编排和组合以支持业务流程工作流。关于业务集成的详细讨论将在 5.6 节中提供。

除了功能层，3 个功能域跨越不同的层，即管理、安全、物联网数据和服务。前两个是众所周知的系统解决方案的功能，而后一个是更具体的物联网功能。

⊖ https://www.gsl.org/epcis/epcis-ons/2-0-1。

顾名思义，**管理**是指在系统的整个生命周期中，对系统解决方案中与其操作、维护、管理和资源调配相关的各个部分进行管理。这包括设备、通信网络和通用信息技术（IT）基础设施的管理，以及数据的配置和供应、所提供服务的性能等。物联网管理方面将在第 8 章中有部分介绍。

安全是指保护系统，信息和服务免受外部威胁或任何其他损害。通常需要跨所有层采取安全措施，例如提供通信安全和信息安全。信任和身份管理以及身份验证与授权是关键功能。从物联网的角度来看，在许多情况下，通过匿名化等方式管理隐私是一项特定的要求。安全将是第 6 章的核心内容。

架构大纲的最后一个跨功能领域是**数据和服务**。物联网数据和服务的处理（例如驱动）可以以一种分布式的方式实现，在不同的粒度、抽象性和复杂性级别上完成。处理的第一步是收集和整理数据，即准备数据，以便应用逻辑可以清晰地处理数据。常见的基本数据处理包括事件过滤和更简单的聚合（如数据平均），这些都可以在 WSAN 中单独的传感器节点上进行。可以将关联元数据（如空间和时间信息）添加到传感器读数中，并且进一步的聚合可以在网络拓扑中更高的层次进行。例如，更高级的处理是数据分析，它可以近乎实时或成批地完成。不同的技术用于支持不同级别的洞察力提取、处理、推理、决策制定和自动化。数据和服务处理还包括不同类型的传感 – 驱动控制回路，这些回路在本质上可以是基于规则的简单回路，也可以是自动化大型物理基础设施的复杂回路。一般来说，数据和服务处理可以从传感器节点的边缘一直分布到一个集中的数据中心，所有这些都基于应用的需要。因此，这组功能代表了数据到知识的垂直流动、不同层次的数据和服务的抽象，以及在不同时间范围内提取知识和提供自动化的流程步骤。机器智能、分布式计算和数据管理将分别在 5.3 ~ 5.5 节中介绍。

架构大纲中没有反映的是物联网业务解决方案的生命周期方面。这包括识别和分析业务需求的步骤、解决方案的设计以及解决方案规划、设计、部署和维护的后续步骤。这些不同的步骤超出了本书的范围，但是与部署阶段相关的一些方面将在第 8 章中介绍。

总之，本节只是对构建物联网解决方案所需的主要功能域的概述。简单起见，这是概念性的而非正式的。第 8 章将提供描述参考架构的正式过程以及更详细的方法。

4.4 关于标准化的思考

标准化的主要目的可以概括为实现技术互操作性和可复制性的一种手段。不同类型的标准化产生的技术标准是相关各方达成的协议。互操作性⊖意味着由不同各方开发和使用的不同系统或子系统可以相互协作。这样做的一个好处是，标准化可以促进市场竞争，避免单一供应商的定制化解决方案，即它减少了供应商的锁定。互操作性也可以在不同的层次上实现，包括技术（协议）、语法（数据结构）和语义（含义），但也可以超越这些层次。

可复制性意味着解决方案可以在多个场景中复制和使用，而诸如软件或硬件之类的技术可以在不同的系统解决方案中重复使用。解决方案可复制性的好处是，解决特定类型问题的最佳实践可以重用，包括特定的架构模式或解决方案的蓝图。软件或硬件的可复制性意味着一个人可以依赖现成的解决方案组件，而不是自己做昂贵的开发和测试。标准化还有促进商品化和规模经济的好处。

⊖ https://en.wikipedia.org/wiki/Interoperability。

任何标准化活动产生的技术标准可以是不同类型的，也可以通过不同的过程来实现，主要是通过标准组织、开源项目和行业联盟。标准开发组织（Standards Developing Organizations，SDO）定义了强制使用的正式标准。SDO 主要以系统或接口规范的形式发布标准。SDO 可以是全球性的、区域性的或国家性的。全球著名的 SDO 包括国际标准化组织（International Organization for Standardization，ISO）、国际电工委员会（International Electrotechnical Commission，IEC）和国际电信联盟（International Telecommunication Union，ITU）。此外，还有一组独立的国际标准组织，它们商定并公布了可广泛采用的标准。例如互联网工程工作组（Internet Engineering Task Force，IETF）和万维网联盟（World Wide Web Consortium，W3C）。SDO 不仅制定自己的标准，而且很多时候采用独立标准组织制定的成功而广泛使用的标准，其中一些甚至成为事实上的标准。

开源模型是一种基于开放协作的分布式开发模型。开源模型的产品通常是公开可用的源代码、蓝图和文档。开源项目主要针对软件，但物联网存在硬件项目，Arduino⊖电子原型平台就是一个显著的例子。开源项目的一个流行基础设施是由 GitHub⊖提供的。物联网的开源项目有很多⊜，其中几个突出的例子包括 Eclipse 基金会®和 Linux 基金会®的项目。开源项目的典型例子包括物联网设备的操作系统，如 RIOT®和 Zephyr⊕，以及不同的物联网协议栈，如 LwM2M 的 Leshan®。当依赖于开源时，使用和贡献开源的许可条款会因项目而异，这是作为用户或贡献者时需要考虑的一个重要因素。开放源码的活动和项目发展非常迅速，本书不再详细介绍。

行业联盟在物联网中变得越来越重要。这是对传统标准组织发展速度慢于技术发展速度这一观点的回应。这些联盟可以专注于特定的物联网技术，但也可以就如何在特定的应用行业部门或环境中使用现有标准达成一致，比如提供不同的特定于应用的配置文件，例如 OMA SpecWorks 采用 IETF 的标准来定义 LwM2M 中的设备和服务支持框架（见 7.4 节）；Wi-SUN 联盟定义了基于 IEEE 802.15.4g 公用事业网络标准的无线物联网网格网络的一致性和互操作性测试规范。其他联盟也可以就如何构建物联网解决方案进行确定、达成一致并定义最佳实践。工业互联网联盟®是一个典型的联盟，专注于提供跨生态系统成员一致同意的最佳实践，见 8.9.1 节。

这些不同的标准化方法并不是相互排斥或分离的。相反，它们应被视为实现商定技术标准目标的不同工具。例如，IETF 已经定义了一组关于如何在物联网典型的资源受限环境中使用 RESTful 方法的标准（见 7.3.2 节），这些标准随后由联盟开放连接基金会（Open Connectivity Foundation，OCF）⊕负责开发基于 IETF 标准的规范和认证。OCF 还赞助了称为

⊖　http://www.arduino.cc。

⊖　https://github.com。

⊜　https://www.postscapes.com/internet-of-things-award/open-source/。

⊜　https://iot.eclipse.org。

⊜　https://www.linuxfoundation.org/projects/。

⊖　https://www.riot-os.org。

⊕　https://www.zephyrproject.org。

⊗　http://www.eclipse.org/leshan/。

⊗　https://www.iiconsortium.org。

⊕　https://openconnectivity.org。

IoTivity[⊖]的 OCF 规范的开源参考实现，这是一个 Linux 基金会协作项目。在物联网生态系统中，这种跨开发标准、参与开放源代码和参与行业联盟的协同合作方法是一种常见的做法。因此，在本书中，使用"标准化"这个词作为一个总称来包含这 3 个主要工具，以达到所需的互操作性和可复制性水平。

各种具体的物联网标准化活动场景是非常多样和广泛的。这里的目的是提供场景的拓扑概述，并强调一些重要的标准化组织和活动，而不是试图列出所有相关的标准。这说明物联网的标准化是相当丰富和多维的。图 4-4 给出了一个结构和突出显示组织的概要示意图。为了查找更多信息，ETSI[24] 提供了一个概述，另一个在线查找由 Postscapes.com[⊜]提供。

图 4-4　物联网标准化场景示意图

第一个顶层维度是，标准作为水平物联网标准或应用物联网标准而开发。应用物联网标准针对特定的垂直行业或部门，如建筑、公用事业、能源、制造、运输或卫生部门。另一方面，水平技术标准通常可以应用于许多不同的行业。由于历史原因，在不同的垂直行业中有许多标准化活动。由于这些应用行业在很长一段时间内都是提供各自特定行业的标准，因此有一个不断发展的实践和技术的继承，但随着人们看到越来越多的行业利益趋同，并且由于上述可复制性的需要，标准将越来越多地采用水平物联网标准来减少技术的碎片化。

第二个顶层维度是，一些标准化活动定义了整个系统或系统的一部分，而其他标准组织的目标是开发特定的技术，例如特定的协议或软件。系统标准可以解决第三代合作计划（3rd Generation Partnership Project，3GPP）中定义的移动通信网络问题，也可以解决多个行业垂直领域的物联网解决方案最佳实践问题，如 IIC。另一方面，像 IETF 这样的组织专注于开发互联网的协议套件，而不需要费力地去建立一个系统标准以超越几个关键的 IETF 中已

⊖　https://iotivity.org。

⊜　https://www.postscapes.com/internet-of-things-protocols/。

经存在的征求意见书（Request For Comments，RFC），如 RFC1958[⊖]，它建立了互联网的架构原则。可以看出，系统标准依赖于支持技术组件作为基础，但是由于通常存在许多相互竞争的技术组件（例如协议栈），采用系统标准并不是一条简单的途径。

　　另一个重要的考虑是关于标准的生命周期过程。很多时候，标准的出现是学术界和工业界合作研究的结果。在其他情况下，标准化的技术选择可以作为监管或立法过程的一部分。在欧洲联盟内部，欧洲联盟委员会已经发布了授权书，这些授权书可以对技术选择产生直接影响，因此它先于随后的任何标准化活动。这方面的一个例子是欧洲委员会向欧洲标准化组织发布的关于智能电网的欧洲指令 M490^[25]，在一个共同的欧洲框架内共同开发和更新一套一致标准，该标准集成了各种 ICT 和电气架构以及流程，以实现欧洲智能电网的互操作性。综上所述，技术选择不仅仅发生在标准化的过程中。

　　上面提供了一些不同标准化示例的具体参考，物联网的相关标准也会在本书第二部分和第三部分的各章中都有所涉及。

Internet of Things: Technologies and Applications for a New Age of Intelligence, Second Edition

物联网技术和架构

第一部分概述物联网（IoT）的愿景和市场条件。在本部分中，我们将注意力转向构成物联网解决方案基础的技术构建块。在过去的几年中，技术构建块的广度和深度成倍增长。在接下来的几章中，将探讨 IoT 的安全性、隐私和信任问题。然后，将详细研究 IoT 的架构基础，尤其是 IoT 架构（IoT-A）和工业互联网联盟（IIC）标准。最后，概述这些技术在现实用例上下文中的应用，说明 IoT 愿景如何与参考架构结合以创造现实价值。

技术基础

5.1 设备和网关

5.1.1 概述

正如在第 1 章中所讨论的，嵌入式处理不仅正在向更高的能力和处理速度发展，而且还向允许多种应用程序自主运行的方向发展。小型嵌入式处理器的市场正在增长，8 位、16 位和 32 位微控制器具有片上 RAM 和闪存、I/O 以及网络接口，如 IEEE 802.15.4、蓝牙和 Wi-Fi，这些技术越来越多地集成为微型片上系统（SoC）解决方案。SoC 使设计的设备具有平方毫米级的物理大小，且能达到非常低的功耗。例如，在微瓦到毫瓦范围内，SoC 能够容纳完整的通信协议栈，并包括小型的 Web 服务器。

物联网设备的范围越来越广，为了避免混淆，有必要解释一下这里所说的设备是指什么。通常，设备是可以被描述为具有以下部分或全部特性的嵌入式计算机：

- 计算能力：典型的 8 位、16 位或 32 位运行内存和存储器。
- 供电：有线、电池、能量收集器或混合供电。
- 传感器和 / 或执行器：用于采样环境变量和 / 或施加控制（例如轻按开关、调整电动机）。
- 通信接口：用于设备间连接的无线或有线技术，如互联网、远程服务器等。
- 操作系统（OS）：主循环、基于事件、实时或功能齐全的操作系统。
- 用户接口：显示、按钮或用于用户交互的其他功能。
- 设备管理（DM）：资源调配、固件、引导和监测。
- 执行环境（EE）：应用程序生命周期管理和 API。

出于一些原因，这些功能中的一个或多个通常托管在网关类型的设备上，这可以减少能源消耗。例如，可以通过让网关处理计算代价高昂的功能（如广域网连接和需要更强大处理器的应用程序级处理）来降低能耗。这也可能导致成本降低，因为可以减少更昂贵的组件的使用。另一个原因是通过让中央节点（网关或应用程序服务器）处理诸如 DM 和高级应用程序之类的功能（例如实现 ML 算法）来降低复杂性，同时让设备专注于传感和激活。此外，在网关类型的设备上重新分配功能还可以减少通信开销，从而提高基本设备的能源性能。

5.1.1.1 设备类型

目前还没有明确的标准来对物联网设备进行分类。在几个维度上，与设备分类最接近的参考是互联网工程任务组（IETF）的征求意见书（RFC）或简称为 RFC7228[○]，标题为"约束节点网络术语"。在撰写本书时，RFC7228 已作为 IETF 工作组（WG）的 lwig 下的单独

○ https://doi.org/10.17487/rfc7228。

草案（draft-bormann-lwig-7228bis[⊖]）进行了更新（见 7.3 节）。本书第 1 版中的分类基于 ST Microelectronics 公司（芯片制造商）的数据手册。但是，RFC7228 与其最新更新中的定义存在相似之处，因为设备功能通常由制造商的产品组合决定，这些产品组合主要是对当前市场需求或客户需求的估计。

　　RFC7228 的目的是为 IETF 中开发的不同物联网相关协议提供通用术语和通用参考。虽然当前的互联网技术隐式地假定了一组设备、主机和机器功能，但物联网相关的协议主要应该操作非典型的互联网设备、主机和机器。由于节点和网络的计算、通信和能源供应能力的不同组合，RFC7228 定义了一些术语，如约束节点、约束网络、受限网络和约束节点网络。节点和网络术语定义松散，且与当前互联网设备、主机和机器相关。例如，约束节点被定义为"这样一种节点，在该节点中，在编写本报告时对于互联网节点来说，一些原本被认为理所当然的特性是无法实现的，这通常是由于成本约束和 / 或对诸如尺寸、重量以及可用功率和能量等特性的物理约束造成的"。约束节点通常对设备能力有限制，比如内存（只读或 ROM/ 闪存和随机访问 RAM）、处理能力、能源和用户接口（例如，物联网节点可能没有屏幕或按钮来从用户那里获取输入）。就通信能力而言，约束网络可以表现出低比特率、高数据包丢失、高通信延迟、IP 栈的可用性等。RFC7228 根据内存（ROM/ 闪存和 RAM）的大小将设备分为 3 类（C0、C1、C2）和 4 类（E0、E1、E2、E9，允许对 Ex 类进行后续更新），这取决于节点上能源的可用性，例如，E9 是具有理论上无限能量供应的市电供电设备。

　　RFC7228 的更新（RFC7228bis）更详细地介绍了这些设备类，还扩展了针对网络功能的定义。RFC7228bis 首先定义了两组大致的类，它们对应于第 1 版中的两种类型（见表 5-1）。

- 基本设备或微控制器类设备，Group-M（RFC7228bis）：仅执行简单任务的设备，如创建传感器读数和 / 或执行驱动命令，在某些情况下对用户交互的支持有限。这些设备可能在本地通信，需要网关设备进行互联网连接，具有片上内存，具有模数转换器（ADC）和数模转换器（DAC），并具有进入不同休眠模式以实现低功耗操作的能力。

- 高级设备或通用类设备，Group-J：这些设备可以托管应用程序级逻辑和复杂通信协议栈。它们还可能具有设备管理功能，并提供一个执行环境来托管多个应用程序。为多种媒体提供物理接口的网关设备几乎总是属于这一类，这些类型的设备通常具有大量的 ROM / 闪存和片外 RAM，包括一个存储管理单元（MMU）、执行专门操作（例如，视频播放）且不会像 Group-M 一样直接连接到物理世界的接口，并包含更少的低功耗模式，因为它们预计将连接到主电源。

表 5-1　基本设备和高级设备示例

	CPU	存储器	供电	通信	操作系统、执行环境
基本设备	8-bit PIC, 8-bit 8051, 32-bit Cortex-M	KB	电池	802.15.4, 802.11, Z-wave	主循环系统、Contiki 系统、RTOS
高级设备	32-bit ARM 9, Intel Atom, 更强大的 Intel、 AMD 等处理器	MB，GB	固定电源	802.11, LTE, 3G, GPRS, 连网的	Linux、Jave、Python

---

⊖　https://www.ietf.org/archive/id/draft-bormann-lwig-7228bis-02.txt。

值得注意的是，RFC7228 设备类（C0 ~ C2）属于 Group-M，并且包括 Group-J（通用）设备，其典型示例是嵌入式路由器、树莓派[⊖]、智能手机、笔记本电脑和服务器。

5.1.1.2　设备部署场景

基本应用程序场景和高级应用程序场景的部署不同。**基本设备**的示例部署场景包括：

- 家庭警报器：这样的设备通常包括运动检测器、磁性传感器和烟雾检测器。中央单元负责处理应用程序逻辑，该逻辑会调用安全程序并在警报布防时激活传感器而发出警报。中央单元还处理与警报中心的 WAN 连接。这些系统当前通常基于专有无线电协议。
- 智能电表：仪表安装在家庭中，并测量如电力和天然气的消耗。集中器网关从仪表收集数据，执行聚合，然后通过蜂窝连接将聚合的数据定期发送到应用程序服务器。通过允许外围仪表使用其他仪表作为扩展器，并允许其与家庭局域网（HAN）侧的手持设备进行连接，毛细管网络技术（如 IEEE 802.15.4）可以扩展集中器网关的范围。
- 楼宇自动化系统（BAS）：此类设备包括恒温器、风扇、运动检测器、空气质量传感器和锅炉，它们由本地设施控制，但也可以远程操作。
- 独立的智能恒温器：恒温器使用 Wi-Fi 和典型的路由器与 Web 服务进行通信。

同时，**高级设备**的例子包括：

- 通过蜂窝连接执行远程监视和配置的汽车车载单元。
- 机器人和自动驾驶车辆，例如无人驾驶飞行器，既可以自主运行，也可以通过蜂窝连接进行远程控制。
- 使用 4G / LTE 等进行远程监控的摄像机。
- 油井监控和从远程设备收集数据点。
- 可以远程升级和维修的已连接打印机。

当今的设备和网关通常在毛细管网络端使用诸如 KNX、Z-Wave 和 ZigBee 之类的传统技术，但对未来的愿景是每个设备都可以具有 IP 地址并（直接）连接到互联网。例如，利用 IEEE 802.15.4e、6LoWPAN、RPL 协议（IPv6 Routing Protocol for Low Power and Lossy Networks，低功耗有损网络的 IPv6 路由协议）和约束应用协议（Constrained Application Protocol，CoAP）的时隙信道跳变（TimeSlotted Channel Hopping，TSCH）模式来实现 IETF 协议栈（见 7.3 节）。

上面列出的某些示例（例如 BAS）需要某种形式的自主模式，即使在没有 WAN 连接的情况下，系统也可以运行。同样，在这些情况下，可以使用物联网技术形成"物联网"。术语 Intranet 本身是指一个孤立的通信网络，通常位于公司网络中，无法从 Internet 进行访问。内部网主机通常使用互联网技术（即基于 TCP / IP 的堆栈），并且可以访问互联网主机，反之则不然。物联网是指物联网网络的隔离快照，互联网主机无法访问任何物联网节点。

5.1.2　基本设备

基本设备通常用于单一用途，如测量气压或关闭阀门。在某些情况下，多个功能（通过相应的传感器和执行器）被部署在同一设备上，例如监测湿度、温度和亮度。在处理能力和内存方面，这类设备对硬件的要求很低。主要关注点是通过使用具有内置内存和存储器的廉

⊖　https://www.raspberrypi.org。

价微控制器（通常在一个 SoC 集成电路上，所有主要组件都在一个芯片上，见图 5-1），使物料清单（Bill of Materials，BoM）价格尽可能低。早期的 SoC 只包含一个用于通用计算和无线连接的微处理器（例如 IEEE 802.15.4），而现代模型（例如 STM32WB 系列）通常是具有至少两个内部微处理器的 SoC，一个用于通用应用，另一个用作无线电处理器。通过这种方式，SoC 可以包含多个无线通信栈，如蓝牙和 IEEE 802.15.4，并主要用软件实现。这种 SoC 架构允许制造商在无线连接方面实现多样化，因为目前还没有一个单一的通信标准主导市场。基本设备的另一个共同且同样重要的目标是能源消耗。典型

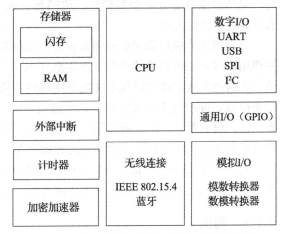

图 5-1 典型的微控制器 / 微处理器内部结构

的解决方案包括使用电池或能量收集器作为动力源，在最积极的情况下可将设备寿命延长几十年，从而减少维护和相关操作成本[26-28]。

微控制器通常提供许多端口（可物理访问的引脚），这些端口允许与传感器和执行器交互，其中包括通用 I/O（General Purpose I/O，GPIO）、支持使用标准接口［例如串行外围设备接口（Serial Peripheral Interface，SPI）和集成电路总线（Inter-Integrated Circuit，I^2C）］进行通信的数字传感器以及用于支持模拟输入的模数转换器。对于某些执行器，如电动机、脉宽调制（Pulse-Width Modulation，PWM）可以很容易实现。由于低功耗操作对电池供电的设备至关重要，微控制器具有转入睡眠模式的功能，并可管理不同睡眠模式下的操作，以及在外部和内部事件中唤醒设备的中断。例如，GPIO 端口或无线电（硬件中断）上有活动以及基于计时器的唤醒。某些设备甚至可以从其环境中收集能量，例如太阳能和热能。在应用允许的情况下，特别是在周期性监测而不是连续监测现象的情况下，设备倾向于高占空比循环，尽可能长时间保持超低功率模式（Low Power Mode，LPM）。

为了与外设（如外部板上的存储器或显示器）进行交互，通常使用串行接口，如 SPI、I^2C 或通用异步收发机（UART）。这些接口也可以用来与设备上的另一个微控制器通信（例如，一个单独的控制器管理能源子系统、执行功率点跟踪）。当需要卸载某些任务时，或者在某些情况下，整个应用程序逻辑放在单独的主机处理器上时，这种情况很常见。微控制器、射频集成电路（RFIC）或片上系统托管硬件安全处理器［例如，以加快高级加密标准（AES）的运行速度］的情况并不少见。这对于在不需要主机处理器的情况下通过无线链路进行加密通信是必需的，并且这比使用密码算法的软件实现要节能得多[29]。

由于基本设备缺乏 WAN 接口，根据本书的工作定义，为了提供 WAN 连接，某种形式的网关是必要的。该网关连同连接的设备，形成一个毛细管网络。该微控制器在软件上实现了与网关和毛细管网络中其他设备通信所需的大部分功能。无线通信总是需要天线和相关的前端射频电路，其中无线芯片或片上系统的无线模块按照正在使用的无线通信标准实现必要的滤波和信号处理，例如 IEEE 802.15.4。

由于有限的计算资源，基本设备不使用传统意义上的操作系统。通常执行的是一些简单的单线程主循环或轻量级操作系统，如 FreeRTOS、Atomthreads、AVIX-RT、ChibiOS/RT、

ERIKA Enterprise、TinyOS 或 Thingsquare Mist/Contiki。这些轻量级的 OS 提供了重要的功能，包括存储器和并发模型管理、传感器、执行器与无线电驱动程序、（多）线程、TCP/IP 和更高级别的协议栈。

设备级别的应用程序逻辑通常在操作系统顶层实现，将提供的现有功能作为主要应用程序调用，或者在较简单的情况下在主循环中调用。应用程序逻辑的典型任务是从传感器读取值，并通过无线电接口以预定义的频率将这些值提供给侦听网关或接收节点。这可能用正确的单位以正确的语义方式完成，也可能完不成。在原始数据的情况下（例如，传感器数据只有数值，没有单位、位置或时间），网关设备或 Web 托管应用程序可能需要对数据执行转换，使其在语义上成为正确的并附加相关元数据等。

对于基本类型的设备，受约束的硬件和非标准软件（通常是专业的，由社区开发）的使用限制了第三方的开发，并且传统上使开发成本相对较高。

5.1.3　网关

网关通常包括多种网络技术，并充当从不同物理接口和协议（例如 IEEE 802.15.4 或 IEEE 802.11）到以太网或蜂窝网络的转换器。网关也经常包括一个本地或毛细管网络技术和一个 WAN 接口。网关是指在不同网络接口之间不同级别（物理、链路、网络、传输层）的堆栈上执行转换的设备，同时应用层网关（ALG）也很常见。最好避免使用应用层网关，因为它增加了部署的复杂性，成为常见的错误来源。

一些应用层网关的例子包括 ZigBee 网关设备⊖，它将 ZigBee 转换为简单对象访问协议（SOAP）和 IP，或将约束应用协议（Constrained Application Protocol，CoAP）转换为超文本传输协议 / 表征状态转移（HTTP/REST）的网关。对于一些 LAN 技术，如 Wi-Fi 和 Z-Wave，网关用于添加和移除设备。这通常是通过将网关置于添加或移除模式，并按下要从网络添加或移除的设备按钮来实现的。本书将在 5.2 节中更详细地介绍网络技术。

对于非常基本的网关，硬件通常侧重于简单性和低成本，但网关设备通常也用于许多其他任务，如数据管理、设备管理和本地应用程序。在这些情况下，通常使用带有 GNU/Linux 系统的更强大的硬件。下面将更详细地描述这些附加任务。

5.1.3.1　数据管理

典型的数据管理功能包括传感器数据收集、数据可视化、本地存储和与远程存储（如云）的同步、传感器读数的处理、处理后数据的缓存，以及在将数据传输到后台或云服务器之前对数据进行过滤、集中和聚合。数据管理将在 5.5 节中更详细地讨论。

5.1.3.2　本地应用程序

可以托管在网关上的本地应用程序示例包括事件聚合和闭环（更具体地，家庭报警逻辑和通风控制）以及上面和 5.5 节所述的数据管理功能。在网关而不是在网络中托管这种逻辑的好处是，在 WAN 连接失败的情况下可以避免停机，将昂贵的蜂窝数据的使用最小化，并减少延迟。这在"边缘计算"[30] 中也变得越来越流行。

为了方便有效地管理网关上的应用程序，有必要包括一个执行环境（EE）。执行环境负责运行中应用程序的生命周期管理，包括应用程序的安装、暂停、停止、配置和卸载。嵌入式设备（如网关）的一个常见的 EE 示例是基于 Java 的开放服务网关计划（OSGi）。Bosch

---

⊖　http://www.zigbee.org/zigbee-for-developers/zigbee-gateway。

ProSyst 公司和 Eurotech 公司是两家提供 OSGi 物联网网关的公司。基于 Java 的 OSGi 网关应用程序被构建为一个或多个包，这些包被打包为 Java JAR 文件，并使用所谓的管理代理进行安装。例如，可以从终端 shell 或通过协议（如客户前置设备（CPE）WAN 管理协议（CWMP））来控制管理代理。

例如，可以从本地文件系统或互联网（HTTP）检索 OSGi 包。OSGi 还为捆绑包提供了安全性和版本控制，这意味着捆绑包之间的通信是受控制的，可以存在多个捆绑包版本。版本控制和生命周期管理功能的好处在于，升级时不需要关闭 OSGi 环境，从而避免了系统停机。越来越多的可剥离 Linux 内核被用作执行环境，廉价而流行的设备如 Raspberry Pi[⊖]可能被用作网关。物联网网关的另一个典型软件架构包括基于 Linux 的操作系统、脚本语言（如 Javascript、Python 和 Lua）平台（比如 Node.js[⊜]）和用于可视化和服务简单的本地请求的本地 Web 服务器（例如 Apache[⊜]、nginx[⊛]）。微服务的概念及其在边缘的部署越来越流行，但是微服务并没有单一的定义。与微服务概念相关联的技术示例有 Linux 容器、OSGi 包、脚本平台中的脚本和参与者模型中的参与者（例如 akka[⊛]）。

5.1.3.3 设备管理

设备管理（DM）是物联网的基本要素，为设备执行许多管理任务提供了有效手段：

- 设置：根据要启用的配置和功能来初始化（或激活）设备。
- 设备配置：设备设置和参数的管理。
- 软件升级：在设备上安装固件、系统软件和应用程序。
- 故障管理：启用错误报告并访问设备状态。

DM 标准的例子包括宽带论坛（BBF[®]）TR-069、开放移动联盟 – 设备管理（OMA-DM[⊕]）和 OMA 轻型 M2M（OMA-LWM2M，见 7.4 节）。最近，OMA 与 IPSO 联盟合并，并更名为 OMA SpecWorks。OMA 在与 OMA LwM2M 物联网协议相关的方面变得越来越重要，然而除物联网网关外，OMA LwM2M 更多地用于低端设备。

在最简单的部署中，设备直接与 DM 服务器通信。然而，这并不总是最佳的，甚至可能受到网络或协议的限制，例如防火墙或不匹配的协议。在这种情况下，网关作为服务器和设备之间的中介，可以通过以下 3 种不同的方式进行操作：

- 如果设备对 DM 服务器是可见的，网关可以简单地在设备和服务器之间转发消息，并且网关不是会话中可见的参与者。
- 在设备不可见但可以处理使用中的 DM 协议的情况下，网关可以作为一个代理，本质上充当对设备的 DM 服务器和对云 DM 服务器的 DM 客户端。
- 对于设备使用不同于网关 DM 协议的部署，网关可以抽象 / 表示网关 DM 协议中的设备，并在不同协议之间进行转换（例如，TR-069、OMA-DM 或 OMA LwM2M）。设备可以表示为虚拟设备或网关的一部分（网关通常也是由 DM 服务器管理的设备）。

㊀ https://www.raspberrypi.org。

㊁ https://nodejs.org/en。

㊂ https://httpd.apache.org。

㊃ https://www.nginx.com。

㊄ https://akka.io。

㊅ https://www.broadband-forum.org。

㊆ http://www.openmobilealliance.org/wp/overviews/dm_overview.html。

5.1.4 高级设备

如前所述，基本设备、网关和高级设备之间的区别是明确的，但是高级设备的一些特征如下：

- 一个强大的 CPU 或微处理器，具有足够的内存和存储器，以托管高级应用程序，如打印机提供的复印、传真、打印和远程管理功能。
- 更高级的用户接口，例如显示器以及键盘或触摸屏形式的高级用户输入。
- 视频或其他高带宽功能。
- 无限的能源供应，为上述的高级性能提供支持。

高级设备同时充当同一 LAN 或毛细管网络上本地设备的网关并不罕见。对于这些更具有计算能力的设备，操作系统可以是 GNU/Linux 或商业实时操作系统，如 ENEA OSE或者 WindRiver VxWorks。这类设备具有优化的高性能 IP 栈，因此连网不成问题。通过提供更通用、更开放的操作系统，以及社区标准化的 API、软件库、编程语言和开发工具，潜在开发人员的数量会显著增加。

5.1.5 总结与展望

本节介绍了不同的设备分类和网关在物联网部署中的角色。就设备而言，还必须考虑其他方面。其中最重要的是安全，无论是物理安全还是软件和网络安全。这是一个非常广泛的主题，深入的讨论远远超出了本书的范围，但会在第 6 章中有所涉及。必须加以管理的另一个方面是能够影响设备运行的外部环境因素，如雨、风、化学品和电磁影响。随着物联网应用从实验室转移到现实世界的部署，这些元素正在信息物理系统的背景下慢慢被理解和研究。从根本上说，这些外部因素使得适应性和环境感知能力成为现场设备的必要特性，而这些特性在软件工程开发阶段通常是未知的。

物联网对设备的一个主要影响是破坏当前的价值链，即一个参与者控制从设备到服务的一切。这是由于协议、操作系统、软件和编程语言等技术的标准化和整合，以及第 2 章中讨论的业务驱动因素。新类型的参与者如专业设备供应商、云解决方案提供商和服务提供商将能够进入市场。标准化将提高设备之间的互操作性，以及设备和服务之间的互操作性，从而实现两者的商品化。

改进互操作性的另一个潜在结果是可以将同一个设备重新用于多个服务，例如运动探测器既可以用于安全目的，也可以在房间内没有活动时减少能源消耗。由于软件和接口的整合，新开发人员面临的障碍目前正在减少，未来还将进一步减少，例如可以使用简单的 HTTP/RESTful 协议与设备交互，并轻松地在设备上安装 Java 应用程序，从而导致开发人员数量的增加。连接在云上的应用程序已经利用了来自异构部署传感器、执行器和其他设备的数据流。在全球许多家庭中使用的亚马逊公司的 Alexa 控制照明（飞利浦）、音乐（Spotify）和环境条件（Hive）是很好的例子，说明了异构系统、公司和技术能以这种方式聚合在一起。

由于硬件和网络技术的发展，全新的设备分类和功能有望出现，例如：

- 具有超低功耗的蜂窝连接（例如，窄带物联网）的电池供电设备。
- 从环境[31]中获取能量的设备。

⊖ https://www.enea.com/products/operating-systems/enea-ose。

⊖ https://www.windriver.com/products/vxworks/。

- 智能带宽管理和协议交换，如使用自适应射频机制在 BLE 和 IEEE 802.15.4（如 Texas Instruments Sensor Tag⊖）之间交换。
- 多无线电 / 多速率在波段或比特率之间切换（较小的比特率意味着在较大的范围内更好的灵敏度）。
- 具有多核处理器的微控制器。
- 新颖的软件架构，以更好地处理并发。
- 基于业务级逻辑和用例的集成电路自动化设计的可能性。

预计所有这些改进将加速物联网在未来的应用。下一节将介绍局域网和广域网——这些技术构件允许设备与信息和通信技术（ICT）系统以及更广阔的世界进行通信。

5.2 局域网和广域网

5.2.1 网络需求

当两个或多个计算设备交换数据或信息时，就创建了网络。利用电信技术交换信息的能力已经改变了世界，并将在可预见的未来继续改变世界，其应用几乎出现在当代和未来生活的所有情况中。通常，设备被称为网络的节点，它们通过链路进行通信。

在现代计算中，节点的范围涵盖个人计算机、服务器和专用分组交换硬件到智能手机、游戏机、电视机，以及越来越多的通常以有限的资源和功能为特征的异构设备。典型的限制包括计算、能量、存储、通信（范围、带宽和可靠性等）和应用特性（例如特定的传感器、执行器和任务）。这些设备通常用于特定的任务，比如传感、监控和控制（稍后讨论）。

网络连接依赖于物理介质，如电线、空气和光纤，数据可以通过这些介质从一个网络节点发送到下一个网络节点。通常情况下这些媒介被归类为有线或无线媒介。

选定的物理介质决定了许多技术和经济因素。从技术上讲，所选择的媒介，或者更准确地说，为在该媒介上通信而设计和实现的技术解决方案，是带宽的主要使能者——没有带宽，某些应用程序是无法运行的。同时，不同的技术解决方案需要考虑某些经济效益，如部署和维护连网基础设施的成本。例如，考虑跨越一个大都市或更大的地理区域（如电力和传统电话网络）埋设电线的成本。

当两个节点之间无法通过物理介质进行直接通信时，网络可以允许这些设备通过多跳进行通信。为了实现这一点，网络的节点必须知道网络中的所有节点，这样它们就可以直接或间接地通信。这可以是一条链路上的直接连接（边缘，一条链路上两个节点之间的转换或通信），也可以是通过多个边上的协作节点进行通信而到达所需（目的地）节点的路由（见图 5-2）。

这是一种最简单的网络形式，它需要了解在没有直接物理链接的节点之间进行通信的路由。因此，如果节点 A 希望向节点 C 传输数据，它必须通过节点

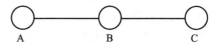

图 5-2　最简单的网络

B。所以，节点 B 必须能够进行以下操作：与节点 A 和节点 C 进行通信并向节点 A 和节点 C 通告它可以充当中介，即向节点 A 通告可以通过节点 B 到达节点 C，反之亦然。

唯一地标识网络中的每个节点是必要的，而且必须有能够将不存在物理链路的节点连

⊖ http://www.ti.com/ww/en/wireless_connectivity/sensortag。

接起来的协作节点。在现代计算机网络中，这相当于 IP 地址和路由表。有了标准化，尤其是 IP，整个网络中的物理介质（链接）不必是相同的，并且节点不必具有相同的功能和 / 或任务。

除了传输数据的基本能力之外，传输数据的速度和准确性对应用程序也至关重要。不管连接设备的能力如何，如果没有必要的带宽，一些应用程序也无法运行。例如，考虑来自监控摄像机的流媒体视频与基于无源传感器的入侵检测系统之间的差异。简单地说，流视频需要高带宽，而传输有关入侵者检测的少量信息只需要很小的带宽，但是就通信链路和检测的准确性而言，需要很高的可靠性。

今天，已有复杂的、异构的网络。上面的简单示例有助于在非常高的层次上解释网络的基础知识，同时在抽象化 A、B 和 C 可能属于的节点类型、它们之间的不同物理链接及其交互方法时，也非常有用。

综上所述，考虑到节点 A 是一个只能通过有限范围内的特定无线信道进行通信的设备（例如 2.4GHz ISM 波段的信道 11，小于 200m）。节点 B 能够与节点 A 通信，也能够通过互联网与具有服务功能的应用服务器通信（节点 C，可使用有线以太网与之连接，例如，通过复杂链路使用标准化协议或 Web 服务（如应用层的 REST）。现在考虑节点 B 可能被连接到一个子网（子节点，类似于节点 A），这个子网包含成千上万个类似的受限设备（A1…An）。这些数以千计的设备可能配备了传感器，专门用来监测某些物理现象。它们可以仅与彼此通信或与节点 B 通信，并且可以通过单跳或多跳彼此通信（因此增加了感测范围，并非所有节点都需要与 B 直接连接）。这代表了传统意义上的无线传感器网络（WSN）。

考虑到 WSN 的所有者希望从 WSN 中的每个设备（A1…An）获取数据，然而读取数据的首选方式是通过 Web 浏览器，或通过节点 C 在智能手机 / 平板电脑上的应用程序。在这种情况下，需要一个网络解决方案来从节点 A1…An 传输所有的 WSN 数据，通过节点 B 传到节点 C。这是一个复杂的网络基础设施，它代表了传感器网络和 IoT 技术的许多潜在实例。该概念直接映射到 IoT 参考架构，该架构具有毛细管网络中的设备和 IoT 网关（本书稍后将进行介绍）以及基于云的 IoT 服务，在该服务中，A1…An 节点构成毛细管网络，节点 B 是 IoT 网关，节点 C 代表 IoT 云服务。

根据网络的地理覆盖要求和对第三方或租用的通信基础设施的需要，传统上，LAN 与 WAN 是有区别的。就 LAN 而言，覆盖的是较小的地理区域，如商业大楼、办公大楼或住宅，而不需要租用任何通信基础设施。

广域网提供覆盖更远距离的通信链路，例如跨越大都市、区域或按教科书定义的全球地理区域。在实际情况中，广域网经常用于连接局域网和城域网（MAN）——局域网技术无法提供通信范围以进行互连——通常用于将局域网和设备（包括智能手机、支持局域网的 Wi-Fi 路由器、平板电脑和物联网设备）连接到互联网。从数量上看，局域网往往覆盖数十到数百米的距离，而广域网连接跨越数十到数百千米。最近出现了授权和非授权频谱中的低功率广域网（LP-WAN）技术，为预期需要城市规模通信范围的应用提供了扩展范围。未授权频谱的例子包括 Sig-fox、远程（LoRa）和无线智能泛在网络（Wi-SUN），而扩展覆盖 GSM 物联网（EC-GSM-IoT）、长期演进技术类别 M1（LTE-M）和窄带物联网（NB -IoT）已被标准化，用于授权频谱。这些技术在 5.2.3 节中有更详细的描述。

实现局域网和广域网的技术之间存在差异。在最简单的情况下，它们可以分组为有线和无线。最流行的有线局域网技术是以太网。Wi-Fi 是最流行的无线局域网（WLAN）技术。

作为一个描述符，无线广域网（WWAN）涵盖了蜂窝移动电信网络，在技术、覆盖、网络基础设施和架构方面与无线局域网有很大的不同。当前的 WWAN 技术包括 LTE（或 4G），而 5G 即将出现。网关设备（见 5.1 节）作为局域网和无线个人区域网络（WPAN）之间的连接，通常包括蜂窝收发器，并允许通过异构物理介质进行无缝 IP 连接。第 7 章的图 7-7 中将给出网关逻辑功能的一个示例，其中显示了 IETF CoAP HTTP 代理。

一个直观的类似设备的例子是家庭和办公室中常见的无线接入点。在家庭中，"无线路由器"通常作为 Wi-Fi（WLAN，连接笔记本电脑、平板电脑、智能手机等，通常在家庭中出现）和数字用户线（DSL）宽带连接之间的链路，通过电话线实现。DSL 是指通过传统（有线）电话网实现的互联网接入，包含多种标准和变体。"宽带"表示在多个频率上携带多个信号的能力，典型的最小带宽为 256kbit/s。在办公室，无线接入点通常连接到公司有线（以太网）局域网，该局域网又连接到广域网和互联网主干网，后者通常由互联网服务提供商提供。许多互联网服务提供商现在提供光纤（高速光纤）连接。

考虑到物联网应用的广度，很可能存在传统联网方法的组合。需要将设备（一般是集成的微系统）与中央数据处理和决策支持系统相互连接。每个实例的业务逻辑和需求往往是不同的。

实际上，这些设备不保证单独连接到租用的网络基础设施（例如，在每个设备上放一张 SIM 卡，使用蜂窝网络进行快速 IP 连接）。由于成本和其他因素，这种方法被认为是禁止的。一种更可能的情况是，类似于 WLAN 技术，一个地理区域可以被一个设备网络覆盖，这些设备通过网关设备连接到互联网，网关设备可以使用一个租用的网络连接。

这些网络的潜在复杂性是巨大的。例如，网关设备可以通过 WWAN（例如 GPRS/UMTS/LTE）链路或 WLAN 链路访问 IP 主干网，其中租用的基础设施将是 ISP 提供的主干网连接，如上所述。

扩展 WAN 和 LAN 值得进一步考虑，以包含 WPAN 的概念，WPAN 是用于管理物联网应用的低功耗、低速率网络的较新标准的描述。事实上，许多流行的网络技术（包括 ZigBee、WirelessHART、ISA00.11a 和其他互联网工程任务组的举措，如 6 TiSCH、6 LoWPAN、RPL 和 CoAP，所有内容将在本章稍后讨论）所依赖的标准是"IEEE 802.15.4——无线媒介访问控制（MAC）和物理（PHY）层规范，用于低速率无线个人区域网络（LR-WPAN）"。该标准于 2003 年首次获得批准，并在过去十年中进行了多次修订。这些修订与修改和 / 或扩展 PHY 参数有关，以确保在许可、应用程序适宜性和对 MAC 层的修改方面的全局效用。这类似于 Wi-Fi 无线局域网技术（如 IEEE 802.11a、b、g、n 等）的发展。命名约定最终是不直观的，因为 IEEE 802.15.4 技术的通信范围可能从几十米到几千米不等。把这些技术看作"低速率、低功率"的网络可能更有用。

有理由认为，局域网和广域网技术之间的传统界限以及它们的定义需要更新，以说明对标准的当代修订和它们适用的用例。

从 M2M 的角度来看，ETSI（见附录）和类似的（尽管术语不同）oneM2M（见 7.10.1 节）将 M2M 区域网络作为其功能架构的一部分（见图 A-1）。M2M 区域网络中的设备通过 M2M 网关设备连接到 IP 主干网或网络域。通常，网关设备配备一个与 UMTS 或 LTE-Advanced（例如 WWAN）物理兼容的蜂窝收发器。该设备也会配备必要的收发器，以便在与 M2M 设备域中的 M2M 区域网络相同的物理介质上通信。这在第 7 章和第 8 章以及附录中有更详细的介绍。在第 8 章中描述的物联网参考架构和模型还定义了物联网设备，包括网关和设备网络，也称为毛细管网络（稍后描述）。拓扑类似于 ETSI M2M 拓扑，然而 ETSI M2M 的术语已经在 oneM2M 中被调整，不再广泛使用。

物联网网络可能包括大量的有线或无线技术，包括：低功耗蓝牙 / 智能蓝牙、IEEE 802.15.4（LR-WPAN，例如 ZigBee、IETF 6LoWPAN、RPL、CoAP、ISA100.11a、WirelessHART）、M-BUS、无线 M-BUS、KNX 和 PLC。物联网作为一个术语，起源于 RFID 的研究，其中最初的物联网概念是任何被 RFID 标记的 "东西" 都可以拥有一个新的电子产品代码（EPC），并在互联网上虚拟存在。实际上，RFID 和条形码或者说最近的快速响应（QR）码之间没有什么概念上的差异，它们只是使用不同的技术手段来得到相同的结果（即 "对象" 具有在线状态）。与 RFID 相关的架构和系统标准的更多信息，请参阅第 7 章。

最初的概念已经从一个相当简单的想法（在物流（如跟踪和追踪、库存管理应用，见第 17 章）中具有即时效用）演变为复杂的网络、功能和交互（没有任何令人满意的定义）。随着物联网应用、网络和系统的发展，有必要了解网络基础设施的技术、局限性和含义。本质上，与设备进行远程通信的能力以及由此产生的新功能使现代物联网思维脱颖而出。

下面将介绍传统上用于实现 WAN 和 LAN 的技术。这里进一步摆脱传统思维，即如何基于地理覆盖范围或租用基础设施的简单概念来描述网络和通信技术。

5.2.2 广域网

广域网通常需要桥接毛细管网络和回程网络，从而提供一个代理，允许信息（数据、命令等）通过异构网络。这被视为核心需求，即在基于云的物联网服务和现场设备的物理部署之间提供通信服务。因此，广域网能够提供服务和设备之间的双向通信链路。然而，这必须通过物理和逻辑代理来实现。

代理使用物联网网关设备实现。根据具体情况，通常有许多候选技术可供选择。如前所述，物联网网关设备通常是具有多个通信接口和计算能力的集成微系统。因为必须能够处理所有必要的基于云的物联网服务接口，所以代理是功能架构中的关键组件。

举个例子，考虑一个设备，它包含：一个 IEEE 802.15.4 兼容收发器（常见的示例是德州仪器公司的 CC2520$^{\ominus}$），该收发器能够与相似设备的毛细管网络通信；一个蜂窝式收发器（常见的示例是 Telit LN940A9），该收发器使用 LTE 网络连接到互联网。假定根据 3GPP 规范处理到骨干 IP 网络的切换，收发器（有时称为调制解调器）通常可用作硬件模块，设备（网关或手机）的智能中央控制器通过标准的（有时是特定于供应商的）AT 命令与之交互。该设备现在可以充当 LR-WPAN 和云之间的物理代理。

ETSI M2M 功能架构如图 5-3 所示，具体描述参见附录。由于 ETSI M2M 规范于 2012 年并入 oneM2M（见 7.10.1 节）规范，并且 ETSI M2M 技术委员会结束了其工作，因此 ETSI M2M 架构已过时。ETSI M2M 架构在此仅用于说明 WAN，因为 ETSI M2M 架构比数据管理和服务更专注于通信和联网，而后者是最新物联网架构和模型的重点。对物联网架构的最新技术以及物联网架构参考和模型（ARM）感兴趣的读者应分别参考第 7 章和第 8 章。

$\ominus$ http://www.ti.com/product/cc2520。

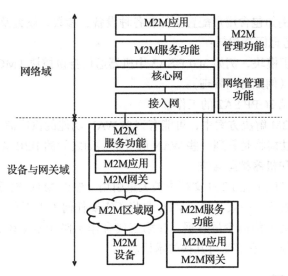

图 5-3 ETSI M2M 高级架构（来源于参考文献［32］并重画），版权归欧洲电信标准协会 2013
所有，严格禁止进一步使用、修改、复制和 / 或分发

设备类型在 5.1 节中进行了更详细的讨论。预计 ETSI M2M 功能架构中的接入网和核心
网络将由移动网络运营商（MNO）运营，并且可以简单地将其视为"广域网"，以实现设备
和回程网络（互联网）的互连，从而实现 M2M 应用、服务功能、管理功能和网络管理功能
的互连。广域网使用无线（授权和非授权频谱）以及基于有线的接入来覆盖较大的地理区域。
广域网技术包括蜂窝网络（经历了几代技术更迭）、DSL、Wi-Fi、以太网和卫星。广域网默
认使用 IP 提供基于数据包的服务。但是，在某些情况下也可以使用基于电路的服务。

在 M2M 环境下，广域网的重要功能包括：

- WAN 的主要功能是在毛细管网络、承载传感器和执行器以及 M2M 服务支持之间建
  立连接。默认的连接模式是使用 IP 技术协议的基于数据包的模式，通过连接可以发
  送和接收许多不同类型的消息。这些消息包括从 M2M 区域网络中的传感器发送的消
  息，并会导致 M2M 网关或应用程序接收到 SMS（例如，当传感器读数超过特定传感
  阈值时，利益相关者将会收到 SMS 通知）。
- 在蜂窝和非蜂窝域中使用身份管理技术（主要是 M2M 设备）来授予 WAN 资源的使
  用权。以下技术用于这些目的：
- M2M 设备上的可信环境（TRE），用于远程提供针对 M2M 设备的用户标识模块
  （Subscriber Identity Module，SIM）。
- xSIM（x 订阅身份模块），如 SIM、通用用户标识模块（USIM）、IP 多媒体用户标识
  模块（ISIM）。
- 接口标识符，例如设备的 MAC 地址，通常存储在硬件中。
- 认证 / 注册类型的功能（面向设备）。
- 认证、授权和记账（AAA），例如远程认证拨号用户服务（RADIUS）。
- 动态主机配置协议（DHCP），例如，使用特定于部署的配置参数，由设备、用户或
  驻留在目录中特定于应用程序的参数指定。
- 订阅服务（面向设备）。

- 目录服务，例如包含用户配置文件和各种设备、参数、设置及其组合。

特定于 M2M 的考虑因素包括：

- M2M / IoT 标识模块，例如 3GPP SA3 中机器通信身份模块（MCIM）的旧概念。
- 用户数据管理（例如订阅管理）。
- 网络优化（参见 3GPP SA2 的工作）。

在一个完整的 M2M 解决方案中，可能有许多 WAN 功能的供应商。因此，M2M 服务实现领域中的一个重要功能将是管理一些 WAN 服务提供商之间的 B2B 关系。

5.2.2.1　3GPP 技术和机器类型通信

机器类型通信（MTC）在 ETSI 文档中被大量引用，然而 MTC 缺乏一个明确的定义，它使用一系列用例进行解释。一般来说，MTC 是指不需要任何人工干预的在机器（设备到后台服务，反之亦然）之间通信的少量数据。在第三代合作伙伴计划（3GPP）中，MTC 是指所有 M2M 通信[33]。因此，它们是可互换的术语。

5.2.3　低功率广域网

最新的低功耗广域（LPWA）无线通信技术，如 LTE-M、EC-GSM-IoT、LoRa、SigFox 和 NB-IoT，有潜力服务于一系列迄今未连接的设备，这些设备通常是嵌入式传感器和执行器，需要长距离、低数据速率通信和极高的运行能效，并部署在各种垂直行业的应用中。

许多标准团体、工业协会和特殊利益团体正在开发具有竞争力的 LPWA 技术，包括 3GPP、IEEE、IETF、ETSI、LoRa 联盟、Weightless SIG 和 Wi-SUN 联盟。在下面的内容中，我们将讨论目前可用的 LPWA 技术，这些技术由 3GPP 标准化，用于授权频谱、专有 LPWA 技术和其他标准驱动的 LPWA 技术。

5.2.3.1　3GPP 授权频谱 LPWA 技术

2016 年 6 月，3GPP（Release 13⊖）完成了标准化 NB-IoT，以补充 EC-GSM-IoT 和 LTE-M⊖[34]：

- **NB-IoT**：NB-IoT 旨在实现部署灵活性、长电池寿命、低设备成本和低复杂性及信号覆盖扩展。NB-IoT 不兼容 3G，但可以与 GSM、GPRS 和 LTE 共存。可以在现有 LTE 基础设施上进行软件升级。它可以部署在一个 200kHz 的 GSM 载波内，可以部署在一个 180kHz 的 LTE 物理资源块（PRB）内，也可以部署在一个 LTE 保护频带内。与 LTE-M（下一代）相比，NB-IoT 通过降低数据速率和带宽要求，简化协议设计和移动性支持，进一步降低了成本和能源消耗，支持在专用授权频谱中独立部署。NB-IoT 旨在实现每个小区最多服务 5 万台设备的覆盖范围，并有可能通过添加更多 NB-IoT 载波来扩大规模。
- **LTE-M**：LTE 终端设备以高成本和高功耗来提供高数据速率服务，这不适合物联网类型用例。为了在满足 LTE 系统要求的同时降低成本，3GPP 将峰值数据速率从 LTE 类别 1 降低到 LTE 类别 0，再降低到 LTE 类别 M，这是 LTE 演进过程中的不同阶段。为了延长 MTC 的电池寿命，3GPP 实施了"省电模式"和"延长间断接收"（eDRX）。
- 这些技术使设备可以在数小时或数天的时间内进入深度睡眠模式，而不会丢失网络

⊖ http://www.3gpp.org/release-13。

⊖ EC-GSM-IoT 和 LTE-M 被优化为第 2 代（GPRS）和第 4 代（LTE）基础设施，以使 MTC 适应各种物联网场景。NB-IoT 设计用于 2G 和 4G/LTE 频谱。

注册。因此，终端设备可以避免长时间监视下行链路控制信道，以节省能量。EC-GSM-IoT 使用了相同的节能功能。

- EC-GSM-IoT：3GPP 正在提出 GSM 扩展覆盖（EC-GSM）标准，旨在通过小于 GHz 的频带将 GSM 覆盖范围扩大 +20dB，在室内环境中实现更好的信号穿透。通过软件升级到 GSM 网络，遗留的 GPRS 频谱可以使用新的信道来适应 EC-GSM-IoT 设备。它利用重复传输和信号处理技术来提高传统 GPRS 的覆盖率和容量。它可以提供高达 240kbit/s 的可变数据速率，目标是支持每个基站 5 万个设备，与现有的基于 GSM 的解决方案相比，它具有增强的安全特性。

5.2.3.2 专有 LPWA 技术

本节将描述一些由工业联盟和特殊兴趣小组（SIG）标准化的最新专有 LPWA 技术：

- SigFox[一]基于其专利技术提供端到端 LPWA 连接，有时还与其他网络运营商合作。SigFox 网络运营商（SNO）使用软件定义的无线电部署专有基站，通过 IP 网络连接后台系统。终端设备在超窄（100Hz）<GHz ISM 波段载波使用二进制相移键控（BPSK）调制连接到这些基站。通过利用超窄带（UNB），SigFox 有效地利用带宽并具有低噪声水平，从而实现高接收灵敏度、超低功耗和廉价的天线设计。这些好处是以限制在 100bit/s 内的吞吐量为代价的。

- LoRa[二]是一种使用 Semtech 公司[三]开发的专有扩频技术调制 <GHz ISM 波段信号的物理层技术。双向通信通过线性调频扩频（CSS）技术实现，可以在较宽的信道带宽上扩展窄带输入信号。产生的信号具有类似噪声的特性，因此更难检测或阻塞。处理增益允许抵御干扰和噪声。数据速率的范围为 300bit/s ～ 37.5kbit/s，具体取决于扩频因子和信道带宽。此外，LoRa 基站可以同时接收使用不同扩展因子的多个传输。在参考文献［35］中，作者指出了最近几年发表的 LoRa 和 SigFox 的许多试验和比较。

- Weightless[四]提出了 3 个 LPWA 标准，每个标准都提供不同的功能、范围和功耗，每个标准都可以在授权和非授权频谱中运行。Weightless-W 利用电视空白空间，并支持多种调制方案和一系列扩展因子。根据链路预算，可以以 1kbit/s ～ 10Mbit/s 的速率传输大小超过 10B 的数据包。终端设备以较窄的频带向基站发射信号，但发射功率比基站低，以节省能量。Weightless-W 的一个缺点是，仅在少数区域允许共享访问电视空白空间，因此 Weightless-SIG 定义了全球可用 ISM 频段中的其他两个标准。Weightless-N 是用于从终端设备到基站的单向通信的 UNB 标准，与其他 Weightless 标准相比，它具有显著的能源效率和更低的成本。但是，单向通信限制了 Weightless-N 的用例数量。Weightless-P 将双向连接与两个非专有物理层混合在一起。<GHz 频段中的单个 12.5kHz 窄通道允许数据速率为 0.2 ～ 10kbit/s。

- Ingenu[五]（以前是"On-Ramp Wireless"）使用专有的 LPWA，它不依赖 <GHz 频段的更好的传播特性，而是在 2.4GHz ISM 频段上运行，并利用了不同地区对频谱使用的

⊖　https://www.sigfox.com/en。
⊜　https://www.lora-alliance.org/。
⊝　https://www.semtech.com。
⊛　http://www.weightless.org/。
⊕　https://www.ingenu.com/。

宽松规定。它获得专利的物理访问方案称为随机相位多址接入（RPMA）直接序列扩频（DSSS），仅用于上行链路通信。Ingenu 积极参与标准化 IEEE 802.15.4k 的工作，从而使 RPMA 符合 IEEE 规范。

- Telensa⊖提供端到端的 LPWA 解决方案，用于包含完全设计的垂直网络堆栈的应用程序，并支持与第三方软件集成的应用。Telensa 使用专有的 UNB 调制技术并运行在低数据速率的免许可证 <GHz ISM 频段。关于它们的无线技术的实现人们知之甚少，Telensa 的目标是使用 ETSI 低吞吐量网络（LTN）规范来标准化其技术，以方便应用集成。
- Qowisio⊜部署了双模 LPWA 网络，结合专有 UNB 技术和 LoRa。它以服务的形式向终端用户提供 LPWA 连接：提供终端设备、部署网络基础设施、开发自定义应用程序并将其托管在后端云上。人们对其 UNB 技术和系统组成部分的技术规格知之甚少。

5.2.3.3　LPWA 标准

除了前面提到的 3GPP 标准之外，有必要更详细地提及其他正在出现的与 LPWA 空间相关的标准。这些都与 IEEE、IETF、ETSI 和 LoRa 联盟相关。

- IEEE 正在扩展 IEEE 802.15.4 和 802.11 的范围，并通过一套物理层和 MAC 层的新规范降低功耗。具体来说，包括：IEEE 802.15.4k，低功耗关键基础设施监控网络（TG4k）⊜为低能关键基础设施监控应用提出了一个标准；IEEE 802.15.4g，低数据速率、无线、智能计量公用设施网络（TG4g）⑭提出修正案，以解决智能计量网络等过程控制应用，如智能（通常是由大量的固定端设备部署在大地理范围）。这些解决了早期标准中 LPWA 应用所需的范围和设备密度不够的问题。
- ETSI 正在努力标准化被称为低吞吐量网络（LTN）⑮的双向低数据速率 LPWA 标准。其主要目标是通过利用 M2M/IoT 通信的短负载大小和低数据速率来减少通信。除了物理层的建议之外，LTN 还定义了终端设备、基站、网络服务器以及运行和业务管理系统之间的合作接口和协议。
- 2016 年 4 月，IETF 在 LPWA 网络上建立了一个 WG，确定了 LPWA 技术 IPv6 连接的挑战和设计空间问题。未来的努力可能会导致多种标准，为 LPWA 定义一个完整的 IPv6 栈，可以将设备彼此连接到外部生态系统⑯。
- 在 2015 年 7 月发布的 LoRa WAN 规范中，LoRa 联盟定义了上层和系统架构。这是在 LoRa 的基础上建造的⑰。

5.2.4　局域网

局域网这个术语主要来源于互联网拓扑，通常与某种访问技术相关联。用来表示 LAN 的一个与物联网相关的术语是"毛细管网络"。毛细管网络通常是自主的、自包含的物联网设备系统，可以通过适当的网关连接到云。通常将它们部署在受控环境中，例如车辆、建筑物、公寓、工厂和人体（见图 5-4），以便收集传感器测量值，在超出传感器阈值时生成事

⊖ http://www.telensa.com/。

⊜ https://www.qowisio.com/en/。

⊜ http://www.ieee802.org/15/pub/TG4k.html。

⑭ http://www.ieee802.org/15/pub/TG4g.html。

⑮ http://www.etsi.org/technologies-clusters/technologies/low-throughput-networks。

⑯ https://datatracker.ietf.org/wg/lpwan/about/。

⑰ https://www.lora-alliance.org/What-Is-LoRa/Technology。

件，并有时控制感兴趣的特定特征（例如患者心率、工厂车间的环境数据、汽车速度、空调设备）。现在和将来都会有许多毛细管网络，它们已经或将采用短程有线和无线通信及网络技术。

在某些应用领域，需要实现毛细管网络的局部自主运行。也就是说，并不是所有东西都需要发送到云，或者通过云进行控制。如果应用程序级逻辑可以通过云实现，一些毛细管网络仍然需要在本地进行管理。本地应用程序逻辑的复杂性因应用程序而异。例如，一个建筑自动化网络可能需要本地控制回路功能来实现自主操作，但是可以依赖外部通信来配置控制调度或参数。

由于成本原因，毛细管网络中的物联网设备通常被认为是低能力节点（例如电池操作、有限的安全能力），应该自主运行。因此，GW 和 / 或应用服务器（AS）自然也将成为毛细管网络架构解决方案的一部分。越来越多（目前已关闭的）的毛细管网络开放用于与企业后端系统的集成。对于将设备暴露到云 / 互联网的毛细管网络来说，IP 被设想为通用协议。IPv6 将成为运行基于 6LoWPAN 堆栈的物联网设备的首选协议，IPv4 用于在非 6LoWPAN 栈中运行的毛细管网络（例如 Wi-Fi 毛细管网络）。

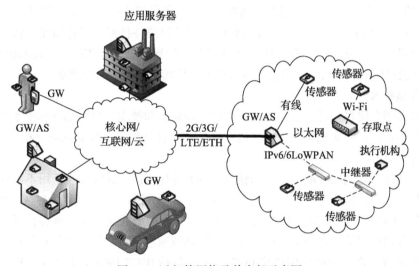

图 5-4　毛细管网络及其内部示意图

在短距离通信技术的融合方面，有望实现 6LoWPAN 运行在物理介质之上的 IPv6 栈。物理介质可以是 IEEE 802.15.4（即无线），但也可以是各种 PLC 或其他有线解决方案（如 Homeplug）。除了新的 ZigBee IP 和 IEEE 802.15.4 6LoWPAN/RPL/CoAP 网络之外，传统的 ZigBee 应用程序配置文件也有望在未来被使用。出于效率考虑，将使用应用程序配置文件的二进制版本（例如，自动配置文件设备可能是温度传感器，但不一定连接到电源）。

目前 ZigBee 涉及智能家居、公用事业、照明和零售以及一些与 BLE 市场（智能家居、智能建筑、智能产业、智慧城市等）有些重叠的具体市场。不过，蓝牙还包括音频设备等其他领域，而且它已经可以用在带有 Wi-Fi 芯片组的手机和笔记本电脑上。没有迹象表明 KNX 和 ZigBee 将会合并，因为在智能电网应用领域有大公司支持它们。IEEE 802.15.4g 标准的发展进一步加剧了这种情况，该标准是为支持智能公用事业网络（SUN）（特别是智能电网）而设计的物理层修订版，旨在在更大的地理距离上运行（跨越数十千米的无线链路），并且专门为最小化基础设施、低功耗、多设备网络而设计。

5.2.4.1　部署注意事项

预期应用程序的性质在确定适当的技术解决方案中起着重要作用，通常这些由推动初始部署的业务逻辑定义。市场上有越来越多的创新物联网应用（硬件和软件）作为消费产品销售。从智能温控器（可有效管理家庭舒适性和能源使用）到精密园艺工具（采样天气条件、土壤湿度等），范围广泛。在规模上，类似的解决方案正在并将继续应用于整个行业。

扩大工业应用范围并从实验室走向现实世界会带来尚未完全理解的重大挑战。低速率、低功率通信技术被称为"有损"。原因有很多，它们可能与环境因素有关，这些因素会影响无线电性能（例如时变随机无线传播特性），与技术因素（例如基于 MAC 和路由协议的特性进行性能折中）有关，也与设备的物理限制（包括软件架构、运行时间和执行环境、计算能力、能源可用性、本地存储等）以及诸如维护机会（计划的、远程的、可访问的等）之类的实际因素有关。部署的实际限制条件将在 8.7 节中详细讨论。

除了广泛变化的应用场景和系统的运行与功能需求之外，还需要大量部署环境（工厂、建筑、道路、车辆）。例如，ETSI 描述了一组用例，即 eHealth、Connected Consumer、汽车、智能电网和智能电表，这些用例只捕捉了一些可能的潜在部署场景和环境。

5.1 节描述了构成物联网技术中设备和网关的各种硬件技术。尽管如此，就通信技术而言，物理层仍然存在着碎片。假设 IP 连接可以是桥接异构物理层和链路层技术的基本机制，那么碎片化就可以继续下去，从而为各种潜在的应用场景提供适当的技术。

5.2.4.2　关键技术

本节将详细介绍目前正在使用和开发中的一些标准和技术，这些标准和技术能够在形成物联网基础的设备之间实现临时连接。这些通信技术被认为是实现大规模分布式 M2M 应用和物联网的关键。

PLC 是指通过电力线（或电话、同轴电缆等）进行通信。这就相当于用不同级别的功率和频率使配电电力线进行脉冲。PLC 有多种模式，在低频率（数十至数百赫兹）下，以低比特率（数百 bit/s）进行千米通信是可能的。通常，这种类型的通信用于远程计量，并被认为对智能电网有潜在用处。允许更高比特率的增强导致通过电力线提供宽带连接成为可能。近年来，已经进行了许多尝试来标准化 PLC。NIST 包括 IEEE 1901（2011 年）和 ITU-T G.hn（2009 年为 G.9960-PHY，2010 年为 G.9961– 数据链路层），作为进一步审查在美国智能电网中的潜在用途的标准。2011 年，ITU 引用了 G.9903，该规范指定了在 PLC 上使用 IPv6 的技术，该技术最初是在无线社区中开发的（特别是 6LoWPAN，详见下文）。

LAN（和 WLAN）仍然是物联网应用中的重要技术，这是由于这些技术的高带宽、可靠性和遗留问题。当功率不是限制因素，且需要高带宽的情况下，设备可以通过以太网（IEEE 802.3）或 Wi-Fi（IEEE 802.11）无缝连接到互联网。现有（W）LAN 基础设施的效用在许多面向消费者市场的早期物联网应用中是明显的，特别是在需要与智能手机集成和控制的地方（无论是实际的技术架构还是解决方案的最佳性）。

IEEE 802.11（Wi-Fi）标准继续朝着不同的方向发展，以根据使用场景改进某些运行特性。一个被广泛采用的版本是 IEEE 802.11n，它是专门为提高吞吐量而设计的（通常对流媒体有用）。此外，IEEE 802.11ac（2013 年采用）的目标是一个更高吞吐量的版本来替代这一版本，重点在 5GHz 频段。

IEEE 802.11ah 于 2017 年被采用,其目标是对 2007 年的标准进行改进,该标准将允许许多网络设备在小于 1GHz(ISM)频段内进行合作。其想法是利用协作(换句话说,中继或通过网络)来扩大范围,并提高能源效率(通过循环无线电收发器的活跃周期)。该标准旨在促进物联网应用的快速发展,这些应用可以利用突发式传输,例如计量应用。这种思维方式与传统的 WSN 理论和实践非常相似,这也影响了 6LoWPAN、RPL 和 CoAP 等技术的发展。

BLE("智能蓝牙")是诺基亚公司 Wibree(2006)标准与主要蓝牙标准(最初开发和维护为 IEEE 802.15.1 和蓝牙 SIG)的集成。它专为医疗保健、健身、安全等领域的短程(<50m)应用设计,在这些应用中,需要高数据速率(数百万 bit/s)才能启用应用程序功能。它在设计上特意降低了成本,提高了能源效率,并且已经被集成到大多数新的智能手机中。除了典型的星形拓扑(1 对 1 或 1 对多通信模式),BLE 目前支持全网状拓扑(多对多、蓝牙网状),直接与 IEEE 802.15.4 类型的通信堆栈竞争。

低速率、低功率网络是构成物联网基础的关键技术之一。例如,IEEE 802.15.4 系列标准是 WSN 领域中最早用于实际研究和实验的标准之一。它最初于 2003 年作为第 15.4 部分提出:LR-WPAN。最初的版本覆盖了物理层和 MAC 层,指定了在频率约为 433MHz、868MHz/915MHz 和 2.4GHz 的 ISM 波段中的使用。根据所选波段的不同,支持从几十米到几千米(也取决于传输功率级别)的 20 ~ 256kbit/s 的数据速率。通常,按照此标准开发的无线电收发器在活动模式下的功耗在数十毫瓦范围内。这意味着它们仍然不够节能,无法为连续运行或能量收集操作提供持久的电池寿命(>10 年),没有对收发器的活动周期进行积极的占空比循环。无线电占空比指的是在传输和收听媒介期间管理射频集成电路(RFIC)的活动时间段。通常将其量化为相对于活动时间的百分比。

尽管如此,IEEE 802.15.4 定义了物理层,在某些情况下还定义了 MAC 层,在此基础上建立了许多低能量通信规范,即 ZigBee 及其衍生物 ZigBee IP 和 ZigBee RF4CE、WirelessHART、ISA1000.a,以及其他在最基本层面上使用了这项技术的规范。虽然 IEEE 802.15.4 标准在其标题中提到了 WPAN,但实际情况却大不相同。最新的发展,例如智能公用事业网络(SUN)的 PHY 修正案(IEEE 802.15.4g),试图将这些网络的运营覆盖范围扩展到数十千米,以便以最少的基础设施提供极其广泛的地理覆盖范围。正如工作组的名称所暗示的那样,此修订的直观用例是未来的智能电网。借助 IPv6 网络,无论物理层和链路层如何,都将注意力集中在正在进行的工作上,以促进 IP 的使用,从而实现互操作性(即让设备通过有线或无线方式,或各种范围及带宽实现无缝联网)。可以预见,对嵌入式设备的唯一硬性要求是它可以以某种方式与兼容的网关设备连接(假设它是没有内置 WAN 连接的毛细管设备,即蜂窝调制解调器)。从标准化的角度来看,IETF 推动了这一领域的发展。如 7.3.2 节所述,IETF 制定了称为"征求意见"(RFC)文档的规范[⊖]。

6LoWPAN(LoWPAN 上的 IPv6)最初是由 IETF 的 6LoWPAN 工作组开发的,是一种在 IEEE 802.15.4—2003 网络上传输 IPv6 的机制。具体来说,处理碎片、重组和头压缩的方法是主要目标。这是由于由 IEEE 802.15.4—2003 分别指定了 127 个 8 位位组的最大物理包,导致 IPv6 数据包很大(1280 个 8 位位组)和协议数据单元中的空间有限(在最坏的情况下,考虑安全性时为 81 个 8 位位组)。工作组还开发了处理地址自动配置、网状网络挂钩和网络

⊖ 序列号为"××××"的 IETF RFC 的主要参考文献是 https://doi.org/10.17487/rfcXXXX。

管理的方法。本书向感兴趣的读者提供以下 IETF（开放访问）RFC 的详细信息：RFC 4919（问题声明）、RFC 6282（标头压缩）和 RFC 6775（邻居发现）。

RPL（低功耗有损网络的 IPv6 路由协议）是由 IETF 低功耗有损网络路由（RoLL）工作组开发的。它们将低功耗有损网络定义为通常以高数据丢失率、低数据速率和总体不稳定为特征的网络。虽没有指定具体的物理或 MAC 技术，但考虑的典型链接包括 PLC、IEEE 802.15.4 和低功耗 Wi-Fi。协议开发背后的逻辑基于此类网络的流量特性，其中典型的用例涉及从许多（例如）传感点、节点向接收器的数据收集，或者从接收器向网络中的多个节点发送信息。因此，出于初始开发的目的，众所周知的有向无环图（DAG）结构的概念被集中到面向目的地的 DAG（DODAG）。该小组定义了一种新的 ICMPv6 消息，该消息具有特定于 RPL 网络的 3 种可能的类型，其中包括 DAG 信息对象（DIO，允许节点发现 RPL 实例，配置参数和父对象）、DAG 信息请求（DIS）（允许来自 RPL 节点的 DIO 请求）以及目标广告对象（DAO），用于沿 DODAG 向上（即朝着根方向）传播目标信息（RFC 6550 和相关 RFC 中提供了特定的 RPL 详细信息）。在 2011 年标准化（RFC 6206）并在 WSN 社区中广为人知的 Trickle 算法是 RPL 消息交换的重要促成因素。

CoAP（Constrained Application Protocol，受限应用协议）是由 IETF（CoRE, Constrained RESTful Environments）工作组开发的，是一种专用的 Web 传输协议，可用于具有严格计算及通信约束的典型物联网应用。从本质上讲，CoAP 阐述了应用端点之间（例如，从 IoT 应用程序到 IoT 设备）的简单请求 / 响应交互模型。REST 本质上是无处不在的 HTTP 的简化，因此允许它们之间的简单集成。这对于将典型的互联网计算应用程序与受约束的设备集成在一起特别有用。

和物联网相关的 IETF 工作的更多信息，感兴趣的读者可以参考 7.3.2 节，其中概述了 IETF WG、主要协议和 IETF RFC 以及 IETF 结果之间的关系。

在涵盖了物联网解决方案的设备和网络后，将注意力转向数据管理，这是物联网系统中实现 ICT 的核心功能。

5.3 机器智能

5.3.1 机器智能在物联网中的作用

如前所述，任何物联网解决方案的基础都是物联网设备。物联网设备能够通过其传感器和执行器与物理环境进行交互。传感器产生有关实物的数据、涉及实物的过程以及捕获其他感兴趣的环境数据。另一方面，执行器具有能控制或影响实物的命令，例如打开阀门或控制热水器中的加热元件。在物联网解决方案中，将物联网数据和控制命令用于有意义的工作的方法是机器智能（MI），正是这种能力使环境和实物看起来更智能。

数据本身的价值是有限的，但是数据是用来提取更丰富的信息和见解的原始材料，它们可以一起被可视化并公开以供人类理解，或者转化为自动化流程的操作或资产的控制。为了获得数据的好处，首先需要生成数据，然后需要正确的策略和技术来实现数据的意义和业务价值。即使数据是可用的，很多时候它实际上并没有被使用[4]。

过程可以很简单，只需一个数据类型和一个控制命令，例如根据室温自动调节加热器。就不同类型的数据和控制命令而言，该过程也可以是丰富和复杂的，并且是多模式的，例如在一个智能室内农场场景中，监控营养、土壤酸度和湿度、灌溉、通风以及供暖的数据。

MI 是将数据转换为信息、知识和可行见解的一组功能。MI 还具有推理能力、做出建议和决定以及采取行动的能力，因此它还能够控制物理环境。机器智能还可以通过推断创建新知识来捕获关于环境的知识，即关于事物的信息，例如其状态和行为。在许多情况下，如SENSEI 项目[36]所倡导的那样，对物理现实进行正确的数字表示是有用的，该项目如今被普遍称为数字孪生（Digital Twin）。图 5-5 提供了应用于物联网的 MI 简化流程。

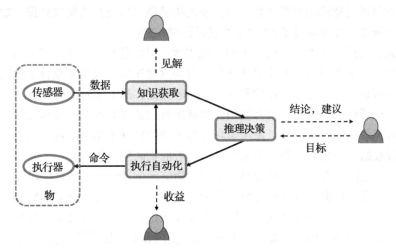

图 5-5　将 MI 应用于物联网

可以直观地理解，数据的使用和使用方式存在差异，这取决于手边的特定物联网应用和使用场景，这些差异体现在例如提取见解、捕获知识或感知和驱动的控制环上。因此，根据具体的物联网应用，需要考虑不同的 MI 技术。接下来的 4 个示例说明了需求的多样性，第三部分中可以找到更具体的用例。

- **大规模监视**：考虑监视气候或环境。传感器数据示例包括温度、湿度、空气质量（气体和颗粒）和太阳辐射。通常是每小时或每天从大量传感器中收集数据，这些传感器甚至分布在全球范围内的地理位置上。人们感兴趣的点在于了解季节性或年度变化以及长期趋势，以发现异常（例如有害污染），甚至预测气候变化。机器智能通过分析已收集的大量数据，提供了进行趋势分析、预见并了解异常情况的方法。机器智能的主要功能包括异常检测、数据聚类和预测分析。

- **资产管理**：资产管理的一个例子是楼宇自动化。所涉及的事物是整个建筑，其目的是优化其运行，如能源和资源消耗、室内气候以及对安全和保障的控制。相关的传感器数据包括室内和室外温度、空气质量、电力和水的消耗，以及运动和烟雾探测器。为了优化资源消耗和室内气候，使用了不同的设备，如供暖、通风和空调（HVAC）、水锅炉和照明，智能锁、警铃和喷淋系统可以支持安全和保障。可以看到，在这个例子中，有不同的传感器形式和不同的执行器功能，建筑自动化系统依赖于不同目的和不同类型的控制回路。它可能是简单的报警触发或更先进的调节控制回路，涉及加热和通风。机器智能的主要功能包括简单的触发或异常检测、程序控制和调谐调节器，这涉及多模态传感和驱动，具有相当复杂而又确定的算法。

- **物流**：货物的配送和运输涉及许多参与者，主要是供应商、分销商和消费者。物流的重要目标包括适当和及时的交付和成本优化。成本优化包括降低分配的总成本，例如卡车的燃料消耗和库存水平。此外，需要对货物的处理方式进行跟踪和多次监控，以避免或发现损坏。保持低库存水平可以避免资金被占用，但同时也会在满足意外增长的产品需求方面带来风险。可以看到，物流涉及相互冲突的目标，需要优化以确保达到合适的总体 KPI。此外，考虑到多个供应商、消费者和中间由运输商、仓库和物流中心组成的分销网络，需要进行复杂的规划来优化供应和需求，以及在出现不可预见的干扰时进行持续的重新规划。所涉及的传感器可以监测货物的处理，如易腐货物的温度和振动，以及通过 GPS 对货物进行识别和定位。

- **机器人**：最后一个例子是机器人的一般用例。可以是制造业中的工业机器人，其控制是确定的，或者可以是完全自主操作的自动驾驶车辆。对于完全自主的操作而言，自主学习或认知特征是确保正确和安全行为的关键，从而实时适应环境。

数据和信息可以在组织内产生和使用，以解决特定的孤立问题、操作或优化。但在越来越多的物联网场景和应用中，可以使用来自外部来源的数据来增强应用，例如在智能农业中合并天气预报数据。涉及多个利益相关者或参与者的物联网应用，在一个特定的组织内或组织和公司之间，也需要数据共享和交换，上面的物流示例通常就是这样的场景。物联网数据和信息因此成为共享数据，有时甚至可以作为交易的资产。因此，新兴的数据市场可以是特定行业的，但也可以是在像智慧城市这样的集成环境中，见第 3 章及第三部分。开放数据也在公共部门中得到推动，例如欧盟的公共部门信息（PSI）立法[37]，它致力于建立一个数字单一市场，这非常适用于物联网。下面将进一步说明关于共享数据的注意事项。

5.3.2 机器智能概述

使用术语 "MI" 主要是指来自 ML 和 AI 的方法、工具和技术的结合，其目的是为任务和过程的自动化创建数据驱动的、智能的和非脆弱的系统，并增强人的能力。本节还在 MI 定义中加入了控制理论，因为这是物联网应用的关键领域。MI、AI 和控制理论是一个广泛的领域，其中有一些突出的技术适用于物联网，如图 5-6 所示。

图 5-6　MI 技术

ML 是计算机科学的一门学科，旨在赋予计算机学习的能力，而无须显式编程。另一方面，AI 是关于软件和算法的，它试图模仿人类的行为和思考，模仿人脑解决问题和执行任务的方式。MI 被用于许多不同的学科，其商业部署范围包括金融系统、医疗保健、癌症研究等医学科学和计算机视觉。其他例子包括像苹果公司 Siri 和亚马逊公司 Alexa 这样的个人助理，以及像 IBM 公司 Watson 下棋和谷歌公司的 DeepMind AlphaGo 这样的计算机。物联网是 MI 的一个应用领域。在物联网中，其目标是拥有一个根据物理定律表现为物理世界的系统，并使事物自然地表现为好像它们是智能实体，但与人类的智能不同。

ML 基于从数据中学习并从数据中构建模型的不同算法，这些算法可用于进行预测或决策。ML 可以学习大量数据中的复杂关系。存在不同的 ML 技术，例如神经网络和贝叶斯网络。ML 可以基于不同的学习类型，例如监督学习将输入和相应的输出作为训练集提供；无监督学习，其任务是从给定数据集中查找结构；强化学习是基于接收奖励形式的反馈。

另一方面，AI 注重提供知识、推测、推理和计划等能力。这些是典型的能力，归因于人类的认知行为。最后，控制理论是关于一个动态系统（机械、热力学等）的连续运行，其目标是始终在具有适当稳定性的最佳点运行。MI 的领域非常广泛，感兴趣的读者可以参考 Russell 和 Norvig 的综合书籍[38]。不同的标准组织也在关注这个领域，包括 NIST 在大数据工作组的工作⊖、ISO 在 ISO/IEC JTC 1/SC 42⊖的 AI 研究。NIST 的工作包括：涵盖需求的参考架构、利益相关者的视角以及涵盖主要功能领域的概念模型。

通常使用 MI 处理的任务和问题类型的一些示例如下：

- **描述性分析**：这是关于对过去的见解。描述性分析能够更好地理解复杂系统的性能或行为以及实际发生了什么，通常通过创建 KPI 来实现。
  - 通过记录工业机器行为的数据，可以分析机器意外故障的原因。
- **预测分析**：利用当前和历史事实来预测接下来会发生什么。例子包括：
  - 预测电网的需求和供应，训练一个模型来预测价格如何影响电力使用，以优化性能和最小化用电高峰。
  - 通过对传感器测量的设备健康特征和历史故障之间的关系建模，对发电厂的机电设备进行预测性维护。
  - 了解电力和水的消耗与地区人口的关系。
  - 基于城市中汽车和传感器的数据，对交通灯对城市道路网络的影响进行建模，以最大限度地减少拥堵。
- **规范性分析**：在运营中提供优化流程的建议，或避免故障等意外情况。规范性分析建立在描述性和预测性分析的基础上。
  - 建议在对整个工业操作造成最小影响的情况下，何时让流程工业机器停止服务以进行维护。
- **聚类**：识别具有相似特征的群体。
  - 对人们如何使用机器以及与机器（例如消费类电器）进行交互进行细分，以查找可用于进一步增强机器性能的任何行为模式。在此示例中，数据是从大量已部署的计算机中收集的。
  - 挖掘时间序列数据的重复模式，可用于预测分析，以检测欺诈、机器故障或交通事故。

⊖ https://bigdatawg.nist.gov/ 。
⊖ https://www.iso.org/committee/6794475.html。

- **异常检测**：从大量的行为数据中，识别代表异常情况的异常值。
  - 通过检查与类似客户相比的异常耗电量或电力用户的历史耗电量来检测智能电表欺诈。
- **动作编程**：定义一组规则或参数，根据不同类型的信息实现自动化任务。
  - 家庭自动化。根据一天中的不同时间或人们是否在家来开启或关闭家庭照明，或从基于运动检测的照相机捕捉静止图像。
  - 大楼的中央供暖系统。根据所需的室内温度调节水锅炉的动力供给和水循环。
- **任务规划**：任务规划采用一个系统启动状态和一个期望的结束状态，并与一组可能的操作一起生成一个计划，即在给定一组目标或约束的情况下如何达到结束状态。
  - 通过卡车和物流中心组成的分销商网络，规划如何将货物从一组供应商交付给一组客户，以优化及时交货和降低燃料成本。
- **知识表示/数字孪生**：建模和表示事物的物理状态和行为。
  - 维护一个办公大楼的实时信息模型，捕捉不同楼层、办公室、会议室、设施、设备和人员行踪的不同物理属性及环境属性。

5.3.3 对物联网数据使用机器智能时的注意事项

使用物联网数据时有一些注意事项。物联网解决方案可以使用来自各种来源的数据，例如动态数据（例如单个传感器、移动设备传感器和社交网络），以及与分析相关的更多静态数据（例如 GIS 数据）、公共城市数据或国家统计数据。物联网数据如何被捕获、处理、存储、管理和使用的方式各不相同，并且数据需要适当的表征，这又取决于现有的物联网应用的类型。如今，有大量的开源技术存在，可实现有效的数据处理并适用于物联网应用[39]。5.5 节将专门讨论物联网数据管理的主题。

概括"大数据"的传统方式是用 4 个 V 来描述：数量（Volume）、速度（Velocity）、多样性（Variety）和准确性（Veracity）。物联网数据可以在某种程度上通过这种表征来限定。

- **数量**：为了能够创建好的分析模型，仅仅分析一次数据就丢弃它已经不能满足需求。创建一个有效的模型通常需要较长时间的历史数据。这是执行描述或预测分析所必需的。此外，在已部署的解决方案中生成数据的物联网设备的数量也很重要。
- **速度**：一些物联网设备仅报告感兴趣的读数或事件通知，但其他物联网设备可以生成连续的数据流。速度是关于分析流数据，例如来自风电场的实时运行数据。在某些情况下，物联网数据的价值与能够提供最佳可行情报的最新程度密切相关。示例技术包括事件流处理和复杂事件处理（CEP）。
- **多样性**：考虑到与物联网相关的大量数据源，显然种类会非常多。数据也可以是非结构化的，例如讨论感知的空气污染的社交网络供稿，也可以是结构化的并遵循定义的数据模型。数据可以具有不同的数据格式或语法（例如 XML 或 JSON），并且还可以在语义上进行注释（即定义数据的含义）并通过元数据进行增强（例如时间戳、位置、源）。数据也可以使用本体和语义网络技术⊖进行建模，例如使用资源描述框架（RDF）和网络本体语言（OWL）[40]。多样性要求适当考虑如何处理和集成数据，以确保可以在同一模型或环境中使用。

⊖ https://www.w3.org/standards/semanticweb/。

- **准确性**：必须相信所使用的数据。在此过程中会出现许多缺陷，比如错误的时间戳、数据交付不及时、不符合标准、格式含糊不清或语义缺失、传感器校准错误以及丢失数据。这需要能够处理这些情况的规则以及容错算法，例如能够检测出异常值（异常）。此外，还需要考虑数据的质量——数据的准确性可能对一个应用示例足够，但对另一个应用示例就不行了。此外，由于数据可能来自外部来源，数据来源对于确保数据可靠性变得非常重要。

但是物联网也超越了"大数据"的特征。对于某些用途，物联网数据在生成时就被消耗掉了，例如当达到传感器阈值并触发警报时。在这种情况下，无须存储物联网事件以备将来之用，并且该事件本身可能对业务至关重要，因此它不是生成更高价值见解的统计过程的主题，事件本身就是唯一价值数据点。还可以看到，可以在上面的列表中再加上一个"V"（Volatility）——易变性：

- **波动性**：物联网数据本身可以是非持久性的。波动性可以被视为另一角度的数量和速度特征。物联网事件可以在生成时使用，如自动化场景中所示。随着时间的推移，数据相关性也会降低（读取温度），因此不需要存储所有数据。在许多情况下，可以丢弃数据本身，但保留来自数据的聚合见解。

基于上述考虑，很明显，对于数据在何处被处理，理解和制定策略是很重要的——"是把数据带到处理过程中，还是把处理带到数据中？"即数据处理是应该靠近生成数据的地方（在事物上），还是应该接近企业总体目标的地方（在"云"上）。这是对容量、速度、多样性、准确性和波动性方面的综合考虑。在 5.4 节中将进一步讨论分布式计算在边缘、雾和云中的作用与重要性。

最后但并非最不重要的是用户隐私需求的重要性。这意味着就删除用户身份以及用户数据的唯一性而言，数据都可以匿名化。这可能会限制交叉引用不同数据源的可能性，但可能还不够。隐私不仅是个人的关注，也是企业的关注，因为对企业物联网数据的洞察可以揭示有关公司及其业务流程的战略信息。

5.3.4　物联网机器智能框架

正如前面的物联网应用示例所讨论和说明的，不同类型的用例需要使用不同的 MI 技术。通过研究各种用例类型及其处理物联网数据、提取见解和知识、执行推理和自动化过程控制的不同需求，可以推导出一个应用于物联网[41]的类似于 4.1 节中对参考架构推理的 MI 参考框架。该框架以上面的讨论为基础，提供了一个统一的功能视角。该框架在概念上如图 5-7 所示，并在下面简要描述。所提出的框架不应被视为参考架构，而应被视为概念或功能参考框架，其重点是终端用户利益相关者的观点，参见第 8 章。

除了使用 MI 来创造商业价值，此类框架第二个需要考虑的因素是它的生命周期管理。这包括操作方面，例如确定在分布式执行基础结构中部署什么逻辑，以及如何确保鲁棒性。此外，管理信息框架还应该具有适应性和认知性，以处理不断变化的操作条件，如调整控制器参数或连续进行模型训练。

MI 框架提供了先前讨论的实现各种用例所需的功能。该框架的目标是将功能划分为与应用无关的构建块，这些构建块可以实现为面向服务的软件组件，例如实现为微服务[42]。主要功能领域包括数据和资源处理、见解生成、知识和认知自动化、控制器、任务规划、目标优化器、工作和目标分析以及最后的目标管理。在以下段落中描述了这些功能域。

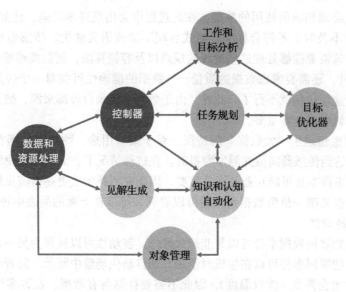

图 5-7   用于物联网应用的 MI 框架

数据和资源处理。这里所说的数据和资源是指传感器数据、执行器服务及其表示。传感器数据包括单独的数据项和事件，以及具有不同速度、数量和动态的流数据。资源是系统中传感器和执行器的抽象，也允许资源抽象和实际资源之间的动态映射，见第 8 章。数据收集、管理、过滤、监管和准备在物联网中至关重要，这些将在 5.5 节中进一步讨论。

见解生成。见解生成是许多物联网用例中的关键功能，比如预测性维护。如前所述，这包括聚类分析、描述性分析和预测性分析。通常，根据物联网用例情况，适用不同的时间序列预测。例如，运动事物的轨迹预测可以是实时的，而机器退化则是长期的。预测可以是数据驱动的，也可以是模型驱动的，这取决于问题的需求。模型训练是必要的，可以基于训练集或通过强化学习。典型的预测模型可以是统计或基于神经网络、贝叶斯或非贝叶斯的[38]。传感器融合是另一种技术，一般来说，融合关注的是将来自不同来源的数据和信息结合起来，这样得到的信息比依赖单一来源时更准确。一个例子是事物的定位，这里的事物可以依赖于超宽带（UWB）应答器和事物自身感测的环境信息的组合，并且融合时可提供更高的定位精度。

知识和认知自动化。知识管理涉及表示、建模、构造和共享关于有形事物或基础设施的知识。知识是收集到的数据、推断出的知识和见解的集合。知识一般有两种类型：陈述性知识（也称为命题性知识）和程序性知识（也称为命令性知识）。声明性知识描述实体是什么，以及如何使用本体对其进行结构化和形式化表达。程序知识描述一个实体的行为，例如对刺激的反应，正式的描述格式通常是通过状态机实现的。知识由一组本体来描述，物联网中的本体不仅是事物和专家知识的实际模型，而且是关于系统和应用目标的知识，如 KPI、工作指令、任务计划和物联网系统本身的约束。真实世界的模型通常由层次结构或图结构捕获。技术的探索也基于认知是如何在人类和其他动物的头脑中执行的，导致诸如认知自动化或认知架构的概念。由于物联网解决方案可以跨越多个领域并涉及不同的参与者，因此数据、信息和知识的语义互操作性对于实现许多业务应用至关重要。语义互操作性使信息能够被系统和跨域理解，而不需要人工解释信息[43]。

控制器。在涉及执行器的任何物联网系统中，控制都是核心自动化点，控制软件会命令所需的事物执行操作。所有控制器的共同特征是，基于来自先验期望操作行为的输入来控制操作的确定性行为。不同控制器类型的使用是基于功能特性和非功能特性，以满足应用需求。机器人系统、连续系统和工业系统中的许多控制系统都使用比例、积分和微分（PID）控制，而其他物联网用例（例如家庭自动化）通常将基于规则的系统用于事件驱动的控制。PID控制器是使用数学函数的控制环反馈机制，该数学函数将期望状态和测量状态之间的偏差作为控制输入，比例控制是指提供偏差的比例反馈以确定控制值，偏差的微分部分可以减小误差。偏差的积分部分提供了随着时间推移而要消除的误差，示例包括机器人控制逆运动学和流体系统温度控制，这需要了解相关实物的物理行为和属性。规则控制器是基于一组预定义的规则，即一组触发器 - 动作对，其中触发器是条件，动作是预定义的工作流，通常包含对设备或相关服务的命令，例如，遵循"如果这个，那么那个"的简单逻辑。在足够复杂、动态和不确定的情况下，可以通过使用任务规划计划技术来推断要采取的措施，从而提高PID系统和规划控制系统的可用性和可维护性。

任务规划。任务规划可以定义为产生一系列具有特定目标的行动的过程。规划可以应用于自动车辆路线规划、物流优化、现场人员自动化等多种问题。规划问题通常由 3 个关键元素来表示——状态、行动和目标。状态标识系统模型，动作表示影响系统状态的不同操作，而目标是要实现或维护的状态。派生任务计划是获取当前状态、期望状态和可能的操作，并从中生成一个计划，作为可能的或建议的一系列操作。计划也可以是部分有序的任务列表，执行任务规划的一个例子是使用 AI 规划器，其中使用规划领域定义语言（PDDL）对问题进行建模。

目标优化器。通过利用数据驱动的策略来分析多个冲突视图或 KPI 下的备选方案，实现复杂系统操作的自动化。第一，KPI 评估并不总是可靠的，并且可能会随时间变化。第二，必须考虑在运行中调整解决方案所产生的成本。在这种情况下，潜在的权衡取舍（例如收益与风险或产量与成本之间的关系）随着时间的演变是很难跟踪的，并且决策偏好很难通过计算得出和表示。在没有针对 KPI 的明确偏好和优先级的情况下，必须设计通用问题解决策略和架构，用于在不确定条件下自动执行通用数据驱动的多目标优化（MOO）[44]系统。MOO在有望解决冲突的应用中可以发挥关键作用。例如，在供应链控制应用中，建议的系统可以监视整个链的盈利能力以及整体产品短缺风险。显然，这两个 KPI 存在冲突，因为对一个KPI 进行极端优化会给另一个 KPI 带来风险。任务计划与优化之间的主要区别在于，后者并不假定系统利益相关者将输入期望的目标状态。这源于这样一个事实，即人类无法在实现所有服务级别目标的同时，处理显式指定目标状态的潜在复杂性。在这种情况下，有可能利用基于仿真的 MOO 来自动探索所有候选目标状态的空间，这些状态不仅满足所有服务级别目标，而且实际上超越了目标并提供了出色的性能。

工作和目标分析。终端用户对系统的兴趣可以通过服务水平目标（SLO）和工作订单指定为一组高级的、可量化的性能指标。SLO 被转换为 KPI，KPI 被认为是验证服务执行和检测 SLO 偏离的关键。KPI 可以进一步细分为所需见解、工作流次序、系统意图或动作。然后，见解和动作可用于定义所需的传感器数据和执行器控制。例如，在物流用例中，工作流次序可以请求在指定的期限内将一定数量的产品交付给零售商，以将短缺风险保持在商定的水平之下。KPI 和工作流程订单封装了信息，这些信息允许提取任务计划，控制器和 MOO的输入，其中还包括来自见解生成功能域的必要信息。对于任务计划，提取的输入应对应于可用于计算适当计划的目标状态。对于控制器，工作流程次序可能会指定新的参数级或规则级级别。对于多目标优化器，工作流次序应指定一组 KPI，以通过自动权衡分析来平衡，以符合总体服务目标并缓解冲突。

对象管理。对象管理涉及对物联网系统所处理的物理资产的识别、定位及分类。事物的识别可以基于标签，例如 QR 码或 RFID，其目的是提供对象的唯一标识和命名。然后可以使用解析基础设施查找关于该对象的进一步信息，电子产品代码信息服务（EPCIS）[⊖]就是一个示例。对象定位需要根据物联网需求进行定制，例如室内和室外环境，以及定位的准确性。示例技术包括蓝牙信标、使用应答器的 UWB 测距、Wi-Fi 或蜂窝三角定位以及 GPS。

5.3.5　工业互联网分析框架

在撰写本书时，工业互联网联盟[⊖]（IIC）最新出版了工业物联网分析框架（IIAF）^[45]，作为其工业互联网参考架构（IIRA）系列出版物的一部分，有关 IIRA 的更多细节，请参见 8.9.1 节。工业物联网（IIoT）的目标是将工业资产和机器与商业信息系统、商业流程以及操作和使用 IIoT 的人员相集成。因此，IIAF 的重点是对与运营技术（OT）相关的数据和控制进行分析。IIAF 为如何在 IIoT 环境中开发和部署分析解决方案提供帮助，并根据 IIRA 的观点提供商业、使用和技术方面的指导。因此，IIAF 是工业联盟开始建模分析、将 AI 和其他 MI 技术应用到物联网环境的第一个同类工作。

在 IIC 的工作中，分析被映射到由以下主要功能领域组成的 IIRA^[45]上（见图 5-8）：

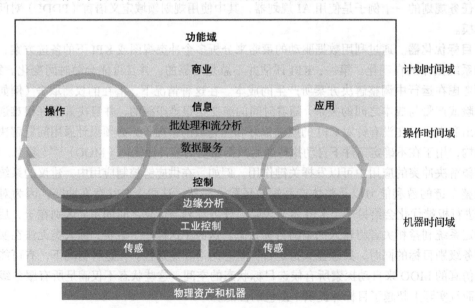

图 5-8　映射到 IIC 参考架构的分析（改编自 IIC）

- 控制：该域通过传感和驱动来连接物理资产，并提供必要的基础通信和执行手段。它是由工业事物和相关控制系统执行的功能的集合。
- 信息：信息域执行数据的收集、转换和分析，以达到更高的系统智能水平。

⊖　https://www.gs1.org/standards/epcis/。

⊖　https://iiconsortium.org。

- 应用：应用域提供特定于用例的逻辑、规则和模型，以提供系统范围内的操作优化，并依赖于信息域的智能。
- 商业：该域集成了跨应用和商业系统的信息，以达到预期的商业目标。
- 操作：最后一个域确保资产和相关控制系统的持续运营。

可以看出，在 3 个主要时间域内考虑了应用行业分析。边缘的控制域提供了"机器时间域"内的实时操作见解，其中涉及毫秒级或更短的感测 – 驱动控制回路，这在工厂机器人控制中很常见。机器故障检测或诊断是基于从机器数据中获取见解，以发现异常或了解操作的任何变化行为。这发生在"操作时间域"中，它需要几秒或更长时间的响应。最后，"计划时间域"更侧重于业务计划、运营计划和调度以及其他更长期的工程流程。此时间域要求在几天或更长时间内做出响应。

IIAF 提供了工业分析设计考虑、部署模型和不同类型的分析（包括与大数据和 AI 的关系）的高层次概述。因此，IIAF 触及本节以及 5.4 节和 5.5 节中概述的内容。可以理解，IIC 在工作中使用的术语"分析"有一个更广泛的定义，类似于这里使用的 MI 的广泛定义。

5.3.6　结论

从 MI、AI 和控制理论的结合到物联网传感器数据和驱动，利用以数据、信息和知识为中心的处理和控制功能，是实现任何物联网解决方案的关键。要生成见解、对涉及实物资产的流程进行预测并使其流程自动化，需要根据所需的功能以及解决方案的相关所需特性进行正确的考虑，所有这些都取决于所关注的特定应用。下面将分别在 5.4 节和 5.5 节中介绍有关分布式计算和数据管理的技术与注意事项，提供处理数据的基础结构支持。

5.4　分布式云和边缘计算

5.4.1　新的软件交付模型

根据第 2 章中的讨论，企业投资、托管和操作专用计算设施来运行其企业应用程序的趋势已基本消失。取而代之的是，应用程序越来越多地在远程大型数据中心中托管和执行，其中的两个示例包括用于办公应用程序的 Microsoft Office 365 和用于客户关系管理（CRM）解决方案的 Salesforce。这种趋势在消费侧表现得更加明显，从消费侧基于 Web 的应用程序（例如 Google 公司和 Facebook 公司提供的那些应用程序）越来越多可以看出。互连的消费类电子产品（如可穿戴设备、网络摄像头、家用电器和个人助理）也已启用 Web，并依赖于远程执行的应用程序，例如 Garmin 可收集、分析和可视化可穿戴设备的健康统计信息，苹果公司的 Home 可提供可编程序的家庭自动化，以及亚马逊公司的 Alexa 能够分析口头问题并提供答案。所有这些都由云范例实现。

云建立在通过网络共享计算机资源的概念之上，允许应用程序在执行和到达用户方面进行分发，如图 5-9 所示。云的吸引力在于它具有实现规模经济和降低成本的能力，如资源利用率可以更高，并且大型的公共资源池无须前期投资，可允许弹性扩展和按使用付费。此外，企业可以专注于商务，而无须投资和运行内部软件基础架构。由于处理器和存储的商品化以及新的软件工程实践，支持云计算的底层技术演变是硬件和软件资源的虚拟化。

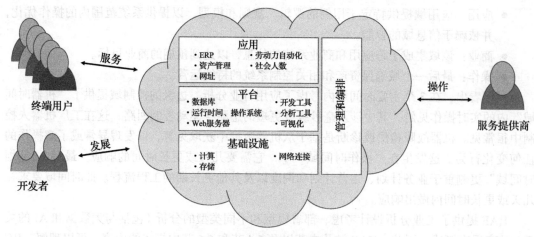

图 5-9   云计算的概念概述

传统的云模型依赖于在数据中心运行并由终端用户通过客户机设备访问的应用程序。然而从计算和存储的角度来看，分发应用程序的需求和要求越来越多。云可以是分布式的，涉及多个联网及联盟的数据中心，例如可能是跨越国界的。应用程序执行也可以分布在数据中心和客户端设备之间，包括在客户端设备本身部分执行，这通常被称为雾和边缘计算。

云还代表了一种交付软件成果的新方法——出售的是软件即服务（SaaS），而不是交付用于本地安装的软件包，这是为终端用户提供价值的新手段。因此，可以说云可以启用新的业务模型。云是一个突出的例子，说明了技术范式如何推动商业模式创新、实现成本效益并以有效的方式支持新的应用。

5.4.2   云基础

云计算是一种模型，用于对可配置资源共享池（如网络、服务器、存储、应用程序和相关服务）进行无所不在的按需网络访问。可以通过最少的管理或与云服务提供商的交互，对这些资源进行供应、配置并快速提供给用户。如前所述，云依赖于虚拟化，简单地说，就是服务器或物理机器的资源可以被虚拟化软件层分割，以创建多个独立的虚拟机。应用程序可以像使用不同的物理机器一样使用这些虚拟机。关于应用程序如何从虚拟化中获益的其他相关示例可以在网络领域找到，即使用软件定义网络（SDN）和网络功能虚拟化（NFV）。

从本质上讲，SDN[46]是关于使用虚拟化将网络控制功能（控制平面）从数据包或有效负载转发（用户平面）分离的内容。SDN 的目标是将控制功能集中放置，而数据包转发仍分布在网络基础结构中，这样做的好处是能够提供与底层基础设施分离的网络控制可编程性。

另一方面，NFV[47]虚拟化各种网络节点功能，并将它们转换为构建块，即所谓的虚拟网络功能（VNF），可以以各种方式组合它们来提供不同的通信服务。VNF 可以由一个或多个在云基础设施之上运行不同软件的虚拟机组成。这样做的好处是，可以避免为不同的网络功能设置专门的硬件节点，从而减少运营和资本支出，并缩短新服务的上市时间。软件定义网络和网络功能虚拟化都可以看作云计算范式的应用。

美国国家标准和技术研究所（National Institute of Standards and Technology，NIST）[48]提供了云计算的定义，涵盖了云计算的基本特征、服务模型和部署模型。此定义可作为描述基本原理的基线，也有利于更新后续不断发展的概念。NIST 确定了云计算的 5 个特征，这些特征体现了云计算的本质：

- 按需自助服务。云用户可以根据需要单方面提供计算能力，如服务器时间和网络存储，也可以自动提供计算能力，而无须与每个云服务提供商进行人工交互。
- 无处不在的网络访问。这些功能可通过网络获得，并可以通过瘦客户端或富客户端以标准机制访问。这些平台可能是手机、平板电脑、笔记本电脑、工作站和物联网设备。
- 资源池。云服务提供商的计算资源被汇集起来，使用多租户模型为多个用户提供服务，根据用户需求动态分配和重新分配不同的物理与虚拟资源。有一种位置独立性，用户通常无法控制或了解所提供资源的确切位置，但可以在更高的抽象级别（例如，国家、州或数据中心）指定位置。资源的例子包括存储、处理、内存和网络带宽。
- 快速伸缩。指可以弹性配置和释放的功能，在某些情况下可以自动释放，以根据需求快速向外和向内扩展。对于用户而言，用于配置的功能通常看起来是无限的，并且可以随时以任意数量使用。
- 服务可度量。云系统在某种抽象级别上利用适合于服务类型（例如存储、处理、带宽和活动用户账户）的计量功能，自动控制和优化资源的使用。可以监视、控制和报告资源使用情况，从而为服务的提供者和用户提供透明性。

随着抽象级别的提高，服务提供商可以在不同的服务模型中提供云计算，这为用户在应用程序的开发和发布中提供了不同程度的灵活性、控制力或易用性的选择，这在考虑选择正确模型的策略时非常重要。服务模型遵循"一切即服务"或称为 XaaS 的面向服务的范式。可以确定 4 种主要服务模型，以便按抽象级别递增的顺序进行云计算，这 4 种服务模型分别是基础设施即服务、平台即服务、软件即服务，最后是功能即服务，也就是与无服务器计算的概念密切相关：

- 基础设施即服务（Infrastructure as a Service，IaaS）：这个模型基本提供了硬件的虚拟化。提供者负责原始计算和存储能力，并将虚拟机、容器和其他资源［如管理程序（Xen）、KVM］以及存储作为服务提供给客户。虚拟机监控程序池支持虚拟机，并允许用户根据计算需求上下伸缩资源使用。用户负责在云基础设施上安装和维护操作系统映像与应用软件。供应商管理底层的云基础设施，而客户控制并负责操作系统、存储、部署的应用，可能还有一些联网功能。在这个模型中，用户以开发和发布应用的方便性为代价获得了灵活性和控制权。供应商通常会向用户收取分配和使用资源的费用。
- 平台即服务（Platform as a Service，PaaS）：这是指通过网络提供计算平台（包括操作系统）和解决方案堆栈即服务的云解决方案。客户自己使用供应商提供的开发工具、服务和 API 开发必要的软件，供应商还提供网络、存储和其他所需的分发服务。同样，提供者管理底层云基础设施，而客户控制部署的应用和应用托管环境的可能设置。该模型简化了应用开发，但牺牲了灵活性，因为用户和应用开发人员受到平台提供者提供的服务的限制。
- 软件即服务（Software as a Service，SaaS）：这是指按需提供给消费者的完整应用软件，并通常通过不同的瘦客户机、Web 浏览器或特定于应用的程序接口，作为服务提供给消费者。除用户特定的应用配置设置之外，终端用户更改内容的权力有限。用户不以任何方式管理云基础设施，这部分工作由服务提供商处理。示例包括云中的办公和消息传递应用、社交网络应用、电子邮件或 CRM 和 ERP 工具。

- 功能即服务（Function as a Service，FaaS）：FaaS[49] 是最近的一项开发，该框架基于无须配置或管理服务器，而在云中运行代码的概念。术语"无服务器计算"也用于此概念，尽管它稍有不当，因为仍然需要服务器硬件和服务器进程。在 FaaS 框架中，服务器上没有等待 API 调用的连续进程，而是由特定事件触发实现所需功能的特定代码段的执行。FaaS 框架提供了更高的成本效率、更短的发布时间，并增加了应用扩展或缩小的能力。目前有不同的平台在提供 FaaS 框架，参见参考文献 [50]。

这些不同的服务模型还可以映射到图 5-9 的不同层，其中 IaaS、PaaS 和 SaaS 分别对应于基础设施层、平台层和应用层，FaaS 也位于应用层。

如前所述，云通常与微软 Azure 和亚马逊 AWS 等基于云的公开服务相关联。然而，有一些不同的云部署模型，每个都有不同适用性的应用注意事项：

- 私有云。云基础设施由多个消费者（例如企业单位）组成的单个组织独家提供。它可能由组织、第三方或它们的某种组合拥有、管理和操作，它可能存在于场所内或场所外。
- 社区云。云基础设施是由来自具有共同关注事项（例如任务、安全需求、策略和遵从性考虑事项）的组织的特定消费者社区独家提供的。它可能由社区中的一个或多个组织、第三方或它们的某个组合拥有、管理和操作，它可能存在于场所内或场所外。
- 公共云。云基础设施提供给公众开放使用。它可能由企业、学术机构或政府组织或它们的某些组合拥有、管理和操作。它存在于云提供商的前提下。
- 混合云。云基础设施是两个或两个以上不同的云基础设施（私有、社区或公共）的组合，它们仍然是唯一的实体，但通过支持数据和应用程序可移植性的标准化或专有技术绑定在一起（例如，实现云之间负载平衡的云爆发）。

云执行环境可以通过一些不同的方式实现。如前所述，IaaS 依赖于运行已部署操作系统的虚拟机。PaaS 的一个选择是提供操作系统级虚拟化，它提供被称为容器的独立用户空间实例，一个流行的公开可用示例是使用 Docker 容器⊖。在容器中运行的应用程序只能访问运行容器化应用程序所需的底层可用资源、设备、数据等的子集。通常，容器应用程序提供不同的微服务[42]。从本质上说，微服务是遵循面向服务架构（Service Oriented Architecture，SOA）范型的独立于应用程序的构建块，在 SOA 范型中，特定的终端用户应用程序是由各种微服务的组合实现的。这些服务可以用不同的编程语言编写，并在不同的平台和不同的云环境中执行。它们通常使用网络环境（甚至互联网）中的表征状态转移（REpresentational State Transfer，REST）链接在一起。

在云平台的不同级别上需要对资源和软件进行编排，编排包括用于软件生命周期管理的服务（如分发服务）、基于可用和所需资源的示例性部署和管理软件、确保可靠操作、故障恢复和实现可伸缩性的服务以及所有必要的安全措施。在 IaaS 中用于操作系统和虚拟机编排的流行工具包括 OpenStack⊜，在 PaaS 中用于容器编排的有 Kubernetes⊜，该工具支持 Docker 容器。

⊖ https://www.docker.com。

⊜ https://www.openstack.org。

⊜ https://kubernetes.io。

5.4.3 边缘计算

如前所述，许多常见的办公和消费者应用程序非常适合在大型集中式数据中心实现。但是构建分布式云解决方案以及将计算推向边缘的需求越来越多，导致这一情况的典型原因可能是法律、业务战略、成本或技术（例如性能）。一方面是存储数据和信息的地方，例如从数据保护的角度来看，这是相关的，另一方面是实际处理数据的地方。对于后者而言，流行的话题是谈论"将数据用于计算，或将计算用于数据"。在物联网中，有许多原因使将数据处理和应用程序逻辑分布在更靠近物联网数据生成或物联网控制的位置是有意义的。

启用分布式处理的意图并不是要脱离数据中心方法，而是将云计算范式扩展到边缘，假设计算和存储可以在任何地方进行，而不仅仅是在专用的数据中心服务器上。从这个角度来看，数据中心可以被看作完全分布式系统的高密度节点设施的一部分。必须指出的是，这样的分布式系统并不自动表明它是完全分散的。控制仍然可以集中，但是处理和存储可以分散。边界的定义可以讨论，但是 NIST 提供了一个关于术语[51]的有用推理，包括从数据中心向外到终端设备按相对顺序放置云、雾和边缘。人们对术语的适应有以下层次，但需要注意的是，在撰写本书时，雾和边缘的定义仍在讨论中。NIST 声明雾与云一起工作，而边缘是由排除云和雾定义的，并且雾是分层的，边缘往往被限制在少数外围层。

- 云。这通常是一个具有全球适用性和覆盖面的大型数据中心。
- 分布式云。这通常是分布式的，但仍然是覆盖区域或国家需求的大型数据中心。分布式云解决方案中的数据中心可以进行联合。对分布式云的需求可以是纯技术层面的，作为负载平衡，但也是国家确保公民数据私密性的一种努力。
- 雾。雾计算将虚拟资源的云计算范式置于智能终端设备和传统云或数据中心之间。雾旨在通过提供无处不在的、可伸缩的、分层的、联合的和分布式计算、存储与网络连接来支持垂直隔离的延迟敏感应用程序。
- 边缘。边缘是包含智能终端设备及其用户的网络层，用于提供传感器、测量或其他网络可访问设备上的本地计算能力。

如图 5-10 所示，这是一种云和分布式计算的分层方法。

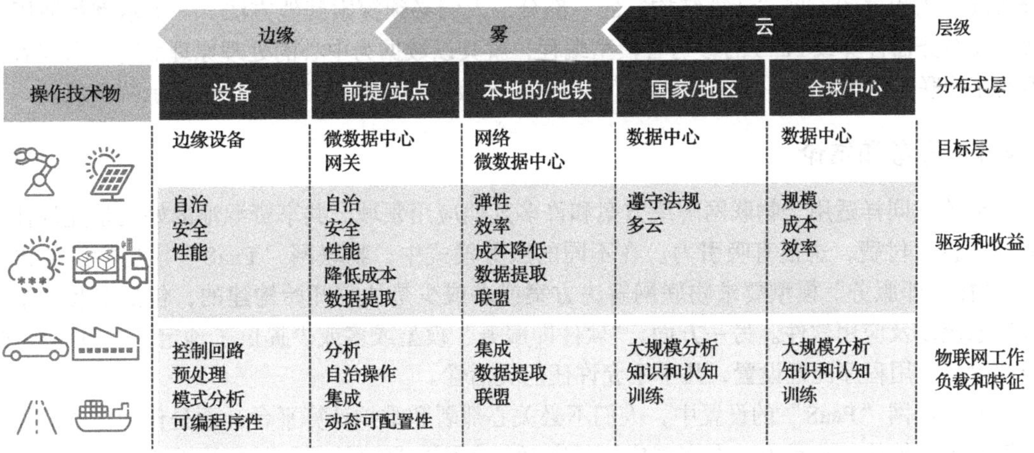

图 5-10 物联网的分层分布式计算

分布式处理与物联网特别相关的主要动机可以从 4 个主要的角度来看，概括起来如下：

- 有形资产和基础设施、物和运营技术（Operational Technology，OT）。物联网数据是在相关资产上生成的，处理数据源的典型需求包括完全自主和本地运营，例如在制造工厂或自动驾驶汽车中。使数据处理接近源头的另一个原因是数据的整理和准备过程（有关这些主题的更多讨论，请参见 5.5 节），包括数据规范化以及语义和元数据的注释，例如确保出处源和时间戳。物联网资源可能还需要对相关资产的虚拟化和资源管理。
- 性能。流程可能是时间敏感的，也可能是关键任务。某些应用程序可能需要非常短的"了解时间"或"行动时间"。通过消除与数据中心的往返行程，可以提高弹性和正常运行时间，以实现更快的控制循环。
- 降低成本。通过聚合数据并使用本地处理，可以减少数据量，并将细节级别保持在适当的级别，也可以优化网络、处理和存储资源的使用，从而降低成本。
- 法律、隐私、防护、安全、数据。遵从性和法规可以根据国家边界规定来约束数据的传输和存储方式。根据定义，数据中心中的数据传输和数据存储隐含着暴露的安全威胁。数据可能还需要以层次结构的方式被摄入系统，并涉及跨域的数据联合，即数据不仅在"端点"处理。安全可能要求自主操作必须符合法律规定，例如涉及进入制造单元的可能会影响人类安全的工业机器人。

因此，从定义上讲，雾是数据中心和更智能的终端设备之间的层，是 WAN 基础结构和互联网本身的层。如前所述，网络正在通过 NFV 和 SDN 进行虚拟化，从而将网络控制与基础设施分开。然后这种虚拟化可以使转换后的网络成为一个雾结构，也可以满足应用程序工作负载，比如分布式物联网应用程序。应用于数据中心和网络基础设施虚拟化的相同底层技术之间的协同作用的一个例子是欧洲电信标准协会（ETSI）多访问边缘计算（Multi-access Edge Computing，MEC）⊖[52]。ETSI 已经发布了一套关于多访问边缘计算的公开规范。开放雾团体（Open Fog consortium）⊖是另一个致力于定义开放且可互操作的雾计算架构[53]的著名联盟。

云计算的实践，例如虚拟化技术和业务流程，也构成了朝向边缘计算（包括进入设备域）的基础。这是基于以下假设的：所使用的操作系统是 Linux 的变体，但是如 5.1 节所述，使用微控制器的非常基本的设备受到限制，无法运行 Linux 之类的操作系统。为了使这些设备成为分布式应用程序的扩展"计算结构"的一部分，人们必须探索其他方法。一个示例是使用类似于无服务器计算或 FaaS 的参与者模型编程，就其以数据为中心的处理原理而言，参与者模型对于物联网也很有趣。Calvin 平台[54]提供了无服务器计算拟合受限设备的示例实现。

5.4.4 思考和结论

云范式同样适用于物联网解决方案和许多其他应用领域。共享资源池的好处是允许伸缩弹性和按次付费，这很有吸引力。在不同的服务模式中，物联网"PaaS"模型特别值得关注。"接口即服务"模型要求物联网解决方案或多或少是从零开始构建的，包括安装和维护操作系统以及应用软件。另一方面，"软件即服务"模型或多或少提供了预定义的应用程序，因此除了应用程序配置设置，几乎不允许任何灵活性。

在物联网"PaaS"的设置中，人们不必关心部署和维护计算平台，而是作为服务提供一个解决方案堆栈。这种方法在实现应用程序时，在预先打包的功能和灵活性之间提供了一种

⊖ http://www.etsi.org/technologies-clusters/technologies/multi-access-edge-computing。
⊖ https://www.openfogconsortium.org。

有吸引力的平衡。解决方案堆栈通常具有许多不同的功能。习惯上，物联网"PaaS"解决方案堆栈包括用于设备集成、MI、安全和曝光的不同工具：

- 设备协议适配器。物联网设备通常使用不同的协议。物联网"PaaS"通常包含连接到设备的不同协议适配器。
- 设备管理。示例功能包括设备和固件升级的提供和配置。
- 数据管理。这包括从数据摄取、数据管理和准备、数据管道到数据存储的所有内容。
- 连接管理。它管理底层网络，这些网络可以集成不同的连接技术和来自不同网络服务提供商（甚至在全球范围内）的连接技术。
- 安全性和身份管理。安全性包括用户和设备的身份验证以及对不同资源（如物联网数据、设备管理和其他系统特性）访问的授权。身份管理需要保护系统中不同和独立的部分，如网络访问和企业数据。
- 分析和控制。理解数据的分析是关键，处理和提取洞察力的不同工具可以是"PaaS"解决方案的一部分。这还可以包括基于洞察力的可编程序性行为，例如设置警报触发器或感应驱动控制回路。
- 可视化。复杂数据的强大可视化对于领域专家从业务流程中得出结论和生成基于人工的见解通常很重要。
- 曝光和整合。其目的是为物联网功能和信息集成到 ERP 和 CRM 等业务系统提供正确的 API，并为构建不同的物联网应用程序提供正确的抽象级别。

公共、私有或混合部署模型的选择在很大程度上是成本、信任、操作的机密性和期望的控制与独立性级别之间的权衡。从数据中心和边缘的角度来看，处理和存储的位置本质上是综合考虑性能、成本和应用自主权的。选择全球数据中心还是区域或国家数据中心，主要是在处理客户和公民数据时考虑法律方面的问题。

最后，如前所述，云计算也是新业务模型推动者的一个很好的例子，包括云如何帮助降低不同组织跨价值链协作和集成的障碍。云计算还支持快速创建和推出新应用程序，包括持续集成和持续部署工作流，从而满足市场预期。

5.5 数据管理

5.5.1 概述

现代企业需要敏捷并且可以动态地支持在多个级别进行的多个决策过程。为了实现这一目标，关键信息需要在正确的点以适当的形式及时地提供[55]。所有这些信息是物联网交互越来越多地获取数据的结果，而物联网交互与所涉及的流程结合在一起，有助于做出更好的决策。

物联网数据的一些关键特征包括：

- **大数据**：生成大量数据，捕获物联网设备感知 / 驱动的物理过程的细节。
- **异构数据**：数据由大量不同的传感器产生，其本身是高度异构的，在采样率、捕获值的质量等方面存在差异。
- **真实世界的数据**：绝大多数物联网数据与真实世界的进程有关，可能依赖于与之交互的环境。
- **实时数据**：物联网数据可以实时生成，压倒性的边缘 / 雾架构可以在本地处理或以接近实时的方式与企业系统通信。后者至关重要，因为很多时候它们的业务价值取决于它们所传递信息的及时处理。

- **时间性质的数据**：绝大多数物联网数据是时间性质的，测量随时间变化的环境数据。
- **空间性质的数据**：越来越多的物联网交互产生的数据不仅被移动设备捕获，还与特定位置的交互耦合，其评估结果可能会根据位置动态变化。
- **多态数据**：物联网过程获取和使用的数据可能很复杂，涉及的维度可能有不同的含义，这取决于所应用的语义和参与的过程，即上下文。
- **易失性数据**：物联网数据可能不是批量加载、保持一致的，而是流动传入、寿命短且存在需要纠正的偏差（例如，由于传感器故障或设备配置错误等）。
- **变量值**：数据的值可能来自一个短暂存在的消息，例如用于传递警报，或与上下文信息相关等。通常可以通过将现有数据放入上下文并将其与其他操作关联来获得新值。
- **专有数据**：到目前为止，由于单片应用程序的开发，大量的物联网数据以专有格式存储和捕获。然而由于与异构设备和利益相关者的交互越来越多，数据存储和交换使用了开放的方法。
- **安全和隐私数据方面**：由于通过物联网对交互进行了详细的捕获，对获得的数据进行分析有泄露隐私信息和使用模式的高风险，并危及安全性。数据的所有权也是一个重要的方面。

在物联网时代，预计将有数十亿台设备以指数级增长的速度进行交互和生成数据。因此，数据管理至关重要，因为它为任何其他进程提供了依赖和操作的基础。为了充分利用物联网数据及其解锁见解，需要关注数据管理的内容。

5.5.2　物联网数据流管理

从被感知到（例如，通过无线传感器）到到达后端系统为止的数据已经过多种处理（并且通常是冗余处理），以便调整其表示形式（例如转换）以便于被各种应用程序集成或对其执行计算（例如聚合），以提取商业价值并将其与相应的业务需求（例如，受影响的业务流程等）相关联。

基于终端应用程序需求和现有上下文，机器和企业（例如，在数据流上工作的企业）之间可能存在许多数据处理点[55]。因此，物联网数据处理可能发生在边缘和云之间的任何地方，如图5-14所示，并在5.4节和5.6节中进行了讨论。

处理物联网数据（从生成到商务利用）一般可以分解为如下阶段：

- 数据生成；
- 数据采集；
- 数据验证；
- 数据存储；
- 数据处理；
- 数据剩余；
- 数据分析。

在每个企业解决方案中，并非所有阶段都是必需的，它们的使用顺序可能与下面的顺序不同。此外，每个阶段的关注程度在很大程度上取决于对数据以及可用基础结构的实际使用要求。

5.5.2.1　数据生成

数据生成是数据由设备或系统主动或被动产生或由它们相互作用产生的第一个阶段。数据生成的采样取决于设备功能和约束以及应用程序的潜在需求。通常存在默认的数据生成参数,这些参数是可以进一步配置的,以便允许系统在优化成本的情况下运行,例如在 WSN 中数据收集与能量使用的频率。并非所有获得的数据都可以实际传送,因为有些数据可能在本地进行评估后丢弃,而只有评估结果可以向上传送。

5.5.2.2 数据采集

数据采集处理从设备或系统中(主动或被动)收集的数据或交互作用的结果[56]。数据采集系统通常通过有线或无线链路与分布式设备进行通信,以获取所需的数据,并且需要遵守安全性、协议和应用程序要求。采集的性质各不相同,例如可以是连续监视、间隔轮询、基于事件等。数据采集的频率绝大多数取决于应用程序要求(或它们的共同标准)或由其定制。

在这个阶段获得的数据(对于非闭合的局部控制回路)也可能与实际产生的数据不同。在简单的场景中,由于在设备上部署了定制的筛选装置,生成的一小部分数据(例如,符合感兴趣的时间或超过某个阈值)可以用于通信[55]。此外,在更复杂的场景中,数据聚合甚至设备上的数据计算可能导致应用程序感兴趣的 KPI 通信,这些 KPI 是基于设备自身的智能和功能[56]计算的。

5.5.2.3 数据验证

必须在特定的操作环境中检查获得的数据的正确性和意义。后者通常基于规则、语义注释或其他逻辑执行。在物联网时代,获取的数据可能不符合预期,数据验证是必需的,因为数据可能在传输过程中有意或无意地损坏或改变,或者在业务环境中没有意义。由于现实世界的流程依赖有效数据来做出与业务相关的决策,这是一个关键的阶段,有时并没有得到应有的重视。

这里为一致性和数据类型检查部署了一些已知的方法,例如对获取的值施加范围限制、逻辑检查、唯一性检查和正确的时间戳。此外,语义在这里扮演着越来越重要的角色,因为相同的数据在不同的操作上下文中可能具有不同的含义,并且通过语义可以在尝试验证它们时获益。验证的另一部分可能处理回退操作,比如在检查失败时再次请求数据,或者尝试"修复"部分失败的数据。

验证失败可能导致安全漏洞。被篡改的数据提供给应用程序是一个众所周知的安全风险,因为它的影响可能会导致对其他服务的攻击、特权升级、拒绝服务、数据库损坏等,正如人们在过去几十年在互联网上看到的,但也越来越多地出现在工业设置[57]中。由于这一步的充分利用可能需要大量的计算资源,因此它可能在网络级别(例如,在云中)被充分处理,但可能在直接的物联网交互中具有挑战性,例如,在两个资源受限的设备之间直接相互通信。

5.5.2.4 数据存储

物联网交互产生的海量数据也属于"大数据"领域。机器会生成大量的信息,这些信息需要被捕获并存储以供进一步处理。由于信息的量大,且需要考虑商务使用和存储之间的平衡,这提供了挑战,也就是说,只有与商务需求相关的部分数据可以存储以供将来参考。例如,这就意味着在特定的场景中(通常用于做出决策的流数据)一旦做出决策,就只能存储处理后的结果,而可以丢弃原始数据。

尽管随着时间的推移,存储成本越来越低,但存储大量数据可能并不总是有意义的。另一方面,如果在以后的某个时间点,由于新的研究显示了一些商业价值,需要一些数据,那么这些数据的缺乏可能会削弱企业的竞争优势。因此,不仅要仔细考虑这些数据在当前流程中的商业价值，还要考虑公司未来可能会开展的其他潜在方向，因为对相同数据的不同评估可能在未来提供其他隐藏的竞争优势。由于物联网数据量巨大，以及预想中的处理（如搜索）需要诸如大规模并行处理数据库，所以需要分布式文件系统和云计算平台等专门的技术。

5.5.2.5 数据处理

数据处理可以处理静止（已存储）或流动（如流数据）的数据。这种处理的范围是操作在低水平的数据上，并可通过"增强"这些数据以满足未来的需要。典型的例子包括数据调整，在调整期间可能需要对数据进行规范化，对缺失的值引入估计，并且通过调整时间戳对传入数据重新排序。类似地，数据的聚合或一般计算函数可以在两个或两个以上的数据流和应用于由它们组成的数学函数上进行操作。

另一个例子是输入数据的转换，例如可以动态地转换流（例如将温度值从 30℃ 转换为 86℉）或在另一个数据模型中重新打包。特定时间段所需的缺失或无效数据可以被预测并使用，直到实际数据在未来的交互中进入系统。这个阶段主要处理通用操作，这些操作的目的是转换数据以更好地匹配需求集（例如，用于摄入、导出到应用程序、法律需求）。这个步骤利用了低级（例如数据库存储过程）函数，这些函数可以在大量级别上操作数据，开销非常低，网络流量很少，而且没有其他限制。

5.5.2.6 数据剩余

物联网数据可能揭示敏感的商务方面，因此其生命周期管理不仅应包括数据的获取和使用，还应包括数据的生命结束。有时系统或服务完成了，但还没有对与它们关联的数据给予适当的关注。然而即使数据已被删除，剩余数据仍可能留在电子媒体内，并可由第三方轻易恢复，即通常称为数据剩余。人们已经开发了一些技术来处理这个问题，如覆盖、消磁、加密和物理破坏。

对于物联网来说，感兴趣的点不仅是收集物联网数据的数据库，还包括产生数据的行动点或者中间可能缓存数据的节点。以目前的技术速度，这些缓冲区（例如设备上的）的风险预计会更小，因为它们有限的大小意味着在特定的时间过去后，新数据将占据该空间，因此第三方利用的机会窗口可能相当小。此外，对于大型基础设施来说，获取"删除"数据的潜在成本可能很大，因此它们的集线器或收集端点，例如潜在的低成本数据库，可能面临更大的风险。此外，由于缺乏跨行业物联网政策驱动的数据管理，不仅难以控制物联网数据的使用方式，而且难以撤销对物联网数据的访问并在共享后从互联网上"删除"。后者带来了一个问题，因为如今数据共享是一把双刃剑：一方面共享可能创造价值，但另一方面共享意味着失去对未来使用的控制。

5.5.2.7 数据分析

可以对存储库中可用的数据进行分析，以获取任何隐藏的信息，并有可能将其用于获取见解和支持决策过程。在此阶段对数据的分析在很大程度上取决于数据的域和上下文。例如，商业智能工具在处理数据时将重点放在聚合和 KPI 评估上。数据挖掘专注于发现知识，通常与预测目标结合在一起。统计也可以用于数据，以对其进行定量评估（描述性统计），找到其主要特征（探索性数据分析），确认特定假设（确认性数据分析）以及发现知识（用于数据挖掘）。这个阶段是任何复杂应用程序的基础，这些应用程序可以利用直接或间接隐藏在数据中的信息，并可以用于例如业务洞察。物联网具有革新现代企业的潜力，本书在 5.3 节中对这些方面中的一些进行了分析，这里将重点放在数据科学和知识管理上。

5.5.3 对物联网数据的思考

物联网数据管理仍处于从摇篮到坟墓的整个生命周期的早期阶段。物联网数据带来的真正范式转变很大程度上取决于一个方面，即数据共享。尽管通过局部循环处理物联网数据可以获得一些好处，但是当它们大规模共享时，它们的真正好处才会浮现出来。后者可以充当促进者，以更好地理解复杂的系统并更好地管理它们。"协作对象"愿景[58]假定设备和系统之间的合作是交互的主要驱动力，它阐明了在这种具有物联网的基础设施的所有层级将出现的收益和挑战[59]。作为一个说明性示例，可以使用智慧城市，其中需要考虑分析并在执行决策后处理来自智慧城市基础结构、市民、企业和个人资产的大量数据。物联网数据是实现这一目标并实现高效、可持续的未来的关键。例如在第 12 章中讨论了用例（请参见第三部分）中的某些问题，其中讨论了智能电网数据对智慧城市的影响。还有其他一些应用示例，它们可以通过多种方式使不同的领域及其市场需求受益[59]。在过去的几年中，支持分布式大数据收集和处理的开源软件蓬勃发展[39]。

目前的物联网基础设施严重依赖于现实世界的进程，这也意味着很大一部分数据将由与现实世界环境交互的机器生成，而其余的将是纯虚拟数据。对于第一部分，涉及机器，需要满足基础设施的实际成本。因此，预期的利益相关者在未来将进一步多元化，人们会看到出现的基础设施供应商谁将操作和管理的许多机器生成这些数据，然后可以传达给其他人（例如，分析专家利用提供的见解）。最终受益人可能会获得信息，但不一定需要自己访问或处理这些数据。因此，正如人们所看到的，在物联网数据管理的各个阶段，将会有大量专家与应用程序提供商、用户等合作，以实现共同利益。这样的生态系统有望在未来物联网时代发挥关键作用。这种转变已经处于早期阶段，并且与现有的初始物联网工作相悖，在初始物联网工作中，应用程序开发人员、数据收集器和基础设施操作员主要由同一利益相关者（或他们中的少数人）执行。

由于预期数据的广泛共享和在多个应用程序中的使用，安全性和信任是至关重要的。从生成到使用，安全性对于启用数据的机密性、完整性、可用性、真实性和不可否认性都是必需的。由于大规模的物联网基础设施、异构设备和相关利益方的参与，这将是一个挑战。此外，信任将是另一个主要问题，因为即使数据是安全通信或验证的，基于它们的信任水平将影响决策制定过程和风险分析。最近在震网蠕虫[57]中重播的数据表明，虽然数据可能看起来是合法的，但它们仍然需要独立验证，以确保从生成到消费的整个链条不被篡改。在高度联合的物联网设想的基础设施中管理安全性和信任[60]是一个重大挑战，特别是对于还执行控制的关键任务应用程序。

由于其多领域的影响，隐私也有望成为物联网基础设施中的一个重要问题（见第 6 章）。目前，人们将大量的重点放在获取数据上，对于大规模系统以受控的方式共享数据，却并没有真正的解决方案。一旦数据被共享，发送者就不能再控制它的使用。这就要求对其整个生命周期进行策略驱动的数据管理，这样，数据就可以在需要时失效，甚至从物联网全球生态系统中移除，正如在前面的数据剩余阶段所讨论的那样。这里的一个典型例子是使用公民的私人数据，这些数据可以按照意愿可控地共享，它也应该有可能（部分）撤销共享。同样，共享的数据基础设施引起了实际领域的关注，例如在自动驾驶汽车中[61]。可以理解的是，这个问题不能仅靠技术来解决，还需要适当的立法框架。

最后，现在仍处在一个必须处理巨大数据并揭示其背后隐藏的信息模式的时代的黎明。

预计能够搜索和应用智能算法来揭示那些隐藏的模式将是一个显著的商业优势。数据科学在物联网时代是一个建立在数学、统计、高性能计算、建模、ML、工程等之上的跨规程方法，在理解数据、大规模评估其信息以及希望更好地研究复杂系统的系统及其出现的特征方面将发挥关键作用。后者带来了希望，在物联网背景下的几个现实世界过程的特征，如连锁故障、动态行为、非线性关系、反馈循环和嵌套系统，将被更好地研究、理解和应用于现实世界领域（如智慧城市、市场、企业、地球生态系统）。

5.5.4   结论

数据及其管理是揭示物联网真正力量的关键。然而要做到这一点，必须思考和开发超越简单数据收集的方法，并且能够在非常大的范围内管理它们的整个生命周期，同时考虑特定领域或应用程序提出的特殊需求和使用需求。掌握数据管理的挑战将使数据分析蓬勃发展，而这反过来将使新的创新方法得以实现，从而造福于公民、企业和社会。

5.6   物联网商业流程

5.6.1   概述

商业流程指的是企业中的一系列活动，通常是逻辑顺序中相互关联的流程的集合，这些活动会导致特定的结果。有几种类型的商业流程，如管理、操作和支持，所有这些流程都旨在实现特定的任务目标。由于商业流程通常跨越多个系统，可能会变得非常复杂，因此开发了一些用于对这些商业流程进行建模的方法和技术，例如商业流程模型和表示法（Business Process Model and Notation，BPMN）[62]，该方法以图形方式表示商业流程模型中的商业流程。管理人员和商业分析人员为企业流程建模，并努力描述企业运营的真实方式，其目标是提高透明度和随后的效率。

现代企业中的一些关键商业流程严重地直接或间接依赖于与现实世界流程的交互。为了在整个企业中采取关键商业决策和优化操作，这些流程主要与监测有关，在某种程度上也与控制（管理）有关。现代 TCT 的引入极大地改变了企业（以及商业流程）与现实世界的交互方式。

在过去的几十年里，如图 5-11 所示，我们已经见证了范式的变化，它极大地减少了获取实际数据所需的工作量，这主要归功于嵌入在现实流程中的机器所提供的自动化。最初，所有这些交互都是基于人类的（例如通过键盘）或人工辅助的（例如通过人类控制的条形码扫描器），然而随着 RFID、WSN 和先进的连网嵌入式设备的普及，现实世界和企业系统之间的所有信息交换现在可以在没有任何人工干预的情况下以惊人的速度自动完成。

在物联网时代，远程设备可以被清晰识别并持续连接。此外，在各类服务（设备、云和企业级）的帮助下，可以很容易地对它们进行集成，从而使设备积极地参与商业流程。随着新需求的出现，这种简单的集成正在改变商业流程建模和执行的方式，但是现有的建模工具很难设计为在建模环境中指定真实世界的各个方面并捕获它们的全部特征。在这个方向上，支持面向服务架构的设备（即将其功能作为 Web 服务提供的设备）简化了集成和交互，因为它们可以被看作在特定设备上运行的传统 Web 服务的集合。尽管如此，目前正在进行有关语义包含的研究，以便以更简单、更准确的方式将物联网方面包含在商业流程建模和执行中。

物联网（如 WSN）的工业应用受到了一定的阻碍，这些阻碍主要来自异构性、缺乏与业务流程建模语言和后端系统的通用集成方法。然而当前也有一些很有前途的方法，比如由

makeSense[63-64]提供的方法，它通过统一的编程框架和编译链来解决这个问题，从高级商业流程规范中生成代码，准备在 WSN 节点上部署。本书提出并评估了一种用于开发、部署和管理与企业信息系统（如业务流程引擎及其运行的流程）交互的 WSN 应用程序的分层方法。

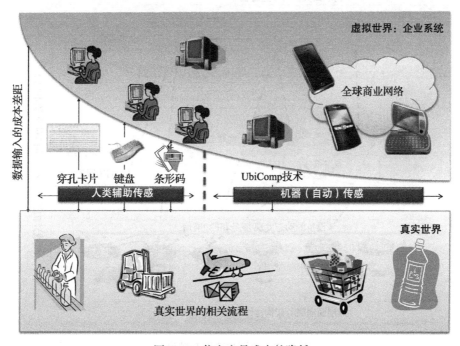

图 5-11　信息交易成本的降低

物联网使业务流程能够获得非常详细的操作数据，并能够非常及时地了解现实世界的情况。随后，可以实现更好的商业智能[65]和更明智的决策。后者使企业能够更有效地运作，从而转化为企业竞争优势。

5.6.2　物联网与企业系统的集成

M2M 的通信和物联网的巨大的发展前景将带来一个新时代，在这个时代，数十亿台设备将需要相互交互并交换信息，以实现它们的目的。这种交互的大部分预计将发生在互联网技术上[66]，并利用在过去几十年中通过互联网 /Web 的架构和经验获得的广泛经验。更复杂的方法虽然仍处于绝对的实验阶段，但目前已经超越了简单的集成，瞄准了设备和系统协作的更复杂的交互。

如图 5-12 所示，可以实现跨层交互与协作：

- 在 M2M 级别上，机器相互协作（以机器为中心的交互）。
- 在机器到商业（Machine to Business，M2B）层，机器与基于网络的服务、商业系统（商业服务焦点）和应用程序进行协作。

图 5-12 显示了底层的一些设备，它们可以通过短距离协议（如 ZigBee、蓝牙）相互通信，甚至可以通过更长的距离（如 Wi-Fi、LTE、LoRa）进行通信。其中一些可能托管服务（例如 RESTful 服务），甚至具有基于通信协议的动态发现功能或其他功能［例如，Web 服务设备配置文件（Device Profile for Web Services，DPWS）中的 Web 服务事件或叫作 WS 事

件]。不管设备是否能够直接发现其他设备和系统或通过基础设施的支持与其他设备和系统进行交互，物联网交互都使它们能够授权多个应用程序并相互交互以实现其目标。

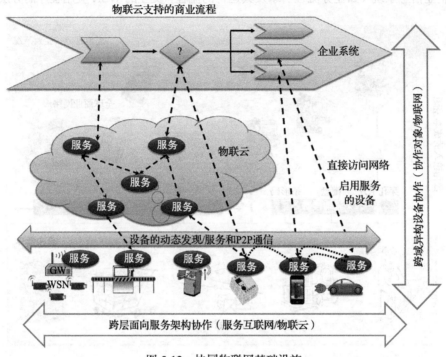

图 5-12   协同物联网基础设施

现实世界集成有望通过使用面向服务的架构提供的方法直接与各自的物理元素交互来完成，例如通过运行在设备上的 Web 服务（如果受到支持）或通过更轻量级的方法[如表征状态转移（Representational State Transfer，REST）]。在遗留系统的情况下，网关和服务中介可以支持此类集成挑战。然而嵌入式网络设备、开放的互动和虚拟化资源，在这样一个复杂的时代，难题的出现表明可以将哪些功能抽象并迁移到云（具有其带来的所有好处和约束），以及其中哪些仍应保留在设备本身上，这不是容易决定的决定，因为在两个方向上都存在利益和约束，因此实际上，人们希望将它们融合在一起[67]。

许多与设备交互的服务都是基于 IP 的服务，例如云服务。企业服务的主要动机是利用云特性，如虚拟化、可扩展性、多租户、性能和生命周期管理等特性。同样，人们期望看到大量设备，通常是信息物理系统，将它们的功能提供给云[67]。因此，目前正朝着云及其服务（见图 5-13）能够在现代企业及其业务流程中占据突出地位的基础设施迈进。

设备级应用和云服务混合的一个主要动机是最小化与多个端点的通信开销。例如，将数据传输到网络中的单个或有限数量的点（设备到云通信），然后让云进行负载平衡和成为进一步通信的中介。例如如图 5-13 所示，可以使用内容交付网络（Content Delivery Network，CDN），以便从远离物联网基础结构的位置（从地理位置、网络角度等）访问生成的数据。

为此，可以提供设备获取的数据，而不会过度消耗设备的资源，与此同时，可以应用更好的控制和管理。典型示例包括启用对全部历史数据的访问、信息的预处理、透明地升级云服务，甚至出于安全原因不提供对内部系统的访问。"事物"及其数据的使用之间的这种清晰的分离有望进一步增强可在联合基础设施上运行的信息驱动型商业流程和应用程序的功能。

5.6.3 物联网中的分布式商业流程

今天，如图 5-14 左侧的简单方式所示，商业流程中的设备集成仅意味着从设备层获取数据，将其传输到后端系统，对其进行评估。并且一旦做出决定，就有可能对设备进行控制（管理），从而调整其行为。但是在将来，由于物联网基础设施的规模庞大，将产生巨大数据，这会使设备集成方法的成本太高，而并不总是具有商业意义。

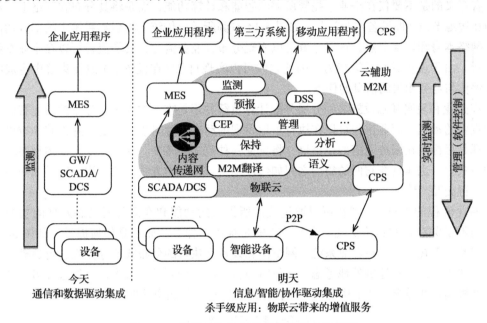

图 5-13　物联云作为新的增值服务的启用器

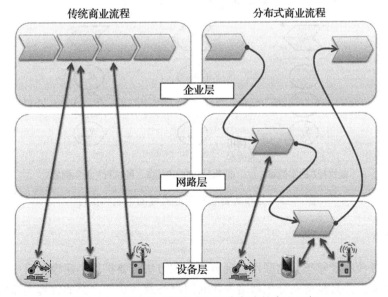

图 5-14　传统的（集中式）和分布式的商业逻辑

从设备收集或生成数据的"行动点"一直到后端系统再评估其有用性的数据传输，由于通信原因以及在企业方面产生的处理负担而将是不切实际的，这也是当前系统不适合的。试图处理如此高的非相关或次相关数据的企业系统将会发生过载，但由于缺少设备级别的高级处理和存储功能，所以到目前为止，此类方法仍然是必需的，但是随着最新的以及小型化的发展，过载也不再是困难。

一个战略步骤是尽量减少与企业系统的沟通，只进行与业务相关的沟通。随着网络中资源（例如计算能力）的增加，尤其是在设备本身（更多存储器、多核 CPU 等）上的资源的增加，有意义的是不要仅在企业中托管所需的智能和计算功能，而是将其分布在网络上，甚至分布在边缘节点（即设备本身）上，如图 5-14 右侧所示。传统上将后端系统中的部分功能外包给网络本身和边缘节点，这意味着可以实现分布式业务流程，其子流程可以在企业系统外部执行。由于设备具有计算能力，因此它们可以实现自己（在设备上）或在集群中生成的处理和评估与业务相关的信息的任务。

在企业和现实基础设施之间分层分配计算负载并不是唯一的原因，分布的商业智能也是一个重要的动机。商业流程可以在执行本地发现的动态资源时进行绑定，并将其集成以更好地实现其目标。在服务混搭的世界里，将见证一种范式的转变，这种转变不仅体现在单个设备的方式上，也体现在它们的集群之间如何以越来越无缝的方式相互作用，以及如何与企业系统进行交互[68]。

商业流程的建模[69]现在可以通过关注所提供的功能和在运行时动态发现的功能来完成，而不是关注它的具体实现。人们关心的是提供了什么，而不是如何提供，如图 5-15 所示。因此，现在可以对在企业系统、网络内和设备上执行的分布式业务流程进行建模。参考文献［69］中的观点还额外地考虑了运行时与执行相关的要求和成本，以便选择最佳的可用实例并根据企业需求总体上优化商业流程，例如针对设备能源的低影响或高速通信。

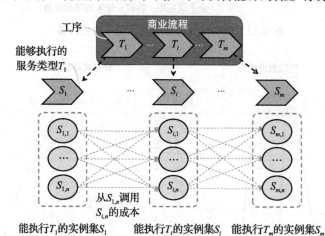

图 5-15   分布式物联网商业流程的组成和执行

5.6.4   思考

为了使业务流程能够感知物联网，现有工具和方法需要扩展。建模工具中的当前术语集中于企业上下文，并且没有充分包括诸如物联网设备及其功能之类的物理实体的表示法。尽管存在进程的分布式执行（例如在 BPMN 中），实验研究也提供了一些有趣的方向[63-64]，但需要做更多的工作来选择这些进程执行的设备，并考虑它们的特性或动态资源等[69]。在物联网中，动态方面是至关重要的，因为它的大部分都是可移动的，且可用性没有得到保证，这意味着建模时的可用性不能保证运行时的可用性，反之亦然。即使后者是正确的，这也可能在执行业务流程期间再次发生变化，因此容错需要被考虑。

预计物联网基础设施将是大规模的。因此，可伸缩性是业务流程建模和执行中需要考虑的一个方面。此外，流程之间基于事件的交互在物联网中发挥着关键作用，因为业务流程流可能会受到事件的影响，或作为其结果触发新的事件。这些考虑也需要从实时交互的角度来看，这在一些领域可能是强制性的（例如工业自动化）。因为资源受限的设备可能有更高的概率提供无错误的信息（例如由于故障），所以每一步获取的信息的质量也是如此。后者可以对依赖于此信息的流程进行不同的建模，而不认为它总是正确或值得信任的。为了解决这个问题，需要考虑附加的数据管理步骤，如 5.5 节所述。

5.6.5 结论

现代企业在全球范围内运作，依赖复杂的业务流程。业务连续性需要得到保证，因此有效的信息获取、评估和与现实世界的交互至关重要。设想的基础设施是异构的，其中数以百万计的设备相互连接，随时准备接收指令和创建事件通知，其中最先进的设备描述自我行为（例如自我管理、自我修复和自我优化）并相互协作，这可能导致范式的改变，因为业务逻辑现在可以智能地分布到多个层，比如网络甚至设备层，这不仅创造了新的机会，而且也带来了需要评估的挑战。未来的企业系统将能够及时地更好地集成物理世界的状态和事件，这将导致更多样化、高度动态和高效的业务应用。

5.7 分布式账本和应用

作为一种相对较新的技术，区块链已开始在物联网中进行讨论。最初用于数字加密货币比特币，而今区块链的使用已远远超出了此原始应用。于是，在物联网的范围内，从更广泛的角度看待该技术并了解分布式账本技术（Distributed Ledger Technology，DLT）的广阔前景非常有用。

如图 5-16 所示，DLT 主要有 3 种类型：无许可公共系统、私人有许可系统和混合系统。每个版本对于实现不同的目标和满足不同的需求都是有用的。

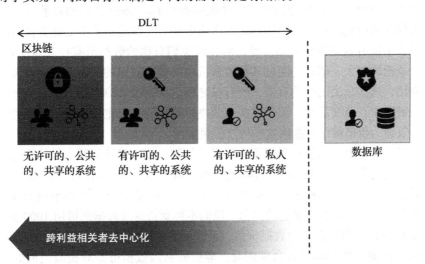

图 5-16 DLT 展望（伦敦帝国理工学院）

如上所述，每种类型都有其独特的属性，也都有不同形式的访问控制来读取和编辑关于区块链的信息。当人们在分布式账本的类型上从右向左移动时，去中心化的程度增加了，而交易速度降低了。

无许可的、公共的、共享的系统是指允许任何人加入网络、允许任何人写入网络、允许任何人从这些网络读取交易的系统。这些系统没有单一的所有者——网络上的每个人都有一份相同的"分布式账本"。在媒介中，这方面的典型例子是比特币，此外还有很多其他例子。由于在完全开放的环境中进行操作而没有任何集中信任点的独特设计目标，并且在其中潜在的恶意行为者不仅被允许提交交易，而且可以参与交易验证，因此这些系统添加了一个额外的组件来防止这些行为活动（例如工作证明）。区块链方法在计算上是昂贵的，需要使用大量的电能，不能很好地扩展，并且需要大量的网络参与者才能产生"信任"（请参见第 6 章）。但是，此方法确实允许大量参与者仅以分布式的方式基于代码进行协作。比特币和以太坊是两个最著名的例子，但还有许多其他例子。

许可的、私人的、共享的系统是那些有白名单访问的系统。只有那些有权限的人才可以对这样的系统进行读写。它们可能有一个或多个所有者——通常会组成联盟来管理所有权。例子包括超级账本（Hyperledger）。

许可的、公共的、共享的系统是混合系统的一种形式，它提供了需要白名单访问的情况，但是所有的交易都应该是公开可见的。这方面的例子是政府应用，其中只有特定的人能够写入网络，但所有交易都可以公开验证。

5.7.1   分布式账本技术、物联网和数据所有权

截至 2017 年年底，全球市值最大的 8 家科技公司中，有 3 家公司直接从用户数据中获得收入，分别为 Alphabet 公司、Facebook 公司和腾讯公司；3 家公司生产能够产生大量数据的硬件和软件，分别为苹果公司、微软公司和三星公司；有两家公司应用用户生成的数据来精确定位要卖的商品，分别为亚马逊公司和阿里巴巴公司。截至 2018 年 1 月 8 日，这 8 家公司的总市值为 4.9 万亿美元。

这就是数据在现代经济中的力量。随着人工智能成为 21 世纪的实用工具，数据的重要性只会变得更加重要。但是谁应该拥有这些数据呢？ Facebook 公司和谷歌公司是否有权拥有用户的数据并从中获利？它们的用户会不会从来没有质疑过被证明如此有价值的东西的所有权？关于数据所有权的争论并不新鲜，科技巨头们自称的数据所有权并非没有受到挑战。迄今为止，争论的很大一部分是通过某些监管机构的裁决展开的，而与这些公司所享有的总利润规模相比，这些裁决的影响有限。所有权之争之所以没有应有的意义，关键原因在于缺少了一个关键因素：可交易性。监管机构的裁决对数据隐私很重要，但如果不能交易个人产生的数据，数据的价值最终只能由这些科技公司实现。

当可交易性实现后，数据隐私将不再是隐私问题，而是经济问题。即使没有它，人们也已经下意识地为他们生成的数据赋予了经济价值。在印度，数以百万计的小企业主很乐意使用他们的数据在机器学习授权的中小企业贷款人的支持下在几秒内批准小额贷款，而西方中产阶级只要他们生活中没发生紧迫的问题，他们不愿意透露其数据来借用 1000 美元的贷款。

每个数据生成器都有自己的数据价格，可能低到只要能得到小额贷款就可以免费使用。也可能很高，比如当他们遇到致命疾病时，他们的基因数据可能对挽救他们的生命至关重要。由于缺乏小额支付和小额激励制度，数据的差异化经济价值尚未被讨论。区块链是一个

有效的工具，用于分配每个数据集的经济价值标记，记录每个数据交易的不可变记录，并最终建立一个全球的、开放的数据市场。

试着重新想象易趣公司，除了实物商品，人们还可以在这里拍卖自己的数据集并为其定价。易趣公司并不一定要成为数据生产者和购买者进行实际数据交易的地方，而是可以成为双方达成金融协议和进行金融交易的地方。然后易趣公司在其企业区块链上签发数据交易证书，以证明其承诺。证书成为一种全球标准，用于证明数据交易的相互承诺。学术机构、制药公司、保险公司等将能够利用更丰富的数据进行更大规模的研究，同时将数据所有权还给数据生产者。如果制药公司的研究在假定足够的数据市场中没有足够的响应者，则该公司将知道市场不会对此类数据收集做出响应。按照这样的全球标准，易趣公司成为最有价值的两家公司之一，另一家是阿里巴巴公司，其规模可能相当于世界其他地区的总和，很可能会有一个二级数据市场。显然，在人们到达那里之前，会有很多道德和治理方面的考虑，但从技术上来说，有了区块链，人们或多或少已经到了那里。

但这种交易可能不需要市场。拥有合适工具和基础设施的个人公司可以直接与数据生产者联系，进行连续的交易。以奥斯汀的医疗初创公司 Naro Vision（纳米视觉）为例，它使用了一种芯片，可以创建一个专门的密码令牌，以赋予分子数据真正的价值，并创建一个经济系统，可以从根本上改变数据驱动的医学研究。与在实验室隔离数据不同，纳米视觉使用它们的物理芯片实时了解来自家庭、医院、教室等的分子数据。它们使用区块链来保护和验证数据，并将每个数据属性赋给其正确的来源，以补偿所有参与者的贡献。由区块链支持的微激励系统和机器学习覆盖的大规模分子数据生成基础设施，可以为医学研究和流行病预测研究提供革命性的进步。

很少有人会认为数据的所有权应该完全属于数据生产者。但是直到最近，才有工具和足够的市场来给数据生产者定价权和可交易性。如果世界上最大的公司通过收集用户数据创造了国家规模的财富，谁能说一旦正确的工具和思维模式到位，这种财富就不会被破坏呢？经济激励是这个星球上最具活力的力量之一。一些聪明而雄心勃勃的人迟早会进入这个领域，重新分配数据创造的财富。

监管机构的角色将是设定限制，以保护儿童和社会中的弱势群体免受数据收集者的数据掠夺。

从地缘政治的角度来看，未来几十年，国家 AI 能力将在世界实力竞赛中发挥核心作用。没有数据，AI 只是一个空算法，就像一座没有基础的摩天大楼。在未来几年，物联网将产生天文数量的数据。区块链有重写大数据生成方式的潜力。人们如何将小额支付和微奖励措施嵌入物联网数据生成过程中，可能会极大地改变世界上最有价值公司的当前范例。目前，全球排名前 8 位的公司确实已产生了大量数据。一些最有价值的数据中的大多数是非结构化且未标记的。对于 AI 而言，没有标签的此类数据更具有挑战性，当数据收集者使用基于区块链的微激励系统补偿数据产生者时，它将使买方（数据收集者）有权要求一定质量的数据，并要求卖方（数据生产者）标记其数据，例如使数据集对 AI 更友好。

领导人工智能的国家将成为第四次工业革命的领导者。与世界其他国家相比，中国的在线支付系统已经遥遥领先。2016 年，中国在线支付总额达 8.6 万亿美元，一年之内增长了 4 倍。美国的交易量为 1120 亿美元，以每年 39% 的速度增长。对于世界其他地区而言，为了积累如此大量和高质量的数据，它们必须通过可交易性和所有权为数据生产者创建有效的数据市场，并在 AI 竞赛中保持竞争力。这在战略上是重要的，在道德上也是必要的。在未来 10 年，我们可能会见证由区块链赋能的数据所有权再分配驱动的财富再分配。

安　全

6.1　引言

无论打算开发什么应用，在物联网系统设计时都必须考虑其安全性。嵌入式系统的早期安全性研究，特别是与无线传感器网络（WSN）应用相关的安全研究，认为安全性对于可信度和可接受性至关重要，因为推动开发的关键应用是军事和医疗应用。现在，人们开始接受，这些系统会渗透到个人和职业生活的各个方面，而且许多系统将变得自治。

因此，很明显，我们必须尽最大努力确保这些系统尽可能安全，以抵御来自恶意行为者的潜在威胁。这就要求我们转变常规观念——倾向于在事后而非在设计之初考虑安全问题。这意味着必须接受所涉及的开销，这些开销通常可以根据系统的额外复杂性、计算和存储要求、开发成本等来量化。

现实情况是，许多物联网系统将部署在公共领域，其设备数量远远超过其负责监视和维护的设备（贝尔法则）。因此，它们必须能够自主运作；以下各节讨论的安全要求之一涉及安全操作的基本原则。

关于安全性的自主操作是一个非常有趣的概念。很难想象公共领域中有任何电子设备没有被黑客入侵。因此，考虑到需要对硬件进行物理访问以有效攻击许多现代信息安全系统，设备的物理安全已成为越来越重要的主题，这可以确保恶意行为者无法物理操纵物联网设备的电子系统。在考虑物理安全时，还必须与这些设备旨在执行的任务的物理特性一起考虑，如传感和驱动。在前者的情况下，基于物理传感器过载的新攻击可以影响与后者相关的系统行为，从而允许对手以新的方式操纵系统并发起攻击以耗尽系统资源。

本章将介绍在任何物联网系统的设计中必须理解和解决的基本安全原则。首先探讨了物联网中对设备、网络和系统的潜在威胁，并在可访问的级别上说明了各种可用来防御威胁的方法。其中许多方法是由管理物联网系统运行的标准所建议或规定的。本章将以展望物联网系统安全性的未来发展作为结尾。

6.2　基本原理

物联网系统设计人员必须了解并最终保证的主要安全原则包括消息机密性、数据完整性、新鲜度、效率、自治性和身份验证。

消息机密性是物联网安全最重要的方面之一，并且通常是尝试保护网络安全时要解决的第一个问题。机密性确保采集到的数据不会泄露给对手或未经授权的网络相邻节点。许多应用要求在网络中分发密钥信息，这需要构建可通过其发送此信息的安全通道，并确保恶意方无法访问此信息，加密是确保消息机密性的标准方法。

数据完整性是用来确保对手无法更改或改变通过网络发送的任何信息。尽管可以对信息进行加密，但这不会阻止攻击者尝试更改传输的消息，可以通过提供数据完整性来防止对数据包的操作，通常通过使用强大的身份验证机制来执行。

数据的新鲜度在物联网系统中很重要。这一原则可以确保接收到的数据是最新的，并且没有重播旧消息，从而阻止了经典的重播攻击。通常通过采用时间戳或计数器来解决新鲜度问题，可以将其轻松地插入发送的数据包中。

效率与物联网系统中安全架构实施相关的资源消耗有关。所选协议应符合可接受的性能参数。系统的最初预期功能不应因存在任何安全协议而受到侵犯，如果提议的方案（例如，在标准或规范中）就处理器要求、所需的存储空间和功耗而言，资源过于匮乏，会影响网络性能或显著降低部署的寿命，则必须采取措施以确保等效的安全强度或重新评估提议的系统架构（即有关设备设计、通信介质、能源供应、标准遵从性等）。

自治适用于确保物联网部署中的每个设备可以独立运行，并且足够灵活，能适应网络架构的波动。这可能是由于设备进入和退出网络以及随之而来的不断变化的拓扑的结果。对于较大的部署，在所有联网设备之间预安装共享密钥是不可行和不安全的，因此密钥管理是一个重大问题。

身份验证是安全物联网系统极其重要的要求。攻击者除了尝试操纵传输的消息外，还可以尝试插入数据包。这样，必须在所接收的消息有效之前对系统中的每个发送设备进行身份验证。

必须确保物联网设备的可用性，以使应用继续按预期运行。在许多情况下，中央应用服务器或网络协调设备需要到达网络中的所有其他设备。许多攻击，包括漏洞、捕获和阻塞攻击（稍后描述），都可能导致网络设备不可用。

6.2.1 加密

加密作为确保秘密通信机密性的一种方法已经使用了多个世纪。从技术上讲，它是信息或纯文本的转换，以使任何不具有密钥（共享机密）的人都无法理解该信息。转换后的文本称为密文。这是使用某种（共享）算法（称为密码）来实现的。通过使用密钥、密码和其他工具的许多组合，可以使用许多不同的算法来执行加密。在这项工作中讨论了与当代物联网系统相关的系统。

6.2.1.1 密码

密码定义为用密码术语执行加密或解密操作的算法，这些算法是一组预定义的函数，必须在每种情况下都严格遵循。通常，它是一个数学函数或一组函数（通常是两个相关函数，一个用于加密，另一个用于解密）。使用密码时，原始信息为明文，输出的加密信息为密文。对于不了解密码、算法或密钥的任何人，密文均应无法理解。

密钥或受信方之间的共享机密是预先约定的"密码变量"，没有密钥，就不可能解密明文。可以根据密码操作所依据的信息状态，或者是否将同一密钥用于特定算法的加密与解密部分来对密码进行分类[70]。

如果密码对通常具有固定大小的信息块执行操作，则称为分组密码；如果密码对连续的信息流进行操作，则称为流密码。换句话说，流密码一次只对一个位进行操作，而分组密码一次对一组位进行操作。

基于密钥类型的密码分类产生两种算法。如果使用相同的密钥对明文进行加密和解密，则称为对称密钥算法（Symmetric Key Algorithm，SKA）。如果用于加密的密钥与用于解密的密钥不同，则称为非对称密钥算法。如果一个密钥不能从另一个密钥推导出来，则称为公钥基础结构（Public Key Infrastructure，PKI）。

6.2.1.2　对称密码

有各种各样的对称密码可用于物联网系统的实施，其中最受欢迎和研究最多的包括：Skipjack、RC5、RC6 和 AES（也称为 Rijndael）。这些密码已在许多物联网子网架构中实现，并被认为是可用的最安全、最轻便的选择。还可以使用其他较新的选项，其中一些已进入最新标准，例如 3GPP 标准中指定的 MISTY1 及其后续产品 KASUMI。

除了密码规范外，还必须考虑此密码的最佳操作模式。对称密码的操作模式包括：电子密码本（Electronic CodeBook，ECB）模式、密码分组链接（Cipher Block Chaining，CBC）模式、输出反馈（Output FeedBack，OFB）模式、密码反馈（Cipher FeedBack，CFB）模式、计数器（CounTeR，CTR）模式、填充密码块链接（Propagating Cipher-Block Chaining，PCBC）模式和带 CBC-MAC 的计数器（CCM）模式。除了加密，对称密码的一些操作模式可以用于提供身份验证，并且还避免了必须使用填充来达到块大小的倍数以执行精确的加密和解密。

在 2006 年，Law 等人提出了针对 WSN 的各种对称密码的调查和基准测试。这项工作还包括使用各种加密模式（CBC、CFB、OFB 和 CTR）对密码进行分析。这项工作得出的结论是，建议使用带有 Rijndael 密码［AES（先进加密标准）］的计数器模式[71]。本练习仅考虑了安全算法的软件实现，可以通过使用专用的硬件加速器来显著改善其安全性[72]。

6.2.1.3　非对称密码

非对称密码通常与典型的互联网安全性同义，在包括 RSA（Rivest-Shamir-Adleman）算法和椭圆曲线密码学（Elliptic Curve Cryptography，ECC）等的物联网环境中可能很有用。非对称算法的安全性可以根据其所基于的最著名的数学难题的求解速度来评估。ECC 的求解时间是完全指数的，而 RSA 算法的求解时间是次指数的。这意味着，在 ECC 中解决问题所需的时间随着问题大小的线性增加而呈指数级增长。解决基于整数分解的基本 RSA 算法问题的时间少于指数求解时间。ECC 可以为 512 位的密钥提供相同级别的安全性，就像 RSA 算法可以提供 15360 位的密钥（比率为 30：1）一样，提供 256 位的安全性，使用蛮力方法需要 10^{66} MIPS 年才能破解[73]。

就非对称功能而言，有许多算法需要考虑。其中包括 DH（Diffie-Hellman）算法、数字签名算法（Digital Signature Algorithm，DSA）及其椭圆曲线对应的 ECDH（Elliptic Curve Diffie–Hellman）和 ECDSA（Elliptic Curve Digital Signature Algorithm）。椭圆曲线综合加密方案（Elliptic Curve Integrated Encryption Scheme，ECIES）通常指定用于 ECC 域的加密。值得注意的是，这些非对称密码也需要实现对称密码。

6.2.2　身份验证

身份验证是对加密的补充，可以防止下面描述的许多物联网系统对手可能发起的攻击。身份验证是一种机制，通过该机制可以将网络中设备或代理的身份标识为有效成员，从而可以实现数据的真实性。同样，有很多方法可以确保基于密码原语的身份验证。

6.2.2.1　对称的身份验证

消息验证码（Message Authentication Code，MAC）可用于验证消息。这类似于单向哈希函数，但是它包含密钥的使用。只有密钥持有者才能验证哈希。通过使用对称加密算法对哈希值进行加密，将哈希函数转换为 MAC。MAC 也可以从分组密码算法中生成。一个示例是密码块链接消息验证码（Cipher Block Chaining Message Authentication Code，CBC-

MAC)。在这种情况下，消息是用密码块链接模式下的块密码算法加密的，这意味着创建了一个块链，使得每个块都依赖于前一个块的正确加密。为了计算消息的CBC-MAC，使用零初始化矢量对消息进行加密。此方法已成为低功耗无线网络中对称方案身份验证的主要方法。

消息完整性代码（Message Integrity Code，MIC）在术语上与MAC可以互换使用，但不同之处在于，其操作中未使用密钥。如果要确保完整性，应该在传输过程中对MIC进行加密。当使用相同的算法派生消息时，给定的消息应始终产生相同的MIC。

哈希函数。加密哈希函数是一个过程，用于为数据块（通常是要发送的消息）返回固定大小的位字符串（哈希值）。对消息的任何更改，无论是偶然的还是有意的，都应更改哈希值，也称为"消息摘要"。哈希函数应保持对任何给定数据的易计算性。从给定的哈希值中重建明文几乎是不可能的。在不更改哈希值的情况下，不可能更改明文，而且两个不同的消息也不太可能具有相同的哈希值。最常用的散列函数是信息要摘要算法5（Message Digest5，MD5）和安全哈希算法-1（Secure Hash Algorithm 1，SHA-1）。

6.2.2.2　不对称的身份验证

数字签名是不对称身份验证机制的一个示例。它与先前描述的消息验证码的不同之处在于，使用公钥/私钥对的私钥生成数字签名。这演示了非对称功能，并且只有发送者知道私钥，数字签名证明该消息只能从该私钥的持有者发出，因此是消息真实的。

有许多数字签名算法，包括DSA、带有RSA的SHA、ECDSA和ElGamal等算法。在基于WSN技术的低功耗物联网安全方案的最初开发期间，人们认为数字签名在计算上过于昂贵。尽管如此，对于资源受限的物联网技术，已有许多实现被证明是可行的。

6.2.2.3　身份验证的应用

有多种方法可以在物联网环境中实现身份验证。这些协议包括从设备到设备协议（其中每个节点都验证其邻居的身份），到广播协议（CBC-MAC等）。广播协议使发送方能够广播关键数据和命令（例如，在网络中进行重新编程）以经过验证的方式传递给传感器节点，以确保攻击者无法伪造来自发送者的任何消息。由于最初认为传统的广播技术（如基于公钥的数字签名）对于物联网类型的设备而言过于昂贵，因此在学术界开发了许多轻量级协议。

6.3　物联网系统面临的威胁

物联网将容易受到各种新旧威胁的影响。考虑到所有潜在的攻击向量都不可能预先知道，因此必须考虑传统计算系统遇到的攻击类型以及底层物联网技术面临的一组可行威胁。其中包括拒绝服务、女巫、隐私、"漏洞"和物理攻击。

物联网系统可能由复杂的异构子系统组成，这些子系统结合了有线、无线和互联网计算技术，并且不需要遵循单一的标准或规范，因此很难在系统级别上全面评估各种威胁。另一方面，可以将许多攻击分组，并根据它们应用于协议堆栈的哪一层，来对其进行评估。

下面将讨论可能影响物联网系统的攻击类型，将其与它们所应用的堆栈层相关联，并随后提出了对策。此类方法应允许系统设计人员尝试对提议或现有物联网系统进行现实的风险和安全评估。

6.3.1　拒绝服务攻击

拒绝服务（Denial of Service，DoS）攻击是最常见且最容易在物联网系统上实施的攻击。

它们可以以多种形式存在，并被定义为可能对网络或系统执行预期功能的能力造成破坏的任何攻击。例如，对于任何无线网络来说，使用中断信号"干扰"信道是一种有效的 DoS 攻击，泛洪（多包传输）或冲突也是如此。

在物理层，干扰是一种流行的 DoS 攻击。它可以是间歇性干扰，也可以是持续性干扰，两者都会对网络产生不利影响。有效执行此类攻击所需的设备数量可以少到系统中设备或代理总数的一小部分（一个恶意节点可能足以破坏预期的操作），其中对手在与网络或系统中的其他设备相同的通信频率上进行干扰。

在数据链路层，冲突攻击是一种常见的 DoS 攻击，在这种攻击中，对手会故意违反通信协议（例如，这可能只意味着改变数据包的一小部分，从而导致校验和出错），试图产生碰撞。这将要求重传受冲突影响的所有分组，并导致不必要的设备和网络资源的消耗。误导是该层的另一种攻击，恶意设备可能完全拒绝路由消息，从而可能断开网络的某些部分。

传输层容易遭受泛洪形式的 DoS 攻击。这种攻击就像将多个连接请求发送到设备、代理或服务器一样简单。由于必须分配资源来处理请求，所以恶意请求的超载将迅速耗尽资源，尤其是对于高度受限的物联网设备而言，这会使设备变得无用，从而扼杀了系统的整体实用性。去同步是传输层的另一项攻击。例如，一对设备可以通过中断在这两个设备之间传输的一些分组并保持正确的定时而强制进入同步恢复协议。同样，这将导致资源过度消耗和枯竭的可能性。

应用层容易受到基于路径的 DoS 攻击，从而攻击者可能将虚假或重播的数据包插入网络。当分组转发到目的地时，转发节点消耗能量和带宽。当到达基站或应用服务器的路径上的资源被消耗时，此攻击可能会使网络无法进行真实的数据传输。

6.3.2　女巫攻击

女巫攻击可以描述为具有多个身份的恶意节点的攻击，然后，此节点可以发起许多攻击。例如，可能包括负强化或填满投票箱。这种攻击在通信协议栈的高层最有效。

在物理层，通过破坏合法设备或制造新设备来执行女巫攻击，因此身份是通过盗窃或伪造来获得的。然后，恶意设备表现得像是许多设备一样，参与到网络或系统的不同点。

在数据链路层，女巫攻击有两种变化：负强化和填满投票箱。数据聚合被用于许多低功耗物联网网络中以降低功耗。如果设备不断提供大量不正确的数据，则网络返回的聚合数据包将被破坏。同样，投票方案可能会因女巫攻击而遭到破坏，例如，恶意节点的各种身份可能意味着它可能以利己的原因而去塞满投票箱。

在网络或路由层，可以使用女巫攻击来破坏大多数多路径路由方案。如果在节点的路由表中考虑了恶意节点提供的信息及其多个身份，则节点将消息路由到其他网络成员的决定将有失败的风险。

6.3.3　隐私攻击

无论应用的性质如何，物联网消息传递和数据的私密性应该保持不变，其原因有很多。在现实的物联网中，越来越多的信息可通过远程访问轻松获得，因此对手可以以最小的风险通过匿名方式获取信息。针对设备、消息和数据隐私的攻击采取监视和窃听、流量分析和伪装的形式。

对隐私最明显的攻击方式是监视和窃听。攻击者可以仅通过侦听有线或无线信道轻松地了解通信消息的内容，而侦听无线信道更难被检测。如果攻击者窃听网络流量，并破译包含有关网络或物联网系统配置的重要控制信息的消息内容，则可能会导致整个系统的完整性遭到破坏，这可能会产生重大后果，尤其是当第三方应用构建在受损系统上时。

流量分析是监视和窃听的结合。通过监控特定设备发送或接收的数据包数量，可以推断出该设备在网络或系统中的角色。然后，对抗设备可能表现得像合法设备一样，例如吸引数据包并将其错误路由。这些数据包可以发送到执行网络数据分析等的节点。

6.3.4 漏洞攻击

所谓的漏洞攻击有多种类型。其中包括虫洞攻击、黑洞攻击和沉洞攻击。虫洞攻击可以使通常距离基站跳数较远的节点认为其距离基站只有一跳或两跳，从而干扰路由。当然，前提是网络设备已被攻击者破坏。没有确定的方法来预防虫洞攻击以确保安全。尽管如此，已经做了一些尝试来更好地理解这个问题[74-75]。在虫洞攻击中，恶意节点可能会将通过低延迟链路在网络特定部分接收到的信息重新路由，并将它们重播到网络的另一部分。由于无线传输的性质，对手有可能为发往其他节点的数据包创建一个虫洞（因为它可以偷听到其他无线传输），并通过隧道将它们传送到另一个位置上的合谋对手处。可以使用多种方法创建此隧道，包括：带外隐藏信道（可能是有线链路）、数据包封装或高功率传输。与通过常规路由发送的数据包相比，隧道通过确保数据包看起来更快到达并且通过更少的跳数来产生一种端点彼此非常接近的假象。这使得对手通过控制网络中的各种路由来破坏路由协议的正确操作[76]。

黑洞攻击和沉洞攻击的相似之处在于，它们通过特定的恶意节点向基站或网关设备通告零路由，然后某些路由协议将选择通过此节点路由许多数据包（因为这似乎是最低的成本，通常需要这样做），并且可能会丢失大量网络数据。恶意节点的同伙选择此路由并竞争带宽，通过此过程浪费能量和资源。当在网络中一个洞或分区被创建时，它被认为是一个"黑洞"。

6.3.5 物理攻击

考虑到第三方可访问性，大多数物联网应用要求将设备部署在不可控的环境中。无论是在家庭、企业还是恶劣的环境中，设备都可以自主运行。由于其体积小、无人值守、分布式部署和数量庞大，它们极易受到一系列损害物理完整性的攻击。

如果某个设备被破坏，在某些情况下可能破坏系统的运行，而在其他情况下，丢失一小部分设备可能不会妨碍应用的运行。但是如果一个设备可以被物理篡改，那么对手很可能会从该设备中提取敏感信息。密码机密可能被泄露，电路被改变，或者设备被重新编程。事实证明，设备很容易在几分钟内受到危害，大多数制造商都会提供警告。还应牢记，几乎没有一个电子设备没有被"黑"过。例如，从智能手机到自动取款机，再到部署在"空气间隙"后面的工业环境中的工业控制器，例如 Stuxnet[57]。

随着新设备的普及，可能会出现全新的、无法预料的攻击媒介。鉴于复杂的社会工程已经被证明可以有效地破坏工业控制系统，部署在不受控制环境中的设备更容易接近，因此可以预见的是，可以使用更简单的操作方法来破坏物联网系统的正常性能。例如，使用虚假传感器刺激使设备过载可能导致传感器无用，或者可能生成足够数量的假数据来影响控制器的行为，而不一定使系统明显受到攻击，因此部署的应用最终将失败。

防篡改硬件是一个看似合理的解决方案，再加上加密控制器核心、存储器等方面的进步，但一个动机充分、技术娴熟、资源丰富的对手仍有可能破坏任何设备，从而潜在地影响物联网系统的运行。改善设备的物理安全性将导致产生额外的成本，这对于试图为某些行业开发具有成本效益解决方案的潜在应用设计者可能会望而却步。随着应用的重要性增加，系统各个级别的安全需求也随之增加。

值得注意的是，最近有几个威胁超出了公众的能力范围。一旦将物联网技术应用于关键基础设施，就必须考虑到由国家发起的破坏工业技术有效性的行动，将最终导致灾难性的影响，例如 Stuxnet[57]。

6.4 减少对物联网应用的威胁

系统设计人员可以采取许多步骤来确保他们的物联网系统和应用尽可能强大，以抵御攻击。考虑到应用空间的异构性，某些攻击和缓解策略可能不相关，因此系统设计人员应仔细考虑采用的整套技术，以确保其应用或系统尽可能安全。本节采用分层方法来检查各种威胁并提出潜在的防御措施。如果无线连接和跨异构通信基础设施的端到端系统是整个系统架构的组成部分，则系统设计人员应始终实施关联标准中指定的安全机制。这些将在下面详细讨论。

6.4.1 应用层和物理攻击

应用层攻击旨在损害系统的正常运行。攻击者可以通过多种方法来实现此目标，包括在物理上捕获到设备的情况下，在其他各个层上发起攻击。攻击包括使用虚假刺激（物理攻击）、基于路径的 DoS 攻击、窃听和物理捕获以及重新编程。

检测和减轻物理攻击在设计时很难被预测和理解，所以系统的正常运行可能取决于传感器数据的解释。因此，拥有整个系统预期行为的真实模型有助于确定传感器数据中可能需要响应的信号是否是真实事件，或者是否是由对手捏造的。除了了解传感器读数的可能范围及其校准状态，进一步了解系统的潜在故障模式（例如随机或系统故障）将有助于系统管理员了解其应用是否以及何时受到攻击。

物理捕获攻击、重新编程和/或恶意软件可以操纵系统的性能，尽可能地防止此类攻击至关重要。加密的微控制器内核和存储器有助于防止这种攻击，就像设备的防篡改外壳或外壳一样，例如如果设备受到干扰，可以提醒系统管理员。如果运行在设备上的代码可以被操纵或更改，那么很难实时检测该设备是否已经处于对手的控制之下和/或对系统造成了何种程度的损害。

对于窃听网络流量或基于路径的 DoS 攻击，加密机制（包括加密、身份验证和重播拒绝）可能会减少此类攻击。最合适子系统的密码和安全架构将在适当的标准中指定。当然值得记住的是，对手很少攻击安全原语，而是倾向于利用系统实现中的弱点。因此，系统设计者应该注意确保系统的整体实现在应对攻击时尽可能健壮。

可通过公共网络基础设施（即互联网连接）进行物理寻址和访问的设备应始终采用互联网安全标准，并且在未禁用出厂默认安全设置的情况下，绝不应在线。"物联网"设备已经被证明在连接不安全时将对互联网构成重大威胁，例如 2016 年的 Mirai 和 Dyn 攻击[77-78]。

6.4.2 传输层

在传输层，最可能的攻击是由泛洪或不同步引起的 DoS 攻击。虽然处理 DoS 攻击时总是会浪费资源，例如过滤和忽略恶意数据包，但仍必须阻止它们的攻击，并且需要有效的身份验证方法来实现此目的。

6.4.3　网络层

在网络层可能有几种 DoS 攻击。这些包括丢弃和贪婪攻击、汇聚节点攻击、误导（又称欺骗）攻击、黑洞攻击和泛洪攻击。同样，应对这些攻击时要求结合加密、身份验证、授权、冗余和流量监控来防范和减轻。女巫攻击和虫洞攻击也可以通过使用有效的身份验证和授权策略来防止。

6.4.4　数据链路层 /媒体访问控制层

可以使用冲突、耗尽和不公平（在资源利用方面）来尝试在 MAC 层拒绝服务，也可以使用几种技术来防止此类 DoS 攻击，包括纠错码、速率限制和帧大小缩减。MAC 层也可能存在询问和女巫攻击（聚合和投票），并可通过实施适当的加密和身份验证机制进行防御。

6.4.5　物理层

在物理层上，除了上述篡改攻击之外，还可以采用干扰和女巫攻击形式的 DoS。没有方法可以防止无线网络中的干扰攻击（例如，对手使用虚假功率使无线频谱的一部分过载），但可以通过使用扩频或模式改变技术来减轻干扰。对于女巫攻击，身份验证仍然是主要防御措施。

6.5　架构和标准的安全性

对物联网安全相关的新技术和新挑战的最新、最全面且最简洁的描述，在由 IETF 物对物研究小组（T2TRG）(draft-irtf-t2trg-iot-seccons-15[一]) 开发的类似命名的互联网草案中是有争议的。作者总结了物联网的一些重要安全方面，包括：事物的生命周期、安全物联网系统设计的威胁和缓解技术、适用于物联网的基于 IP 的安全协议以及确保安全物联网的剩余挑战和潜在解决方案。

从架构的角度来看，第 7 章描述了由全球组织、联盟和技术社区维护和开发的那些碎片，所有这些碎片都对保护物联网设备、系统和应用的需求非常敏感。在精确指定应该应用哪些安全机制方面，有些机制相比其他机制更规范。考虑到由不同标准和规范管理的多种底层技术的异构性，并考虑到每个用例的独特特性、约束和性能需求，这并不奇怪。本节将重点介绍我们认为最流行和最重要的安全原语，主要是由 IETF 和 3GPP 的标准化工作推动的，并指出有多个行业联盟和机构利用基于 IETF 计划的受限 IP 堆栈，其中包括 Thread[二]、工业互联网联盟（见第 5 章和第 8 章）、OMA SpecWorks（见第 5 章）、开放连接基金会（第 7 章）和 Fairhair Alliance[三]。

6.5.1　互联网工程任务组

互联网工程任务组（Internet Engineering Task Force，IETF）的物联网相关规范将在 7.3.3 节中详细讨论，并在图 7-2 ～图 7-5 中进行简要说明。根据实施者选择的堆栈，应在多

[一]　https://tools.ietf.org/id/draft-irtf-t2trg-iot-seccons-15.txt。

[二]　https://www.threadgroup.org。

[三]　https://www.fairhair-alliance.org。

层应用相关的安全机制。在几乎所有的情况下，明智的做法是既要考虑到传输信息的端到端安全性（可以从传输层向上实现），也要考虑到网络本身的安全性（可以跨网络、数据链路和物理层实现）。值得记住的是，基于 IP 的传统计算机网络协议通常资源过于密集，无法在物联网设备的限制内实施。

值得考虑一个示例场景来说明当前的选择和所涉及的复杂性。假设实现者希望通过网关（或边界路由器）将设备网络（使用低功耗无线个人区域网技术进行通信，例如，物理层和链路层的 IEEE 802.15.4）通信的设备网络连接到互联网，以便与远程应用服务器通信。实施者可以选择使用 6tisch 工作组推荐的堆栈（见图 7-3），从而在 RPL 上实现 CoAP，并使用 6LoWPAN 压缩和 6top 自适应来在链路层启用 IEEE 802.15.4e TSCH。为简化起见，假定压缩和适配已安全完成并且兼容。因此，必须针对 CoAP、RPL 和 TSCH 做出安全决策。

关于 CoAP，可以考虑以下选择：DTLS（1.2 或 1.3）、TLS（1.2 或 1.3）和受限 RESTful 环境的对象安全性（Object Security for Constrained RESTful Environments，OSCORE⊖）。draft-selander-ace-object-security⊜中对此进行了描述。有几个依赖项和开销级别需要考虑。

低功耗有损网络的 IPv6 路由协议提供了 3 种安全模式，即不安全的、预安装的和经过身份验证的，使用 AES-128-CCM 作为底层的加密算法，并坚持要求在进行低层压缩之前执行 RPL ICMPv6（即 IPsec）MAC 和签名计算[80]。不安全模式不排除使用链路层安全，但是预安装和身份验证模式需要预安装的密钥才能参与网络。在身份验证模式下，需要两个密钥才能使加入设备充当路由器。

幸运的是，在这种情况下，6TiSCH 堆栈还依赖 OSCORE 实现端到端的安全（draft-ietf-6tisch-minimal-security-05⊕），这简化了问题。遵循这一规定的一个缺点是，框架需要一个共享的对称密钥来实现新设备和现有中央实体之间的连接，而在编写本书时还没有对其进行完全定义。

6.5.2　3GPP和低功耗广域网

3GPP（见第 3 ~ 5 章）负责利用蜂窝连接的低功耗广域网（Low Power Wide Area Networking，LPWAN）技术的 3 种变体，它们是 LTE-M、NB-IoT 和 EC-GSM-IoT（见第 5 章），可直接与 LoRa 和 Sigfox 等进行比较。这些技术都类似地受限于 IETF 最重视的那些技术，并且可能利用也可能不利用 IP 联网能力（例如，LTE-M 和 NB-IoT 是可选的）。

就安全性而言，它们有些不同，例如它们从国际移动用户身份（International Mobile Subscriber Identities，IMSI）中获取自己的唯一身份，并使用 SIM / UICC（Universal Integrated Circuit Card，通用集成电路卡）/ eUICC（电子 UICC）进行设备身份验证，从而实现基于 LTE 认证和密钥协商协议的网络级认证与会话密钥分发。这是一种使用对称加密的挑战 – 响应协议，其中 LTE-M、NB-IoT 和 EC-GSM-IoT 支持算法协商，以增强整体安全性。数据机密性由 EEAx 算法提供（分别基于 SNOW、流密码和 AES），如版本 13（见第 5 章）所述。

就后者而言，将 3GPP 指定的 LPWAN 选项与 LoRa（WAN）和 Sigfox 之类的选项进

⊖　OSCORE 是一种使用 CBOR 对象签名和加密（COSE）对 CoAP 进行应用层保护的方法，定义于 RFC 8152[79]。

⊜　https://tools.ietf.org/id/draft-ietf-core-object-security-12.txt。

⊕　https://www.ietf.org/id/draft-ietf-6tisch-minimal-security-05.txt。

行比较是不利的。例如，对于 Sigfox 不存在网络身份验证、身份保护和数据机密性，对于 LoRaWAN 仅部分支持这些特性[81]。另一方面，IETF 工作组正在研究这些技术（见第 7 章），这可能会在不久的将来带来更好的安全性。

6.6 物联网安全

随着对象、系统和系统间的相互联系日益紧密，在设计时必须考虑这些系统（以及它们相互作用的系统和 / 或参与者）的安全运行。对于许多应用场景和用例而言，将安全性纳入物联网系统的设计是一项极其困难的工作。本节简要分析 3 个应用场合，其中系统的安全性是最重要的。具体而言，这些涉及工业机器人技术、汽车系统和智慧城市，在每种情况下都将重点强调安全问题。

首先，需要给出安全性的定义。工业互联网联盟将安全定义为"系统运行状态，不会直接或间接因财产或环境受损而造成不可接受的人身伤害或健康损害风险。"⊖ 这是对物联网技术工业应用的可信要素的更广泛讨论，包括安全性、可靠性、弹性和安全之外的隐私；其中可信度被定义为"一个人对系统在面临环境破坏、人为错误、系统故障和攻击时表现出预期的安全、安保、隐私、可靠性和弹性等特征的信心程度"⊖。对这些元素的全面论述超出了本书的范围，但是考虑到以下应用领域，可以从中吸取某些有用的教训。

6.6.1 工业自动化和机器人技术的安全性

有许多可能需要人和机器人进行交互的示例场景，例如假设的制造场景，其中要求机器人手臂使用锋利的工具在靠近人类的地方执行切割任务[82]，或者使用多个机器人手臂在生产线上拾取和放置物品，其中也有人在场。在这两种情况下，都有一些有趣的安全因素起作用。参考文献［82］的作者对安全的人机交互（Human-Robot Interaction，HRI）的方法和标准进行了全面的调查。这些是由多个来源（尤其是 ISO）提供的，这些来源已开始发布文档以提供帮助。ISO 10218 描述了实现安全协作的方法，除了其他安全要求之外，还包括速度和分离监控以及功率和力的限制[83]。参考文献［82］的作者从身体和心理方面描述了 HRI 的安全性。前者是不言自明的，后者是根据交互过程中"过分违反社会惯例和规范"引起的不适而讨论的，但是与人身安全相反，心理伤害可以通过"远程接口进行的远程交互"来维持。作者将相关作品分为一些子主题，包括通过控制实现的安全、通过动作规划实现的安全、通过预测实现的安全和通过考虑心理因素实现的安全，此外还讨论了如何改进和整合这些子主题。

从安全角度来看，如果所讨论的机器人可能受到恶意参与者的影响，则无法保证安全。如果它们恰好连接到互联网，则必须在满足重要的信息安全要求之后，才能将这些系统视为与操作人员进行紧密交互的安全系统。对实施的安全机制的任何更改或妥协都可能对操作人员或所涉及的设备 / 工艺造成极大危害。因此，在防止任何恶意参与者访问或影响系统方面，系统应尽可能安全。

6.6.2 汽车系统的安全性

汽车行业有非常完善的安全准则。随着技术的进步，汽车（货车、火车，甚至是无人驾驶的空中系统）越来越具有自主性并已与互联网连接，因此存在许多新的安全问题。这

⊖ http://www.iiconsortium.org/pdf/IIC-Security-WP.pdf。

⊖ http://www.iiconsortium.org/vocab/。

些既涉及允许的自动驾驶能力，又涉及可能对这些"系统"进行远程劫持的条件和威胁。SAE International 规定了在所有道路和环境条件下，从无自动化到完全自动化的 6 个自治级别[84]。如果车辆可能被任何恶意参与者远程劫持，则无法保证驾驶员、乘客和 / 或环境（包括第三方）的安全。因此，确保为汽车系统实现最高级别的安全性至关重要。

6.6.3 智慧城市的安全性

智慧城市（见第 14 章）日益复杂，相互连接的系统主要构成城市的基础设施。这包括运输、水、能源以及民用和通信基础设施——所有这些都可以被认为是至关重要的。城市可以利用这些基础设施的互连性来改善服务，并提高管理人口日益增多的城市环境的效率，这一想法正在全球得到采纳[85]。最终，城市将成为异常复杂的信息物理系统。连接到各种城市设施的传感器，其数据将用于监测和管理互补的基础设施，通常使用与互联网连接的机电执行器。在这种情况下，必须考虑几个安全因素。重要的是要确保这些系统不会受到恶意参与者的危害。考虑到这些系统的关键性以及可能受这些基础设施攻击影响的人数，对这些系统完整性的任何损害都可能导致灾难性后果。如果没有水、能源、交通或通信基础设施，一座城市将陷入停滞，混乱肆虐。确保对联网城市基础设施的远程访问至关重要。

6.7 物联网的隐私性

连接到物联网的设备可以生成、处理和共享对安全至关重要的敏感数据，因此必须保密。因此，它们是各种攻击非常感兴趣的目标[86-87]。造成大量漏洞的主要原因之一是构成物联网的设备的特性。特别是设备的异构性，许多设备在资源方面受到很大的限制，而且设计的分散性带来了许多安全和隐私方面的挑战，这些都在参考文献［61，88-90］中得到了广泛的研究。

物联网的无处不在使得窃听者可以轻松获取大量信息，从而使物联网中的隐私保护变得越来越具有挑战性。有关物联网相关应用中的隐私的大多数研究，都旨在通过加密手段保护系统中流动的消息内容。这一系列的研究主要致力于开发轻量级的身份验证和加密机制，当典型的替代方案对系统中涉及的设备要求过高时，可以使用该机制[91]。

物联网系统去中心化带来的另一个安全问题是参与者之间的信任关系。在这一方面，一系列解决方案探索了环境感知架构的开发[92]，该架构使设备能够做出有关安全策略的本地决策。另一种选择是部署信誉方案，使设备能够决定可以放置在与其交互的其他参与者上的信任级别[93]。

6.8 安全的未来发展

物联网安全的未来发展可能会围绕社区已知的挑战展开。draft-irtf-t2trg-IoT-seccons-15[⊖]列出了其中的许多内容，在第 5 章中已经讨论过的资源限制和异构通信，给系统实现者带来了诸多挑战。特别是分组的碎片化导致开销增加，再加上有损链路等，使得实际的安全实现非常困难。迄今为止，许多实现都忽略了安全原语的正确使用。抵抗 DoS 攻击，特别是那些旨在耗尽资源的攻击，将特别难以缓解。随着建立在新兴异构物理介质上的链路层数量不断增加，实现安全性的挑战依然存在。由于许多设计用于超低功耗操作，利用频谱中较小的带

⊖ https://tools.ietf.org/id/draft-irtf-t2trg-iot-seccons-15.html。

宽部分，并且使用更小的消息大小，因此保护消息变得越来越困难。

关于端到端的安全性，将需要许多所谓的中间件，来桥接异构物理媒体并在协议之间转换。IETF认为，就完整性和机密性（其中需要这些中间件来解密和/或部分修改消息）而言，端到端安全性的含义可能会受到影响。最近一个特别有趣的发展是同态加密技术，它允许对安全消息执行某些操作，但这些操作仍然局限于算术操作，而且目前还太有限，无法进行实际考虑。最终，在这个问题空间中，还没有已知的完美解决方案来确保两个IP连接设备的一致性和完整性。

假设已经完成了安全域阶段的适当引导，则必须考虑几个操作问题。这些与密钥管理、组管理等有关。IETF已开发了一些解决方案，但仍有大量工作要做。

能否安全地更新运行在连接设备上的软件仍然是一个难以解决的问题。如果假设设备可能需要运行十年或更长的时间，则很可能需要安全地更新设备。这可以归结为对系统中嵌入缺陷的不断理解，或者由于密码分析的进步，底层的安全协议已经过时。量子计算的进步可能会加剧这种情况，因为量子计算可以通过分析被动捕获的数据包来轻松地找到密钥。

需要额外关注的其他挑战包括，在了解个人隐私所面临的风险方面取得的进展（鉴于与之交互的设备数量），以及构建大众私人生活的详细画面的能力。这为前述的可信度讨论提供了素材，但也与最近的举措密切相关，如通用数据保护条例（General Data Protection Regulation，GDPR）⊖。

如本章前面所述，设备的逆向工程将是一个主要问题，因为熟练的攻击者对设备发起侧信道攻击相对简单，例如提取密钥、查找源代码中的弱点、修改源代码、可能提取专有信息和/或配置个人数据（当然，取决于应用）。

虽然人们对物联网的安全性和可信性进行了更广泛的讨论，但很明显，在这一领域仍有大量的研究和开发工作要进行，那些负责实现系统安全性的人员面临着极其困难的挑战。虽然没有一个系统是完美的，但在设计时考虑到应用安全性是至关重要的，其中包括设备、网络和信息的安全，只要有可能，就要使用最好的可用安全机制。

⊖ https://www.eugdpr.org。

架构及前沿技术

7.1　引言

在第 5 章，我们概述了一些构成 IoT 解决方案基础的技术构建块。第 7 章和第 8 章则对第 4 章中介绍过的物联网参考模型和架构做了进一步详细阐述。术语"架构参考模型"（ARM）是从欧洲研究的物联网架构（IoT-A）项目中借用的，下一章的内容与 IoT-A ARM[19] 非常类似。参考模型是一种描述主要概念实体以及它们之间关系的模型，而参考架构旨在描述系统的主要功能组件以及系统如何工作、如何部署系统、系统处理哪些信息等。

架构参考模型作为一种工具是非常有用的，可以在物联网系统所有可能涉及的领域之间建立一种通用语言。当应用了相关的边界条件（例如，利益相关者的要求，设计约束条件和设计规则）时，它还可以作为创建实际系统具体架构的起点。

在深入学习第 8 章的架构参考模型之前，先对物联网参考模型、高层架构、架构参考模型以及相应的物联网框架的前沿技术进行介绍。这些内容通常来自不同的标准开发组织（SDO）、联盟和社区活动，它解决了一部分架构参考模型需要解决的问题，并提供了整个系统的部分信息。本章重点讨论的组织或活动基于成熟度以及对其他服务数据对象、联盟或活动的影响、作用和受欢迎程度等因素，因此，内容的呈现顺序并不重要。

7.2　国际电信联盟

自 2005 年以来，国际电信联盟（ITU-T）的电信部门一直在积极开展物联网标准化工作，即识别系统网络问题联合协调活动（JCA-NID），后来在 2011 年更名为物联网联合协调活动（JCA-IoT）。除了针对物联网的协调活动，ITU-T 在同年还成立了特定的物联网全球标准倡议（IoT-GSI）活动，以解决物联网相关的具体问题。

IoT-GSI 活动在 2015 年 7 月结束，并新成立了一个名为" IoT 及其应用（包括智慧城市和社区）"的第 20 号研究组（SG20）[⊖]。SG20 还成立了两个工作组（类似于其他 SDO 中的工作组），致力于解决需求、用例、架构、安全性、隐私、端到端连接性、应用程序和支持平台、研究和新兴技术、术语和评估以及智慧城市和社区的评估等主题的相关问题。SG20 可交付成果仍然参照 ITU-T 建议书 Y.2060[⊖] [94, 215] 的主要架构，并作为 SG20 提出的所有其他建议的基础。因此，本节将对其进行简要概述。

ITU-T 建议书 Y.2060 概述了一个关于 ITU-T 的物联网空间。该建议书概括性地介绍了物联网域模型和物联网功能模型，并将其作为与 ETSI M2M 类似的一组服务功能（见附录）。

ITU-T 物联网域模型有一组物理设备，它们直接连接或通过网关设备连接到允许它们与其他设备交换信息的通信网络设备、服务和应用程序。现实世界的事物反映到信息世界的虚拟事物时，虚拟事物是实体事物的数字表示（不一定是一对一映射，因为多个虚拟对象可以

⊖　https://www.itu.int/en/ITU-T/about/groups/Pages/sg20.aspx。

⊖　https://www.itu.int/rec/T-REC-Y.2060-201206-I。

表示一个物理对象）。该模型中的设备包括强制通信能力和可选的传感、驱动和处理能力，以便捕获和传输相关事物的信息。

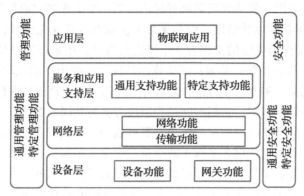

图 7-1　ITU-T 物联网参考模型（根据 ITU-T Y.2060[215] 图 4 重新绘制）

对于服务能力（见图 7-1），从应用层开始，ITU-T 物联网模型便将该层视为特定物联网应用的主机（例如，远程患者监控）。这个服务和应用支持层（也称为服务支持和应用支持层）由所有物联网应用程序使用的通用服务功能（例如，数据处理、数据存储）和针对特定应用领域定制的特定服务功能（例如，电子健康或远程信息处理）组成。网络层提供网络功能（例如，移动性管理以及身份验证、授权和记账（AAA））和传输功能（例如，物联网服务数据的连接）。设备层包括设备功能和网关功能。设备功能包括通信网络间的直接设备交互、通过网关设备与网络层功能的间接交互、任何 ad hoc 网络功能以及影响通信的低功耗操作功能（例如，睡眠和唤醒功能）。网关设备的功能包括多协议支持和协议转换，以及桥接网络层功能和设备通信功能。在管理功能方面，包括典型的 FCAPS（故障、配置、记账、性能、安全性）功能模型以及设备管理（例如，设备配置、软件更新、激活或停用）、网络拓扑管理（例如，用于本地和短程的网络）和流量管理以及与特定应用程序域有关的特定管理功能。就安全功能而言，它的安全功能分组不同于其他层。一般情况下，这些功能是分组的（例如，AAA 和消息完整性或机密性支持）；特殊情况下，有针对特定应用的定制功能（例如，移动支付）。

ITU-T 与 ETSI-M2M 或 oneM2M 模型 / 架构比较，两者在 M2M 方面的业务处理方式非常相似。但是 ITU-T 物联网域模型与物理模型相比却有很大的不同。ITU-T 物联网域模型中虚拟事物、实体事物、现实和虚拟世界模型更多的是受现代化的物联网架构模型和参照物的影响（例如，IoT-A[19]），而 ETSI M2M 或 oneM2M 则更关注 M2M 电信方面。

7.3　互联网工程任务组

7.3.1　概述

互联网工程任务组（IETF）是一个负责互联网使用技术标准化的组织，例如互联网协议（IP）、用户数据报协议（UDP）或传输控制协议（TCP）。

IETF 是一个开放性组织，它鼓励个人去成立一个有共同兴趣和目标的工作组，以应对技术上的挑战。IETF 对所有人免费开放，并且每年在世界各地召开 3 次会议。在 IETF 中，个人应该代表自己，但是，每个活跃的参与者又都属于对互联网技术标准化感兴趣的组织，通常组织通过在 IETF 工作组中的成员来表达它们的兴趣。

有共同兴趣或共同问题的个人举行一次志同道合的会议（BoF）后，向 IETF 政府机构提交申请，成立一个工作组，就共性问题展开讨论。当一个工作组完成目标后（即在创建时设定的目标），这个会议就结束并解散。但如果某个协议在规范化完成后仍需要更新，它可能在将来恢复。IETF 工作组生成的文档有 3 个可能的级别，用来反映提议问题的解决方案成熟度：①个人草案，称为互联网草案；②工作组草案，也称为主动互联网草案；③ IETF 标准，也称为征求意见稿（RFC）。IETF 中文档的命名约定与文档级别匹配。个人草案是由一个或多个个人编写的标准草案，它们对问题和解决方案有共同的看法。每个草稿的文件名都有第一作者的名字，但反映特定问题的解决方案可能是一个人或多个人的意见。如果解决办法变得更加成熟，并受到工作组大多数人的接受，则个人草案就成为工作组草案，而做出贡献的个人规模也会改变。工作组文件草案的名称不包括任何个人的姓名。当工作组草案能解决当前问题时，会先在 IETF 中进行一轮评审，然后变成征求意见稿。征求意见稿的名称为"RFC××××"[一]，例如描述 IP 的征求意见稿 RFC791。

7.3.2 互联网工程任务组物联网相关工作组

在撰写本书时，IETF 至少定义了如下工作组来解决物联网的相关问题：

1. 6lowpan[二]：6lowpan 工作组（见图 7-2a）已完成任务并编制了一些征求意见稿［RFC 4919、4944（6LoWPAN）、6282、6568、6606、6675］。最主要的征求意见稿 RFC 4944 是关于 6LoWPAN 的，它是低功耗无线个人网络（WPAN）上的 IPv6 适配层，尤其是 IEEE 802.15.4。RFC 4944 包括 IPv6 的 UDP 和 TCP 报头的报头压缩规范，但它并不适合单个 IEEE 802.15.4 报文的报文分片、重组以及网状路由的报文格式（而实际的网状路由协议规范是开放的）。还有一个值得关注的征求意见稿是 RFC 6282，它详细地说明了 IPv6 和 UDP 报头压缩（6LoWPAN HC）以及在受限网络上高效的 IPv6 邻居发现协议（6LoWPAN-ND）。当 6lowpan 工作组处于活跃状态时，其成员尝试在低功耗蓝牙（BTLE，BLE）和超低功耗的 DECT（DECT ULE）基础上制定一个适配层规范，但这些规范在 6lowpan 工作组结束前被转移到另一个活跃的 6lo 工作组。

2. 6lo[三]：6lo 工作组（资源受限节点网络上的 IPv6）（见图 7-2a）的工作是在功率、存储和处理资源有限的受限节点网络上促进 IPv6 连接。有限的节点资源会影响协议状态、代码空间、能耗和网络可用性。6lo 工作组的重点研究工作包括使用 6lowpan 的 IPv6-over-"foo"适配层规范、信息和数据模型（如 MIB 模块）以及协议优化（如报头压缩）。6lo 工作组和 6man 工作组（非约束设备的 IP-over-foo）、lwig 工作组及 intarea 工作组之间密切协调。6lo 工作组编制了许多征求意见稿（RFC 7388、7400、7428、7668、7973、8025、8065、8066、8105、8163）并且已经有几个工作组的草案正在制定中。最著名的征求意见稿和工作组草案主要集中在以下的链路层：低功耗蓝牙（RFC 7668）、蓝牙 Mesh（旧的工作组草案 BTMesh[四]）、超低功耗的 DECT（RFC 8105）、主从或令牌传递（MS/TP，RFC 8163）、G.9959 ITU-T（RFC 7428）和近场通信（NFC，工作组草案）。

———————
[一] 关于序列号为"××××"的 IETF RFC 可参考 https://doi.org/10.17487/rfcXXXX。
[二] https://datatracker.ietf.org/wg/6lowpan/about/。
[三] https://datatracker.ietf.org/wg/6lo/about/。
[四] https://www.ietf.org/archive/id/draft-ietf-6lo-blemesh-02.txt。

3. 6tisch[⊖]：6tisch 工作组（时隙信道跳变上的 IPv6，TSCH）主要是为基于 IEEE 802.15.4e 的 TSCH 模式的 IPv6 提供必要的适配层。IEEE 802.15.4e 是对 IEEE 802.15.4 PHY/MAC 层规范的修正，并引入了 IEEE 的时隙访问 802.15.4 MAC 层，以实现工业自动化和过程控制。它与工业无线标准 WirelessHART 和 ISA 100.11a 相关，使得 IPv6（一种信息技术（IT）协议）能应用于操作技术（OT）领域。目前，工作组已经编制了两个征求意见稿 RFC 7554 和 RFC 8180，它们描述了这个问题和最小配置。当前已经制定的几个工作组草案概述了此问题的术语，描述了架构和 6TiSCH 操作子层（6top），并指定适配层的一些安全细节。节点和时分多址（TDMA）通信通过 6top 来协调不同时隙的使用。

4. CoRE[⊖]：CoRE 工作组（RESTful 环境受限）专注于提供 RESTful 应用层协议的规范，用来访问受限设备上的资源。工作组已经编制了一些征求意见稿（RFC 6690、7252、7390、7641、7959、8075、8132）并且当前已经有几个工作组草案正在制定。最著名的征求意见稿是 RFC 7252，它指定一种基于 UDP 的高效的客户机 – 服务器消息传递协议，被称为约束应用协议（CoAP）。CoAP 被应用程序用来访问简单的资源，如使用 GET/PUT/POST/DELETE 等 RESTful 方法的受约束设备上的传感器或执行器。其他征求意见稿和工作组草案关注的问题包括资源的发现（有关核心链接格式的 RFC 6690 和资源目录的工作组草案）、订阅通知功能（观察方法，RFC 7641）、发布订阅功能（工作组草案）、组和块通信（RFC 7390、RFC 7959）、接口（工作组草案）、网关类型设备的 HTTP CoAP 适配指南（RFC 8075）、对象安全性（OSCORE、工作组草案）、资源表示数据模型（SenML、YANG、工作组草案）、管理接口（CoAP 管理接口（CoMI）、工作组草案）、TCP 上的 CoAP、TLS、WebSockets（工作组草案）等。尽管核心工作组定义了一种 RESTful 的资源访问方法，但并没有定义更多的细节。例如，在智能对象联盟（IPSO）或开放移动联盟（OMA）的行业和市场联盟的范围内的特定产品（例如，霍尼韦尔公司的温度传感器节点）的标准资源名称（例如 /temp）或类型（例如"温度"）。在写本书的几个月前，IPSO 已经与 OMA 合并，合并后的组织现在被称为 OMA Specworks。

5. roll[⊜]：roll 工作组（低功耗和有损网络上的路由）专注于为受限设备的有损网络提供路由协议。低功耗有损网络的例子有基于 IEEE 802.15.4、蓝牙、低功耗 Wi-Fi、有线或其他低功率电力线通信（PLC）链路的网络。该工作组专注于为连网的家庭、建筑和城市传感器网络提供路由解决方案，并就这一类主题制定了多个征求意见稿（RFC 5548、5673、5826、5867、6206、6550、6551、6552、6719、6997、6998、7102、7416、7731、7732、7733、7774、8036、8138）。其中主要的一个征求意见稿是 RFC 6650（RPL：适用于低功耗和有损网络的 IPv6 路由协议），侧重于使用 ICMPv6 进行路由，其中每个设备都可以是多个路由拓扑的一部分（例如，星形、树状或全网状）。另一个重要的征求意见稿是 RFC 7732，它是由低功耗和有损网络（MPL）定义一个多播协议。另外值得一提的征求意见稿是 RFC 8138，它描述了 6LoWPAN 路由报头（6LoRH）压缩，用于其他工作组（例如，6tisch）的 RPL。

6. ace[⊛]：ace 工作组（受限环境的身份验证和授权）重点介绍的是受 Web 授权协议 2.0（OAuth）启发并为受限环境定制的身份验证和授权框架。ACE 规范（当前为工作组草案）提供了一个可扩展的框架，预计将在不同的配置文件规范中描述更详细的规范。假设该框架存在

⊖ https://datatracker.ietf.org/wg/6tisch/about/。

⊖ https://datatracker.ietf.org/wg/core/about/。

⊜ https://datatracker.ietf.org/wg/roll/about/。

⊛ https://datatracker.ietf.org/wg/ace/about/。

有效的传输协议，如 CoAP 旨在使用 RESTful 方法（GET、PUT、POST、DELETE）为访问资源提供授权，这些方法由 URI 标识并托管在受约束节点的资源服务器上。到目前为止，工作组已经制定了一个征求意见稿 RFC 7744，它描述了驱动 ACE 框架的用例和一些叙述框架的工作组草案、一个数据报传输层安全性（DTLS）概要文件以及一个有效的授权令牌格式规范。

7. lwig⊖：IETF 的 lwig 工作组（轻量级实施指南）重点介绍了在最小型设备上为 IETF IP 套件的实施者提供指南。该工作组的目标是构建最小但可相互操作的 IP 设备。工作组的目的是从 IP 栈的实现者那里收集受约束设备的经验。lwig 输出的是一组文档，描述了在确保符合相关规范以及与其他设备的互操作性的同时，降低复杂性、减少内存占用或功耗的实现技术。工作组的主题可以从以下协议中选择：IPv4、IPv6、UDP、TCP、ICMPv4/v6、MLD/IGMP、ND、DNS、DHCPv4/v6、IPSec、6LoWPAN、CoAP、RPL、SNMP 和 NETCONF。目前，工作组编制了两份征求意见稿：① RFC 7228 包括受约束设备的术语以及不同设备资源的分类；② RFC 7815 提供了一个在受限设备上实施网络密钥交换版本 2（IKEv2）协议的准则。该工作组提出了几个工作组草案，目前主要侧重于 IETF CoAP 的实施指南、节能的实现、TCP 的使用等。

8. cbor⊖：cbor 工作组（简明二进制对象表示维护和扩展）旨在更新"简明二进制对象表示（CBOR）"的格式规范，该规范最初于 2013 年开发并发布为 RFC 7049。CBOR 扩展了 JavaScript 对象表示法（JSON）数据交换格式，包括二进制数据和扩展模型，该模型中解析器代码的规模和消息数量都是极小的。这些目标使得 CBOR 适合包含在其他物联网相关协议规范中。

9. ipwave⊜：ipwave 工作组（车辆环境中的 IP 无线接入）重点介绍了车辆到车辆（V2V）和车辆到基础设施（V2I）的用例，以及在基本服务集（802.11-OCB，以前称为"IEEE"）的环境外对 IEEE 802.11 的适应性，以便用于传输 IPv6 的数据包。该工作组成立于 2016 年 9 月，但并没有制定任何的征求意见稿。在撰写本书时，有两个工作组草稿：一个描述用例和问题陈述，另一个在基本服务集（IEEE 802.11-OCB）环境外指定了 IEEE 802.11 之上的 IPv6 适配层。用例和问题陈述的草案包括诸如 V2V 和 V2I 用例、车辆网络架构、标准化活动、IP 地址自动配置、路由、移动性管理、DNS 命名服务、服务发现、安全性和隐私性等主题。

10. lpwan④：lpwan 工作组（WAN 上低功耗的 IPv6）重点介绍了一些在低功耗的 WAN 技术上实现的 IPv6 连接：Sigfox、LoRa、无线智能泛在网络（Wi-SUN）和 NB-IoT。根据工作组的描述，IETF 6lo 技术并不能轻易适用这些技术特性，所以在网络功能方面仍受到限制（低带宽、高延迟等）。工作组的目标是对 UDP/IP 数据包的压缩、分段或重组以及对 CoAP 信息的压缩进行描述。该工作组成立于 2016 年 9 月，但并没有时间编制任何一个征求意见稿。在撰写本书时，很少有工作组草案包含对 UDP/IPv6 和 CoAP 的问题描述和压缩规范。

11. homenet⑤：homenet 工作组（家庭网络）的重点是在现代住宅网络的演进过程中使用 IPv6，就链路层技术（如低功耗传感器网络技术）或安全方面而言，家庭网络可能包括多个不同的网络。具体来说，家庭网络工作组解决路由器的前缀配置、路由管理、名称解析、服

⊖ https://datatracker.ietf.org/wg/lwig/about/。
⊖ https://datatracker.ietf.org/wg/cbor/about/。
⊜ https://datatracker.ietf.org/wg/ipwave/about/。
④ https://datatracker.ietf.org/wg/lpwan/about/。
⑤ https://datatracker.ietf.org/wg/homenet/about/。

务发现和多段住宅网络的网络安全等一系列问题。工作组的最初目标是编写架构文件并提出修改现有标准的建议，用来解决上述问题。架构文档作为信息类的 RFC 7368 发布，而工作组又制定了 RFC 7695、RFC 7787 和 RFC 7788，它们侧重于分布式前缀分配，以及用于确保家庭网络中的所有节点对于某些特定状态（例如，家庭自动化设备的特定状态）具有相同视图的分布式节点一致性协议（DNCP）和家庭网络控制协议（HNCP）。DNCP 是一种通用的状态同步协议，与节点之间传输的状态结构无关［例如，类型长度值（TLV）元组］。它是一种抽象类协议，所以需要特定的配置文件（状态结构、配置选项）以便于实施。HNCP 定义了在家庭路由器节点和高级主机之间共享状态的特定结构，以便于网络发现、前缀分配、名称解析和服务发现。该工作组还一直在制定一些关于路由、命名和服务发现的工作组草案。

12. dice⊖：dice 工作组（受限环境中的 DTLS）已结束其活动。它主要是为在受限环境中的数据报传输层安全（DTLS）提供特定的概要文件。受限环境包括受限设备（例如，有限的内存资源）或受限的网络（例如，小型数据包）。它还制定了一个征求意见稿 RFC 7925，为传输层安全协议（TLS）和 DTLS 在物联网部署中的应用提供了指导，用于对执行器控制指令调度中的传感器数据采集等常见案例进行部署。

13. cose⊖：cose 工作组（CBOR 对象签名和加密）已结束其活动。它的重点是指定基于CBOR 的对象签名和加密格式。cose 的目的类似于 JSON 对象签名和加密（JOSE）工作组。也就是说，为受限环境提供一个高效使用 CBOR 数据表示的对象签名和加密规范。该规范在工作组制定的唯一一份征求意见稿 RFC 8152 中做出了描述。更具体地说，该规范描述了如何使用 CBOR 来创建和处理签名、消息认证代码和加密内容的过程以及使用 CBOR 进行序列化和加密密钥的表示。

7.3.3 互联网工程任务组架构分支

从物联网相关工作组名单来看，工作组数量众多，范围也相当多样化。在本节中，我们尝试将不同工作组的结果嵌套在几个共同的框架中。由于 IETF 生成的文档通常描述协议、架构或数据模型，因此这些文档被选定为公共框架。

一些现有规范或正在开发的规范定义了一种可以映射到通信堆栈上的协议，类似于国际标准化组织（ISO）的开放系统互连（OSI）模型（见图 7-2a）。所以该图描述的这些协议是在 OSI 协议栈修改后的背景下又增加了两层：①网络层与每个基础物理层 / 数据链路层之间的适应层；②传输层，包含其功能位于传输层和应用层之间的协议。适应层协议的示例是6LoWPAN（见图 7-2a），而传输层协议的示例是 HTTP 和 CoAP（见图 7-2b）。

但是应该注意的是，IETF 并没有严格定义这些层。它们只是本书为了方便在不同协议中进行介绍的一种约定。在某些情况下，在附图中还使用了层的副本，这是为了阐明诸如将应用层协议用于下层封装的情况。封装是分层通信协议中常用的一种模式，它是将某一层协议的帧或消息封装在较低层的帧或消息中的通信协议。一般来说，在基于信息交换的通信协议中，帧的定义为一系列位或字节，由 3 个主要部分组成：一个报头，描述该消息的内容（关于消息的元数据）、一个有效负载或消息的主要内容以及一个可选的尾部，通常用作消息前两部分的校验和。封装是这样一种实现，即在分层通信堆栈中，下层的功能用于实现上一层的功能。就像在某些情况下，一个传输层协议（例如 CoAP）可以封装在应用层协议（见

图 7-4），而应用层协议又被封装在传输层协议。在这种情况下，CoAP 对于应用层上的应用程序来说是传输层协议，即在应用层下方，但是在应用层协议中封装 CoAP 违反了高层协议只使用其下一层的服务 / 功能的一般原则。

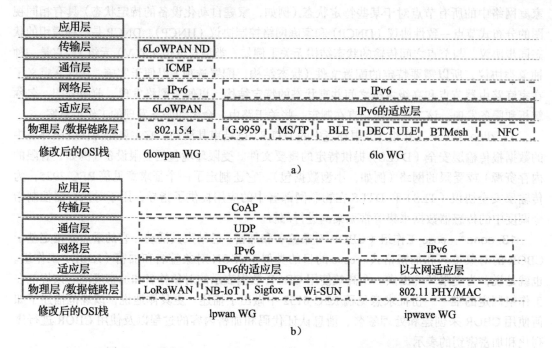

图 7-2　IETF 6lowpan、6lo、lpwan 和 ipwave 工作组以及规范范围

接下来的内容总结了与物联网相关的重要 IETF 规范，以及其描述的协议层或架构元素。这些描述尽可能从较低层定义的协议开始，并在堆栈中向上移动。实线空心矩形表示各工作组已定义矩形中所述的特定协议层，虚线矩形表示协议层不是由各自的工作组定义的（而是由其他工作组定义的），但它们被假定为已经存在并被工作组推荐。带有填充图案的实心矩形表示相应工作组定义的数据模型或配置文件，而不是完整的协议层定义。

图 7-2a 和图 7-2b 显示了对 6lowpan、6lo、lpwan 和 ipwave 有贡献的工作组。这些工作组主要是为不同的 PHY/ MAC 技术定义 IPv6 的适应层。如前所述，6lowpan 工作组定义了 IEEE 802.15.4 到 IPv6 之间的适配层，以及 ICMP 之上的 6lowpan 邻居发现（6lowpan ND）。6lo 工作组已经为 IPv6 over G.9959、MS/TPBLE、DECT ULE、BTMesh 和 NFC 定义了适应层。lpwan 工作组旨在为 LoRaWAN、NB-IoT、Sigfox 和 Wi-SUN 定义 IPv6 的适应层，IPv6 之上的推荐层是 UDP 和 CoAP。ipwave 工作组定义了 IEEE 802.11-OCB 上的 IPv6 适应层。

图 7-3 显示了 6tisch 工作组建议的堆栈。工作组定义了一个适应层 6top，重用了 6lowpan 工作组中 6lowpan HC 和 6LoRH 的思想，并为 IEEE 802.15.4e TSCH 的 IPv6 提供了一个可适用的解决方案。在 IPv6 上的推荐堆栈包括 UDP/CoAP/EDHOC/COSE/CoMI、ICMP/6LoWPAN ND 和 RPL。

图 7-4 和图 7-5 表示了核心工作组的贡献，核心工作组是一个拥有最多征求意见稿和工作组草案的独立工作组。图 7-4 表示了核心工作组的主要规范，包括最初通过 UDP 定义的 CoAP，以及支持安全版本协议的 DTLS。IETF CoAP RFC 7252 描述了传输层，它基本上定义了传输包的格式、基于 UDP 的可靠性支持、具有 GET/PUT/POST/DELETE 的 RESTful 应

用协议（其方法类似于 HTTP，通过 CoAP 客户端操作 CoAP 服务器资源）以及安全版本的协议。CoAP 服务器只是一个逻辑协议的实体，名称为"服务器"并不一定意味着它的功能部署是在一个非常强大的机器上，CoAP 服务器也可以托管在受约束的设备上。最近，工作组又定义了基于 TCP 的 CoAP 和 TLS 的使用，以确保底层 TCP 的通信和通过 TCP 传输的 WebSocket 中 CoAP 的传输。这便是为什么图 7-4 引入了额外的传输层和应用层（分别是传输层、应用层），以展示 WebSocket 中 CoAP 的封装，然后它在 TCP 帧里面传输。CoMI、接口和 SenML 的规范并没有严格定义协议或协议行为，而是定义了接口（CoMI、接口）、一些架构片段（CoMI）和 CoAP 端点的数据模型（SenML），以及它们生成或需要的信息。此外，在撰写本书时，有一个针对 OSCORE（受限环境的对象安全）的工作组草案，该草案提供了一个基于 CBOR 和 COSE 的对象安全性的解决方案，作为基于 DTL 或 TLS 的传输安全性的补充。OSCORE 为 CoAP 提供身份验证、加密、完整性和重播保护，旨在通过多个不同的底层协议（例如 HTTP 和 CoAP，在消息通过 HTTP/CoAP 代理的情况下）进行消息遍历，并且可以通过单播响应来保护单播和多播通信请求。

图 7-3　IETF 6tisch 工作组以及规范范围

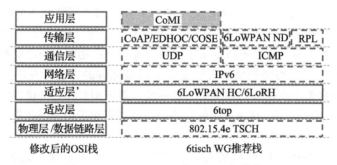

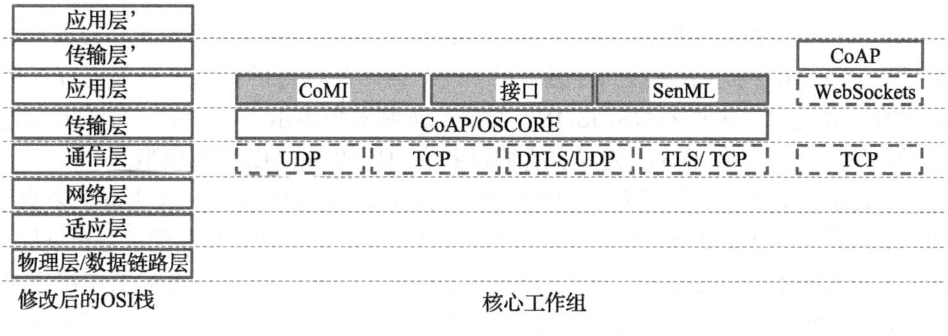

图 7-4　IETF CoRE 工作组和规范范围

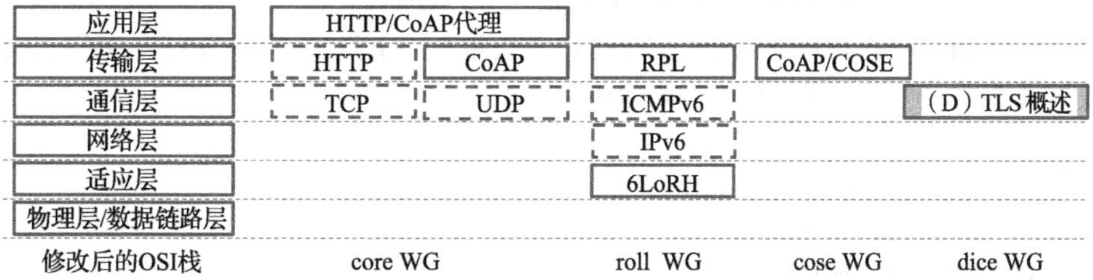

图 7-5　IETF 工作组和规范范围

在描述这 3 个规范的一些细节前，值得注意的是，IETF 协议栈或物联网规范目前并不包括任何与 ZigBee 等其他物联网技术的配置文件规范类似的规范（请参见第 5 章）。所谓配置文件规范，是指描述规范名称及其与特定协议栈行为、规范信息模型以及该信息模型在相关通信介质上的特定序列化映射的列表文档。配置文件规范的摘录示例，如配置文件中的"温度"，要求：①配置文件应支持名为 /temp 的资源；②资源 /temp 必须响应来自客户端的 GET 方法请求；③对 GET 方法请求的响应是以摄氏度为单位的温度值，格式为文本字符串格式"℃"（例如，"10℃"）。必须注意的是，设备配置文件只是为了确保市场中产品间的互操作性，所以 IETF 不负责指定这些细节。智能对象互联网协议联盟（IPSO）是一个促进市场的联盟，它将朝着规范配置文件迈出一步。为此，IPSO 发布了两种形式的智能对象指南（启动包[95]和扩展包[96]），为常用的传感器和执行器提供了对象模型。通用对象模型是基于 OMA 的轻量级 M2M（LWM2M 1.0.1）的规范[97]。

CoRE 工作组的接口规范[98]概述了网络应用描述语言（WADL）⊖文件。通常，它是以机器可读形式指定具体的细节。WADL 文件描述了 RESTful 网络服务的特定接口，即可被允许的 REST 方法（例如 GET、PUT、POST、DELETE）、特定 REST 端点期望的参数类型以及响应格式或内容类型。接口规范定义了一些"标准"的物联网资源类型，如传感器、执行器、参数和资源。它为每种类型的资源定义了可被允许的方法，并定义了这些资源的请求或响应的返回内容类型或请求内容类型。这些接口规范用 CoRE 链接格式（见下面的 RFC 6690⊜）中特定的标识符标识。该规范是针对不同设备和资源走向市场的第一步，但不提供更多细节。

CoMI 规范[99]描述了接口和架构的一部分，该架构可以像管理网络实体一样管理 CoAP 端点。该规范假设使用 YANG 数据模型（RFC 7950⊜）来处理 CoAP 设备上的管理客户端和管理服务器间的请求与响应。

CoRE 工作组还指定用传感器测量列表（SenML）表示简单传感器测量和设备参数的介质类型[100]。SenML 描述了发送到传感器的 CoAP 请求的响应的数据模型和内容媒体类型以及资源的参数类型。这些表示用 JSON、简明二进制对象表示（CBOR）、可扩展标记语言（XML）和高效 XML 交换（EXI）定义，它们可共享通用的 SenML 数据模型。

图 7-5 表示了 CoRE 工作组对 HTTP/CoAP 代理请求规范的贡献，这些请求来自 HTTP 客户端并定向到 CoAP 服务器。图 7-7 表示了 HTTP/CoAP 的架构元素和请求遍历堆栈。

图 7-5 还表示了由其他 3 个 IETF，即 roll 工作组、cose 工作组和 dice 工作组定义的堆栈层。roll 工作组为低功耗和损耗网络定义了 IPv6 路由协议（RPL，RFC 6650④）和 6LoRH（RFC 8138⑤）。cose 工作组定义了 CBOR 对象签名和加密（COSE）协议。dice 工作组没有指定协议层本身，而是为物联网设备指定 TLS 和 DTLS 配置文件。

可以注意到，一些与物联网相关的 IETF 规范并不一定指定通信栈协议，而是指定架构元素或数据模型，这与协议一起属于架构片段。

⊖ https://www.w3.org/Submission/wadl/。
⊜ https://doi.org/10.17487/rfc6690。
⊜ https://doi.org/10.17487/rfc7950。
④ https://doi.org/10.17487/rfc6650。
⑤ https://doi.org/10.17487/rfc8138。

除了规范的核心，IETF 核心工作组还包括其他一些令人关注的 RFC 和工作组起草的规范草案，这些规范概括了物联网架构的部分内容。

CoRE 链路格式 RFC 6690[⊖]描述了一种 CoAP 服务器的 CoAP 资源的发现方法。例如，一个 CoAP 客户机用 GET 方法向一个定义良好的特定服务器资源（./well-known/core）发送一个请求时，应该收到一个带有 CoAP 资源列表及其一些功能（例如，资源类型、接口类型）的响应。如前所述，接下来的规范草案，CoRE 接口规范[98]将描述接口类型和 RESTful 方法的相应预期行为（例如，传感器接口应支持 GET 方法）。响应序列化（例如，响应是以摄氏度为单位的温度值）由 SenML 规范指定[100]。

IETF 核心工作组还为资源目录制定了一个规范草案[101]。资源目录（见图 7-6a）是 CoAP 服务器资源（/rd），它负责维护资源列表、相应的服务器联系信息（例如，IP 地址或完全限定域名（FQDN）），以及类型、接口和类似于核心链接格式 RFC 6690[⊖]所指定的其他信息。

RD 在 CoAP 服务器资源描述的集合机制中有一定作用，换句话说，它用于设备发布可用资源描述，以及用于 CoAP 客户端定位满足某些标准的资源，例如特定的资源类型（例如，温度传感器资源类型）。

虽然资源目录是 CoAP 服务器资源描述的集合机制，但 IETF 对 CoAP 服务器资源展示的集合机制并没有相关功能。指定镜像服务器的个人草案[102]（见图 7-6b）未发展成工作组草案，因此失效。该架构功能上的缺口预计将由 CoAP 发布 – 订阅或发布 – 订阅规范填补，该规范在本书编写时是工作组草案（见图 7-6c）。CoAP 服务器资源（/ps），也称为 CoAP 发布订阅代理，它充当 CoAP 客户机发布其资源表示的端点，以及其他 CoAP 客户机（如果它们以前订阅了这些表示）接收这些表示的端点。如果发布客户端具有间歇性连接或承载发布客户端的设备，为了达到节能目的具有较长的睡眠周期时，该功能将更加有效。发布者使用分层主题名称来标识发布订阅的主题。

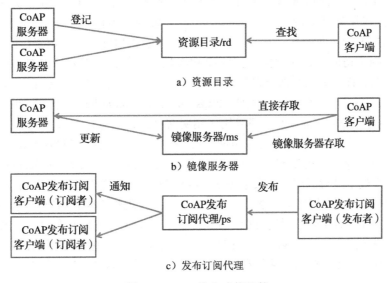

图 7-6 IETF 核心功能组件

⊖ https://doi.org/10.17487/rfc6690。

⊖ https://rfc-editor.org/rfc/rfc6690.txt。

由于 CoAP 作为一种应用协议还没有得到广泛的应用，而 HTTP 应用广泛，IETF 核心工作组已经在 IETF CoAP 规范中涵盖了 HTTP 和 CoAP 间映射过程的基本原理，以及一套关于 HTTP 和 CoAP 间互通的指南，如 RFC 8075 ⊖ （见图 7-7a）。

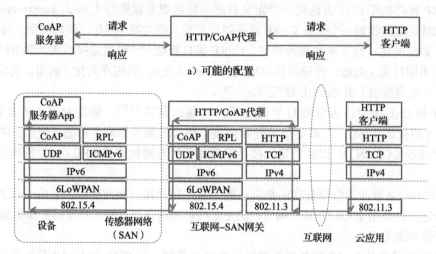

a）可能的配置

b）通过HTTP代理从HTTP客户端到CoAP服务器的请求时的示例层交互

图 7-7　IETF CoRE HTTP 代理

当 HTTP 客户端通过 HTTP-CoAP 代理访问 CoAP 服务器时，就会出现互通问题（见图 7-7b）。由于原因复杂，所以映射的过程并不简单。主要原因是 HTTP 和 CoAP 使用的传输协议不同：HTTP 使用 TCP，而 CoAP 使用 UDP。该指南推荐了寻址方案（例如，如何将 CoAP 资源地址映射到 HTTP 地址）、HTTP 和 CoAP 响应代码之间的映射、HTTP/CoAP 有效负载所承载的不同媒体类型间的映射等。例如，HTTP 客户端通过托管 HTTP-CoAP 交叉代理的网关设备向 CoAP 服务器发送 HTTP 请求的情况（见图 7-7b）。网关设备通过以太网电缆使用 LAN 连接到互联网，在 CoAP 端，CoAP 服务器停留在基于 IEEE 802.15.4 PHY/MAC 的传感器 / 执行器网络上。HTTP 请求需要两个主机地址：一个用于访问 HTTP-CoAP 代理；另一个用于访问 SAN 中的特定 CoAP 服务器。此外，还需要请求 CoAP 服务器上的资源端点的资源名称。默认的地址映射是添加 CoAP 资源地址（例如，coap://s.example.com/light）到 HTTP-CoAP 代理地址（例如，https://p.example.com/hc/），得到 https://p.example.com/hc/coap://s.example.com/light。请求则采用明文格式，并包含方法（GET），通过遍历客户端的 IPv4 堆栈，到达网关，通过遍历网关的 IPv4 堆栈，到达 HTTP-CoAP 代理。请求将被转换为 CoAP 请求（二进制格式）与 CoAP 资源的地址 coap://s.example.com/light，并在网关的 CoAP 堆栈中进行调度，网关通过 SAN 将其发送到终端设备。发送响应到终端设备，然后沿着 SAN 中的反向路径到达网关。HTTP-CoAP 代理将 CoAP 响应代码转换为相应的 HTTP 代码，包含传播媒介，创建 HTTP 响应，并将其分派到 HTTP 客户端。虽然所描述的示例场景看起来很简单，但实际上，HTTP-CoAP 代理需要处理 CoAP 和 HTTP 中全部有问题的情况和特性。例如，CoAP 观察模式 ⊖ 的异步行为。感兴趣的读者可以参考相关规范以获取更多信息。

⊖　https://rfc-editor.org/rfc/rfc8075.txt。

⊖　https://rfc-editor.org/rfc/rfc7641.txt。

IETF ace 工作组为受限环境指定一个授权框架。授权意味着客户端被授予对设备资源服务器（RS）上托管资源的访问权，并且由一个或多个授权服务器（AS）作为中介进行交换。完全指定的授权解决方案包括框架和一组配置文件。框架用通用术语描述架构和交互，而框架的配置文件则是附加规范，它通过具体的传输和通信安全协议定义框架的使用（例如，CoAP over DTLS）。ACE 基于 4 个构建块：OAuth 2.0（RFC 6749⊖）、CoAP（但不排除其他底层协议，如 MQTT、BLE、HTTP/2、QUIC）、CBOR 和 COSE。

图 7-8 表示了 ACE 的架构和基本交互。客户端（C）打算访问 RS 上的资源。客户端联系 AS 以获得令牌。令牌可以是访问令牌或占有证明令牌。访问令牌是一种数据结构，表示由 AS 向客户端颁发的授权权限。占有证明令牌是绑定到对称或非对称加密密钥的令牌，由 RS 用于对客户端进行身份验证。客户端接收访问令牌和有关 RS 的功能（RS 的潜在信息）。客户端向 RS 提供令牌和特定的访问请求。RS 可以选择性地通过使用对 AS 的自省请求来验证令牌。如果令牌包

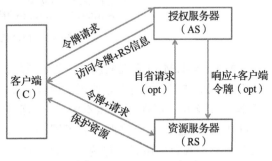

图 7-8　IETF ACE 交互

含本身，并且 RS 可以验证令牌本身，那么就不需要内省请求。如果令牌有效，则授予资源访问请求，并且 RS 用所选安全协议保护的资源进行响应。

7.4　OMA

OMA 和智能对象互联网协议（IPSO）联盟补充了 IETF 在语义和设备配置文件方面的内容。最近，这两个联盟合并为一个 SDO，将其命名为 OMA SpecWorks。不过，为了简洁起见，在本节中仍然使用旧的名称 OMA。

OMA 为实现一个简单的设备和数据管理（DDM）平台，提出了一种简单的客户端 – 服务器架构。OMA 已指定 OMA 轻型 M2M（LwM2M）⊖客户端服务器协议的 v1.0 版本[97]，目前正在准备 v1.1 版本。

OMA LwM2M 架构遵循客户端 – 服务器模型，该规范是从客户端的角度描述了客户端和服务器之间的协议。这意味着该规范描述了当服务器调用指定接口的操作时客户端发生变化的情况（见图 7-9）。LwM2M 架构中的服务器与停留在外部的系统间的接口超出了范围，但实际上，这些接口对于服务器顺利集成到更大的 IT 系统非常重要。

LwM2M 架构中有 3 种类型的服务器：LwM2M 服务器、引导服务器和固件存储库服务器。这些服务器可以集成在一台机器上，但该规范将这一选择留给系统的开发人员。大部分规范涵盖 LwM2M 服务器和 LwM2M 客户端之间的交互。LwM2M 服务器和引导服务器通过 LwM2M 客户端中对象的指定接口来操作固件存储库服务器，执行固件更新协议，该协议对 OMA LwM2M 开放。固件更新过程也可以由 LwM2M 服务器通过设备管理和服务支持接口来实现。

⊖ https://rfc-editor.org/rfc/rfc6749.txt。

⊖ https://www.omaspecworks.org/what-is-oma-specworks/iot/lightweight-m2m-lwm2m。

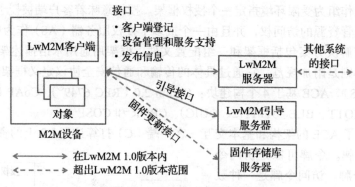

图 7-9   LwM2M 高层架构

OMA LwM2M v1.0 规范包含两个主要部分：①相关实体的通用规范和接口的高级描述；②接口之间的映射以及对绑定协议的操作，即实现通用规范协议。在 v1.0 版本中这两部分存在于同一个文档，但在 v1.1 版本中，这两部分将会被分为两个独立的文档（OMA LwM2M 核心和传输规范），并允许两者有不同的更新和发展速度。值得注意的是，虽然实现 OMA LwM2M 核心规范的协议被称为"传输"规范，但当前假定的协议却是 CoAP，它在技术上不是传输层协议（如在 ISO/OSI 协议栈模型中的协议），而是运输层协议。因此，在本书中，术语"绑定协议"更适合表示 OMA LwM2M 的实现协议。

目前 OMA LwM2M v1.0 版本采用以下协议栈，如图 7-10 所示。支持底层的传输层协议有 UDP 和 SMS（在设备上或智能卡上，如果设备实际具有此类硬件）。如果设备包含通用集成电路用户识别卡（UICC）或用户识别模块（SIM），并且可以发送和接收 SMS 消息，则该系统被认为是安全的（就消息安全而言），不需要保护。另一方面，在默认情况下，UDP 和明文 SMS 消息是不受保护的，因此数据包传输层安全性协议（DTLS）需要被使用，然后将 CoAP 用作安全消息传递或传输层之上的运输层。LwM2M 层描述了 CoAP 的规范（例如，CoAP 使用了哪些资源、哪些操作、哪些选项等）来实现 LwM2M 服务器与 LwM2M 客户端之间的通用接口。对象是 LwM2M 协议中数据模型的一部分，而规范化是在 CoAP 和 LwM2M 层间。

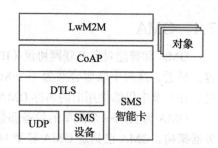

图 7-10   OMA LwM2M v1.0 实现协议栈（在参考文献 [97] 中获得开放移动联盟的许可重新绘制）

LwM2M 客户端与服务器之间的接口操作是在 LwM2M 客户端数据结构上运行的，并通过这些数据结构对客户端进行监视或控制。图 7-11 所示为 OMA LwM2M 的概念模型。符号与图形的样式均遵循通用建模语言（UML）的符号。第 8 章将简要介绍类及其关系。简言之，每个设备都需包含传感器、执行器、软件组件和 LwM2M 客户端。LwM2M 客户端包含一个或多个对象（数据结构），LwM2M 服务器和引导服务器通过 LwM2M 接口运行。该模式包含 LwM2M 的资源模型，如图 7-12 所示。一个对象包含一个或多个对象的实例，这些实例又包含一个或多个资源。每个资源可以包含多个资源实例，如果资源的实例数量只有一个，那么资源和资源实例在标识方面将被认为是等同的。资源还包括资源表示（类似于 RESTful 模型中的资源表示)、操作(读、写、执行)以及特性(例如,只读、读或写等)。
对象、对象的实例、资源以及资源表示可以包含一个或多个属性,而这些属性是各自类的元
数据。实际上可以注意到,资源模型可以实现设备存储器上的一组数据结构,然后设备传感
器专门写下各自的资源表示,而设备执行器读取相关的表示和作用。在现实世界中,设备软
件组件可能同时读取或写入资源表示。还可以注意到,LwM2M 服务器和引导服务器通过共
享设备数据结构(资源模型)在设备传感器或执行器以及相关的软件组件上运行。

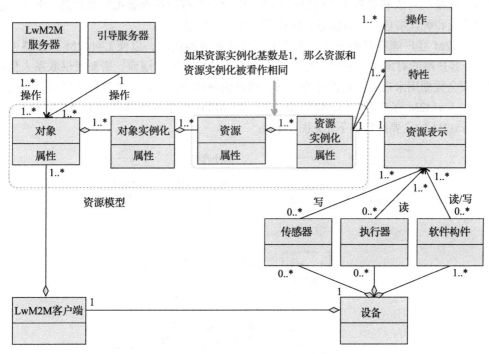

图 7-11 OMA LwM2M v1.0 概念模型

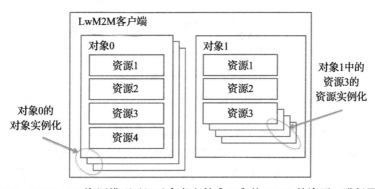

图 7-12 OMA LwM2M v1.0 资源模型(经过参考文献[97]的 OMA 的许可,进行了修改和重绘)

包含对象、对象实例、资源和资源实例的 LwM2M 资源模型如图 7-12 所示。资源模型
中的主要实体表示 LwM2M 客户端提供给不同 LwM2M 服务器的主要信息,然后将资源分
配到逻辑组(对象)。在面向对象编程语言中,每个对象都可看作一个类,对象的实例则是
特定设备上的对象实例。如前面所述,一个资源可以有多个资源实例。对象、对象实例、资

源和资源实例具有在每个相应范围内唯一的标识符，即对象标识符在 LwM2M 客户端是唯一的，对象实例标识符对于对象是唯一的，资源标识符对于对象实例标识符是唯一的，而资源实例标识符对于它们的资源也是唯一的。在 OMA LwM2M v1.0 版本中指定了标识符为"0"～"7"的 8 个对象及其各自的资源，同时允许 LwM2M 服务器创建更多的对象和资源。这些对象及其资源的描述在 LwM2M v1.0 版本规范中是硬编码。这些主要对象指定引导服务器和 LwM2M 服务器的联系点和安全凭据、有关对象和资源的访问控制信息（即 LwM2M 服务器可以在哪些对象和资源上进行哪些操作）以及一些有用的设备配置和信息（例如，连接相关的配置和统计信息、位置信息、固件更新配置和信息）。

　　LwM2M 客户端需要向一个或多个 LwM2M 服务器注册，以便 LwM2M 服务器可以对 LwM2M 客户端的对象执行不同的操作。在注册 LwM2M 客户端前，需要提供联系人信息和必要的安全凭据用来启动注册的过程，它是通过引导执行的。所有的这些步骤以及其他几个步骤均由 LwM2M 客户端、LwM2M 服务器、LwM2M 引导服务器使用 LwM2M 接口执行。OMA LwM2M 的主要接口如下（见图 7-13）：

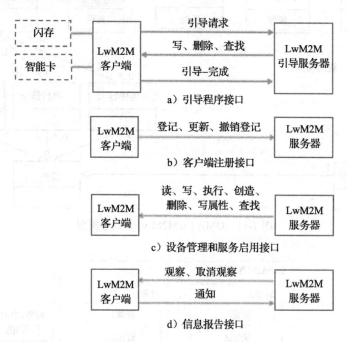

图 7-13　OMA LwM2M v1.0 实现协议栈（在参考文献［97］中获得 OMA 的许可重新绘制）

- 引导接口：引导接口允许 LwM2M 客户端请求提供引导信息。引导信息包括 LwM2M 服务器的联系信息，客户端可以注册安全凭据、访问控制规则等。引导服务器管理（读 / 写 / 删除）包含引导信息的适当对象。引导信息也可存储在闪存或承载 LwM2M 客户端设备的智能卡上。
- 客户端的注册接口：通过使用引导信息，客户端可以到 LwM2M 服务器进行注册或取消注册，LwM2M 服务器在一个或多个 LwM2M 对象和资源上运行。
- 设备管理和服务启用接口：它是 LwM2M 的主界面，当 LwM2M 客户端注册后，LwM2M 服务器可以向对象、对象实例、资源、资源实例和属性进行操作。允许的操作包括：读、写、执行、创建、删除、发现对象、对象实例、资源、资源实例和最终写入的属性。

- 信息报告接口：LwM2M 服务器可以指示 LwM2M 客户端定期报告所指示的资源表示，或者在表示形式与某些标准匹配（例如，超过某些阈值）时进行报告。这类似于 CoAP 的 OBSERVE 方法。当指示观察某个资源时，LwM2M 客户端的行为是由与资源相关的属性值控制的。

OMA 拥有一个对象和资源注册表⊖，其中包括 8 个基本对象和资源。除了 OMA 定义的对象和资源，OMA 还允许其他组织或公司注册自己的对象和资源表示。IPSO 联盟、GSMA 和 oneM2M 是一些注册了自己的对象和资源表示的组织，而在已经注册的企业中，人们发现有 ARM、AT&T、Cisco、华为和 Vodafone。

7.5　物联网架构和工业互联网参考架构

在其他贡献中，欧盟的物联网架构（IoT-A）⊜项目在 2010 ～ 2013 年开发了一个 ARM。IoT 领域模型和 IoT-A 的概念仍然可以作为理解整个物联网系统的工具。从概念和 IT 的角度来看，ARM 是较完整的，所以它将在第 8 章单独介绍。除了 IoT-A，第 8 章还概述了工业互联网联盟（IIC）⊜开发的工业互联网参考架构（IIRA）。从操作技术的角度来看，IIRA 是物联网参考架构的最新技术。关于信息技术和操作技术之间区别的讨论，读者可以参考第 8 章。接下来将介绍的工业 4.0 参考架构模型（RAMI 4.0）也是一种专门的操作技术类型的参考架构模型。

7.6　工业 4.0 参考架构模型

RAMI 4.0 是在德国工业 4.0（I4.0）背景下开发的一种架构。

I4.0 的目标是将生产与 ICT 连接起来，并实现机器和客户数据驱动的无缝交互。因此，自主行为驱动的生产变得更加灵活、高效和资源优化。由于 I4.0 更专注于产品开发和生产场景，所以需要横向和纵向的集成。

RAMI 4.0 的目标是成为一个统一的架构，在这个架构上，标准和用例可以被映射，从而使用户更好地理解。例如，人们希望将需求和标准映射到 RAMI 4.0，然后确定共性和差距以及重叠的标准。随后，可以选择一种通用的方法（例如，通用标准），从而简化互操作性并且能够并行地覆盖所需的需求。

如图 7-14 所示，RAMI 4.0[103] 可以看作一个可视化的 3D 模型，其主要方面以 3 个轴表示：

- **层轴**：6 个垂直层，即资产、集成、通信、信息、功能和业务，表示根据其功能分解的机器属性。
- **生命周期和价值流轴**：该横轴为 IEC 62890 的生命周期管理，同时还区分了"类型"和"实例"，用来区分产品的设计或原型设计以及实际制造。
- **层级轴**：该横轴根据 IEC 62264 对工厂内不同的功能进行分类，即产品、现场设备、控制设备、工作站、工作中心、企业和互连世界。

⊖　http://www.openmobilealliance.org/wp/OMNA/LwM2M/LwM2MRegistry.html。

⊜　IoT-A 项目是欧盟研究计划框架 7（FP7），由 VDI / VDE Innovation + Technik 公司领导的合作伙伴财团在 2010 ～ 2013 年实施。网址：https://cordis.europa.eu/project/rcn/95713_en.html。

⊜　http://www.iiconsortium.org。

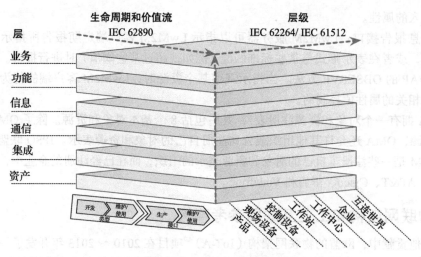

图 7-14   RAMI 4.0 架构

在典型的分层架构设计中，事件可以相互交换，但只能在两个相邻的事件间交换，当然也可以在每个层内交换。RAMI 4.0 是根据面向服务的架构（SOA）原则设计的，它具有通过其轴来提供与产品及其不同阶段相关的复杂过程的清晰性的能力。

RAMI 4.0 还定义 I4.0 的组件，如图 7-15 所示，它可以是一个生产系统、一个单独的机器或工作站，甚至还可以是一个机器内部的组件[103]。该 I4.0 组件及其内容遵循通用的语义模型，并进行结构化，以便可以与其他任何端点（即其他 I4.0 组件）建立连接。为此，"管理系统"将任何资产（即"事物"）转换为 I4.0 组件。"管理系统"涵盖了资产的虚拟表示和技术功能。从部署的角度来看，资产和它的管理系统可以分离，因为后者可以托管在更高层次的信息技术系统上。但是，如果资产（例如 CPS）具有 I4.0 兼容的通信能力，它也可以是管理系统，例如在机器的控制器中，通过可用的网络接口进行通信。

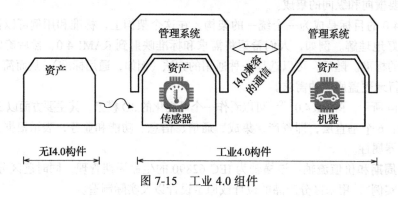

图 7-15   工业 4.0 组件

在网络中，I4.0 组件是唯一标识的，可以与基于 SOA 原则的 I4.0 兼容组件进行通信交互。这样，更高级别的系统能够以一种定义良好的方式访问所有 I4.0 组件，从而简化通信和互操作性。目前，人们正在积极地研究语义、通信、服务和状态、安全性、服务质量、可嵌套性等相关的其他几个方面。

2016 年，I4.0 和 IIC 分别进行了一项工作[104]，是为了调查 RAMI 4.0 和 IIRA 架构的共同点并对其做出调整。作者发现，RAMI 4.0 更关注制造业的下一代，而 IIRA 则从更全面的角度来看待能源、医疗保健、制造业、公共领域和运输业等领域，IIRA 和 RAMI 4.0 的合并被认为是不切实际和不可取的[104]。但是为了实现跨域的互操作性，作者决定在两个架构之间进行清晰的映射。所以，为了确保技术层面的互操作性，可以在协作试验台和基础设施中进行测试。总体而言，虽然 RAMI 4.0 和 IIRA 处于边缘化，但平台和企业层[105] 间的互操作性，对于全球市场上的公司是有益的。

7.7　万维网联盟

万维网联盟（W3C）已经在物联网（WoT）上成立了一个利益小组（IG）⊖，其中有一个工作组于 2017 年年初成立。与兴趣小组相对应的 W3C 工作组具有参与性要求（例如，参加大多数会议），并提供技术建议、软件等，而兴趣小组是一些具有共同利益的参与者的论坛，并不是为了产生任何类型的可交付成果。

WoT 工作组在一些文档（如 JSON-LD⊖、WoT API 脚本）中编制了 WoT 架构编辑器的草案⊜，该草案正在进行中，但也可能会被其他草案更新、替换或作废。

架构草案提供了一个激发设计兴趣的用例列表、一个高级概念架构，以及一些表示不同类型设备和环境的部署视图的细节。根据部署环境，主要用例分为 3 种类型：智能家居、智能工厂和连网汽车。

在智能家居环境中，一个物体（如加热器）可以通过以下方式直接进行监视和控制：

- 用户设备，如移动电话。
- 家庭环境中的另一个物体，如控制单元或控制器。
- 使用不同网络技术的其他物体，例如如果要控制的物体支持不同的网络接口，则在家庭和蜂窝通信中进行短距离通信。
- 一种连接到互联网的家庭网关，其作用是抽象家庭内部事物的访问（监视和控制）和管理。这种情况通常只支持专有接口。
- "孪生"云，通过数字镜像或云代理抽象和实现智能家居内物体的监控和控制。云代理可以直接或通过智能家居网关进行访问。

智能工厂用例类似于智能家庭组中家庭网关的用例，从某种意义上说，智能工厂向世界提供抽象的内部拓扑服务。

连网汽车的用例重点是汽车环境［控制器局域网络（CAN）总线中的嵌入式控制器］能够通过车载中间网关连接到云服务。

WoT 工作组修正了一份术语表®，其中解释了 WoT 的基本术语和概念。根据 WoT 术语，事物是"一个物理或虚拟实体的抽象，其元数据和接口由 WoT 事物描述来表述"。事物描述（TD）®是描述事物的结构化文档。目前，TD 在 JSON-LD 中序列化，TD 可以使用一个名为 TD 目录的函数来存储和发现。

TD 包括元数据、交互列表、对底层协议的绑定、交互的序列化格式以及相关内容的链接。在高层次上，事物与交互资源（动作、属性、事件）相关联，交互资源通过特定的 API 提供服务。交互资源的概念类似于物联网领域模型中的资源概念（请参见第 8 章），设备托管

⊖　https://www.w3.org/WoT/IG/。

⊖　https://json-ld.org。

⊜　https://w3c.github.io/wot-architecture/。

㉃　https://github.com/w3c/wot-architecture/blob/master/terminology.md 。

⑤　https://www.w3.org/TR/wot-thing-description/。

资源提供服务，进而提供关于物理或虚拟实体（事物）的不同属性信息。

事物可以是任何事物，甚至是一个不提供任何计算或通信能力的位置或空间。因为事物并不总是具有交互能力，所以 TD 要包含描述事物交互能力的元数据是完全可以的。当事物具备交互功能时，它通常提供面向网络的接口（WoT 接口），其中包括传输协议绑定、媒体类型描述和 TD 中的安全元数据。

抽象的 W3C 架构不是通过使用不同的架构视图来描述的，而是用多个视图在一个架构图中进行描述的。在以后的学习阶段，架构草案还包括不同部署选项的说明。为了便于理解抽象 W3C 架构，以下是一些重要的概念：

- 在 WoT 中，将其他概念结合在一起的一个重要概念是软件：WoT 架构图中包含的软件概念（如固件）和架构概念（如 WoT 绑定模板），是为了更好地理解架构；读者应阐明在何处实施软件、提供何种交互、用于这些交互的接口等。部分信息由 TD 提供。
- 典型的基于 Web 的交互遵循客户端 – 服务器模型，因此在 WoT 中，客户端和服务器的位置以及实现这些功能的软件起着重要作用。
- 在物联网环境中，可能存在不支持基于 Web 技术（如基于 HTTP/CoAP 的传输协议）的旧式设备，例如 MQTT 或 ZigBee 设备。WoT 假定存在这样的设备或云部署：①通过其旧协议与旧式设备接口的软件；② WoT 软件通过 WoT API 将这些旧式设备公开。
- 在 WoT 抽象架构中，客户端或服务器有多种部署选项（设备、网关、云、Web 浏览器）。
- 不同的部署选项可能具有不同的通信协议功能，所以需要在架构中加以考虑。

在软件实现方面，可以有两种类型的软件栈实现 WoT 客户端和 WoT 服务器。受限资源设备通常只实现 WoT 服务器，而功能更强大的设备可以实现客户端和服务器（称为服务）。WoT 客户端"消耗"由 WoT 服务"公开"的事物。从技术上讲，WoT 客户端会在本地实例化一个软件对象，该软件对象表示事物，并提供客户端使用的消耗 API 与本地事物进行交互。服务提供必要的软件以及对应的公开 API，用于响应 WoT 客户端的请求。消耗 API 和公开 API 都是 WoT 脚本 API 的一部分。

图 7-16 表示了 WoT 服务的功能视图。服务包括一个名为 WoT 运行时的软件，它实现了 WoT 脚本 API，并使用本地平台 API（协议绑定和 API 系统）来消耗和公开一个事物。例如，一个旧式设备可以通过一个服务实现一个事物（即旧式设备可以通过 WoT 接口公开），

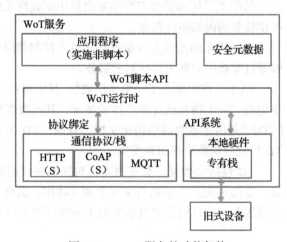

图 7-16　WoT 服务的功能架构

该服务在一端实现用于与旧式设备通信的专有协议，而另一端实现 WoT 接口。在服务上运行的应用程序使用 WoT 脚本 API 或使用其他应用程序逻辑来公开。服务可以部署在不同的平台上，例如大容量存储设备、网关、Web 浏览器和云基础设施。应用程序还需要维护安全

元数据，如密钥材料，以验证服务公开的内容。

有关 W3C 的最新信息，请参阅 W3C 的 WoT 网站[一]。

7.8 开放地理空间信息联盟

开放地理空间信息联盟（OGC）[二]是一个由几百家公司、政府机构和大学组成的国际行业联盟，其开发的公开标准为 Web 提供地理信息支持。除其他工作组，OGC 还包括传感器网络支持（SWE）[三]域的工作组，该工作组为传感器系统模型（例如，传感器模型语言或传感器 ML）、传感器信息模型（观测和测量或 O&M）以及遵循 SOA 范式的传感器服务制定标准，就像所有 OGC 标准化服务一样。OGC SWE 的目标功能包括：

- 发现符合应用标准的传感器系统和观测值。
- 发现传感器的能力和测量质量。
- 以标准编码检索实时或时间序列的观察值。
- 分配传感器任务以获取观测值。
- 订阅和发布传感器发出的警报或基于特定标准的传感器服务。

OGC SWE 包括以下标准：

- SensorML 和传感器模型语言（TML），包括用于描述传感器和执行器系统和过程的模型和 XML 模式。例如，包含用摄氏度（例如，30℃）测量温度的温度传感器，还涉及将该测量值转换为华氏度（例如，86℉）的过程。
- O&M，是一个用于描述传感器的观测值和测量值的模型和 XML 模式。
- SWE 通用数据模型，用于描述 OGC SWE 功能实体之间交换的消息的低级数据模型（例如，XML 序列化）。
- 传感器观测服务（SOS），用于请求、过滤和检索观测值和传感器系统信息。这是客户端和观测存储库或接近实时传感器通道之间的中介。
- 传感器规划服务（SPS），这是一项用于申请用户定义的传感器观测和测量采集的服务。它是应用程序和传感器采集系统之间的中介。
- PUCK，它定义了一个协议，用于检索串行端口（RS232-）或支持以太网的传感器设备的传感器元数据。

图 7-17 给出了这些标准间的相互关系。因为 OGC 遵循 SOA 范式，所以有一个注册表（CAT，目录）来维护现有的 OGC 服务描述，包括传感器观测和 SPS。安装后，使用 PUCK 协议的传感器系统检索传感器和进程的 SensorML 描述，并在目录中注册它们，以便客户端应用程序能够发现传感器和进程。传感器系统也注册到 SOS，而 SOS 注册到目录。客户端应用程序 SPS 要求传感器系统每 10s 取样一次，并使用 O&M 和 SWE 通用数据模型将测量值发布给 SOS。另一个客户端的 2 号应用程序查找目录，目的是找到一个 SOS，用于在传感器系统检索测量值。应用程序接收 SOS 的联系信息，并从 SOS 的特定传感器系统接收传感器观测的请求。作为响应，使用 O&M 和 SWE 公共数据模型的传感器系统的测量数据被发送到客户端的 2 号应用程序。

㊀ https://www.w3.org/WoT/ 。

㊁ http://www.opengeospatial.org 。

㊂ http://www.opengeospatial.org/projects/groups/sensorwebdwg。

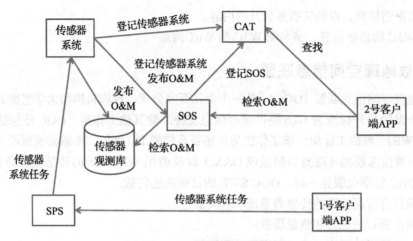

图 7-17   OGC 功能架构和交互

从描述中可以看出，OGC-SWE 规范是以信息为中心，而不是以通信为中心，例如 IETF 规范。OGC 标准的主要目的是实现数据、信息和服务的互操作性。

2016 年，OGC SWE 发布了另一个标准传感器 API[一]，该标准由两个主要部分组成：传感部分[二]和任务处理部分。所以，在编写本书时，公开征求了公众意见[三]。传感器 API（与其他面向 Web 服务的大型 API 相对）是一个基于 JSON 编码以及 OASIS OData[四]协议和数据编码的 RESTfulWeb 服务的 API。它更关注物联网系统的语义互操作性，而不是信息的传输，这在 HTTP、CoAP 或 MQTT 等协议中已得到了解决。在 Web 客户端（例如，Web 应用程序）和观测资料库之间，该 API 预计将用于批量数据访问，或用于传感器 / 执行器设备间的近实时数据流传输。

7.9   GS1 架构和技术

GS1（全球统一标准）解决实体供应链信息逆向流动的方法基于 3 个主要原则：识别、捕获和共享有关产品、位置与资产的基本信息。这些原则也可用作对不同 GS1 标准规范分组的一种方式。

7.9.1   GS1 识别

图 7-18 显示了 GS1 标准试图描述和建模的主要实体的简单数据模型。其中的 "实体" 的使用方式与实体关系模型中的信息建模的 "实体" 语义相似。请注意，GS1 在其规范中并未提到这种模型，但是可以通过 GS1 架构[五]文档推断出来。读者请参见第 8 章中对图 7-18 中使用的建模符号的解释。

根据 GS1，以下类型的**实体**也很重要：

● **实物**：附有数据载体的实物资产或物品。数据载体是一些携带 GS1 密钥的物理项或设备，例如条形码或 RFID 标签。物理实体在数字世界也可用对应的虚拟实体表示。

○   http://www.opengeospatial.org/standards/sensorthings。

□   http://docs.opengeospatial.org/is/15-078r6/15-078r6.html。

□   http://www.opengeospatial.org/pressroom/pressreleases/2739。

□   https://www.oasis-open.org/committees/tc_home.php?wg_abbrev=odata。

□   https://www.gs1.org/gs1-architecture。

- **数字**：仅存在于数字世界中的数字制品，如音乐文件、电子书或数字优惠券。
- **摘要**：虚拟对象或过程，包括抽象法律（例如，法律当事人）和抽象业务（例如，特定产品的批号），抽象实体的更多实例有贸易项目类和商品类别。

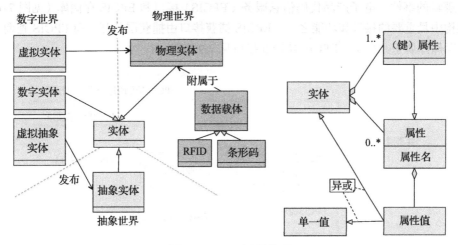

图 7-18　GS1 识别模型

通过使用具有名称和值的属性（例如，产品包的维度），可以捕获有关实体的任何信息。实体也可以有一个名为"Name"（文本字符串）的属性，和一个可表示为文本字符串的值（例如"RFIDReader#1"）；名为"name"的属性值，如"RFIDReader#1"，表示实体的实际名称，并且不应该与实体任意属性的名称和值相混淆。此外，属性可以是简单的，例如文本字符串或实体，但两者不能同时存在。属性可以是静态的、准静态的或动态的，具体取决于其值的更新频率。属性的这些特征与 GS1 系统处理的 3 种数据类型有关（参见 7.9.3 节中的"共享"原则）。

键的概念是信息模型及其实现（如数据库）中的重要概念。键（见图 7-18）是一个或多个用于唯一标识实体的属性。GS1 定义了标准化属性，作为已识别实体的键。例如，全球贸易项目编号（GTIN）。

7.9.2　GS1 捕获

GS1 捕获组就是从物理数据载体（如条形码或 RFID 标签）上识别信息，以及从载体读取类标识符的过程。图 7-19 表示 GS1 架构的高级视图，其中包括 3 组规范或 3 个原则（识别、捕获和共享）。图 7-19 是不同视图的混合，并且是功能和部署的叠加视图，所以可以认为它是不完整的，但是它又可以很好地概述 GS1 的架构。请注意，图 7-19 并未显示 GS1 标准在每个组中的全部覆盖范围。感兴趣的读者可以参考 GS1 架构⊖文档。在图 7-19 的底部，显示了条形码或 RFID 标签形式的数据载体。一些 GS1 标准规范涵盖了数据载体上有形产品标识信息的编码和存储。捕获层包括从数据载体上（例如，条形码扫描器或 RFID 读取器）提取识别信息的不同设备，以及用于捕获功能的设备接口和协议。这种协议的示例是在 RFID 阅读器附近消除多个 RFID 标签之间的歧义。捕获功能包括用于协调从数据载体读取识别信息的工作流过程，和通过人机界面（如屏幕）向人类提供服务，以及通过不同接口的

⊖　https://www.gs1.org/gs1-architecture。

应用程序将捕获的信息向企业公开。值得注意的是，捕获层将数据载体的细节抽象为企业应用程序。此外，如果没有将扫描或读取载体放在正确的业务环境中，这些信息或事件就没有任何意义。例如，在销售点（POS）扫描产品条形码会生成一个用于处理采购逻辑或处理产品退货逻辑的事件。电子产品代码信息服务（EPCIS）接口和 EPCIS 存储库（见图 7-19）是GS1 架构中最重要的接口和功能之一。EPCIS 捕获接口由捕获层公开，而 EPCIS 查询接口和EPCIS 存储库属于共享层。EPCIS 功能和接口见 7.9.4 节。

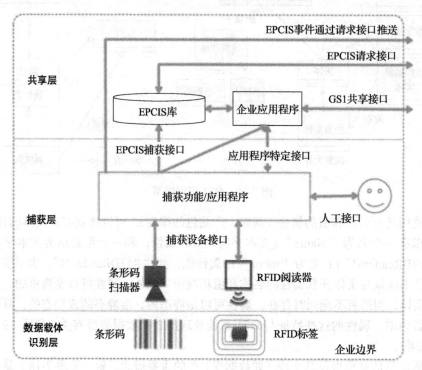

图 7-19   简化的 GS1 架构

7.9.3   GS1 共享

正如前所述，在供应链中，产品从供应商流向制造商，最后流向客户，而与此流有关的信息则遵循相反的方向。这些信息涉及业务数据（例如，产品、法律实体、地点），并在企业之间进行交换。GS1 "共享" 标准组涵盖了企业间的信息流和该信息流的重要概念和组件，如文本、通信方式、查找和联合。

根据供应链中商业实体间的信息交换内容，数据可以分为以下 3 类：

- **主数据**：实体的属性，在实体的整个生命周期内是静态的或很少变化的。例如，对于一类产品来说，业务实体的地址或产品维度（例如，商品类）。
- **交易数据**：它通常是在企业之间交易环境下交换的商业信息（法律或金融），它们表示旧式供应链中相互交易的书面文件。此类交易数据的示例是描述订单或发票的文档。交易数据不是静态数据，而是由符合 GS1 的系统以企业执行业务流程的速度生成的。
- **物理或可见性事件数据**：这些数据通常捕获由交易数据所描述的业务流程的步骤，并且它们包含有关该步骤中涉及的物理或数字实体的信息。这些信息包括生命周期管理事件（创建、附加标识项、销毁项）、从一个位置到另一个位置的传输事件、对装运中较大或较小的物品进行分类汇总等。每个可见性事件都包含有关实体或数字实体的信息（"什么"）、事件发生的时间（"何时"）、事件发生的地点或事件发生后物品的预期位置（"地点"），以及最终关于业务流程的相关信息，例如与相关交易数据的关联（"为什么"）。

值得注意的是，GS1 包括描述上述类型信息的标准文档，例如全球数据同步网络（GDSN）⊖、GS1 XML⊖、EANCOM®和 EPCIS®规范。

关于通信方式，GS1 定义了支持 push 类型的通信模式标准，例如单播（一个业务到另一个业务）、发布 – 订阅和广播，以及 pull 类型（如前面描述的用于不同类型数据的请求 – 响应）。GS1 还定义了一组标准，例如对象命名系统（ONS）®，以促进整个供应链中数据的发现，而不仅限于原始实体（例如制造商）。最后，GS1 定义了如何以联合的方式在不同的业务实体之间实现数据共享，也就是说，如果多个业务拥有整个产品流的一部分，那么联合会允许不同的实体以安全的方式共享相关的物流数据。

7.9.4　EPCIS 架构和技术

EPCIS®主要属于共享层或 GS1 标准组（见图 7-19）。电子产品代码（EPC）是物理对象的标识符，通常由 RFID 数据载体承载。从过去来看，EPC®对 EPCIS 的定义至关重要，但现在已经不是这样。因为 GS1 和 EPCIS 不仅涉及物理实体，还涉及数字实体（如有声读物），EPCIS 不再需要带有 EPC 物理实体的标识或使用 RFID 作为实体标识的数据载体。此外，EPCIS 使用标识符甚至可以识别实体（物理或数字）类别，而不是实体实例，这是 EPC 的主要目标。

EPCIS 的目的是促进企业内部或企业间的可视性事件数据（见 7.9.3 节）的顺利共享。尽管 GS1 架构（见图 7-19）包含 EPCIS 存储库，但在 EPCIS 数据的持久性方面，EPCIS 规范并未涵盖。相反，EPCIS 规范涵盖了生成可见性事件数据的函数以及在同一企业或不同企业中使用这些数据的函数间接口。EPCIS 将与 GS1 核心业务词汇表（CBV）®一起使用，GS1 核心业务词汇表定义了 EPCIS 相关数据的数据结构的不同类型和值。EPCIS 的作用是收集有关供应链的历史数据，并将这些数据设置到业务环境中，以便在企业之间共享。另一方面，捕获层负责实时事件数据。

如前所述，信息发布服务规范定义了主要属于共享层、部分属于捕获层的功能和接口（见图 7-19）。信息发布服务定义了 3 个主要接口：

- **EPCIS 捕获接口**：捕获接口通过事件推送将实时可见性事件数据推送到 EPCIS 存储库或通过 EPCIS 查询接口推送到外部应用程序。通过查询接口推送捕获事件是使用

⊖　https://www.gs1.org/services/gdsn。
⊖　https://www.gs1.org/gs1-xml。
⊜　https://www.gs1.org/eancom。
㉓　https://www.gs1.org/epcis。
㈤　https://www.gs1.org/epcis/epcis-ons/2-0-1。
㈥　http://www.gs1.org/epcis。
㈦　http://www.gs1.org/epc/tag-data-standard。
㈧　http://www.gs1.org/epcis。

EPCIS 查询回调接口实现的。

- **EPCIS 查询控制接口**：内部和外部企业应用程序使用查询接口，通过请求或响应模型按需检索可见性事件的数据。该接口还提供了建立长期请求的可能性，也就是说，向 EPCIS 存储库发送一次请求，会同时产生多个周期性响应，与发布或通知类型的请求或响应模式的原理相似。使用 EPCIS 查询回调接口发送定期响应或通知。EPCIS 规范将此接口描述为第三接口。
- **EPCIS 查询回调接口**：查询回调接口被用作对一个固定请求的定期响应的载体，或通过 EPCIS 查询接口推送捕获事件。请注意，图 7-19 中省略了此接口。

EPCIS 规范分为 3 层，它对通过 EPCIS 接口传输的事件数据模型以及接口本身的模型进行定义。说明书中包含将这些数据或接口模型绑定或映射到数据的具体表示（例如，序列化格式）或接口的具体协议。3 层的内容如下：

- **抽象数据模型层**：该层规定了 EPCIS 数据的一般结构和规则，并在数据定义层下构造数据模型。除非更改 EPCIS 规范，否则无法更改该模型。
- **数据定义层**：该层规定了通过 EPCIS 交换的数据、EPCIS 数据的抽象结构和数据的语义，还指定了 EPCIS 核心事件的类型，并将核心事件类型绑定到 XML 模式定义（XSD）。
- **服务层**：该层指定 EPCIS 接口，EPCIS 交互实体（应用程序、EPCIS 存储库等）通过这些接口进行交互。该规范还包括将查询模型绑定到 XSD、将捕获接口绑定到 HTTP 和企业消息队列（在这种情况下，消息队列是企业设置中用于点对点、发布或订阅类型通信的占位符机制）、查询控件接口与 SOAP⊖和 AS2⊜的绑定，以及查询回调接口与 HTTP、HTTPS 和 AS2 的绑定。

感兴趣的读者请参考 EPCIS 规范⊜，了解有关 EPCIS 不同类型事件、信息模型和接口的更多信息。

7.10　其他相关的前沿技术

SDO、联盟和社区活动比本章前面所介绍过的要多得多。出于某些原因（例如，成熟度和知名度），在前面烦琐的前沿技术介绍中，本书选择省略一些团体、联盟、活动和成果。但是，由于某些（但并不是全部）重要性将来可能会发生变化，所以也为感兴趣的读者简要介绍一下。

7.10.1　oneM2M

2012 年年初，欧洲电信标准化协议（ETSI）M2M（见附录）发布了 M2M 标准，并在 2012 年中期，七个领先的 ICT 标准组织［日本（ARIB）、日本（TTC）、美国（ATIS）、美国（TIA）、中国（CCSA）、欧洲电信标准化协议（ETSI）、韩国（TTA）］成立了一个名为 oneM2M 合作项目（oneM2M）®的全球组织，它通过制定 M2M 系统的规范，促进 M2M 系统的业务，从而确保系统的全局功能。ETSI M2M 的工作是在 oneM2M 形成后完成的，因此

⊖　https://www.w3.org/TR/soap/。
⊜　https://doi.org/10.17487/rfc7252。
⊜　https://www.gs1.org/epcis。
㈣　http://www.onem2m.org。

ETSI M2M 的资料撰写在本书的附录中。oneM2M 规范重用了 ETSI M2M 的概念、模型和架构元素。但是它们对这些函数采用不同的术语，并在功能架构中提供了更多细节。例如，接口与 HTTP、CoAP、MQTT 和 OMA LwM2M 互通的绑定。感兴趣的读者可以参考 oneM2M 功能架构（oneM2M TS 0001⊖）了解更多的详细信息。

7.10.2 开放连接基金会

开放连接基金会（OCF）⊖是一些行业联盟和物联网领域开源活动合并的结果。2014 年，开放互连联盟（OIC）成立，致力于对物联网设备之间以及物联网设备与云间的不同通信模型进行标准化，例如点对点、桥接和转发以及对物联网云的报告和控制。同时，OIC 启动了一个名为 IoTivity⊜的 Linux 基金会⊛项目，旨在提供 OIC 开发规范的参考实现。OIC 在 2015 年年底收购了通用的即插即用（UPnP）资产，以便进一步为物联网设备开发 UPnP。在此之前，UPnP 主要适用于媒体相关设备（电视机、播放器等）。2016 年，OIC 更名为 OCF，随后与 AllSeen 联盟合并，但保留 OCF 的名称。AllSeen 联盟开发了 AllJoyn 的开源物联网框架，该框架主要是关于设备之间的无缝对等连接。目前，OCF 支持 IoTivity 和 AllJoyn 这两个开源项目的发展。与 OMA LwM2M 和 oneM2M 类似，OCF 遵循面向资源的架构和客户端 – 服务器模型。OCF 还指定高级函数和基于资源模型的交互，并为客户端和服务器之间的底层消息传递提供与 IETF CoAP 的绑定。OCF 实体类似于 IoT-A[19]（见 7.5 节）中的虚拟实体，它对应于现实世界中的物理实体，并通过一个软件与物理实体交互。然而 OCF 实体似乎是具有计算和通信能力的实体，而 IoT-A 中的物理实体的概念更广泛，可以包括与 W3C WoT 相似的对象和位置（见 7.7 节）。除了其他规范⑤，OCF 还制定了核心规范 v2.0，其中包括功能架构和 CoAP 绑定规范。在撰写本书时，OCF v2.0 核心规范正处于公众适用阶段。OCF 还开发了 oneIoTa⑥，它是用于定义描述 OCF 资源的数据模型的开放性工具。oneIoTa 对所有人开放，它有利于不同物联网设备和系统的语义互操作性。

7.10.3 电气和电子工程师协会

电气和电子工程师协会（IEEE）是物联网各方面标准化的重要组织，如通信协议（IEEE 802.15.1/ 蓝牙、IEEE 802.15.4、IEEE 802.11 系列等）。IEEE 运营着一个综合性网站⑦，该网站提供物联网定义文档⑧，并维护物联网活动和资源的目录，如会议和活动信息、教育资源、物联网标准信息、出版物和清单、目录或物联网场景以及初创公司目录。值得注意的是，在 2014 年，IEEE 成立了工作组 2413⑨，其最初的重心是定义物联网的架构框架。标题为"IEEE P2413– 物联网架构框架标准"的物联网草案正在开发，但在撰写本书时尚未公开发行。P2413 的目的不是重新开发现有的标准，而是对来自不同应用领域的通用功能进行收集

⊖ http://www.onem2m.org/technical/published-documents。

⊖ https://openconnectivity.org。

⊜ https://www.linuxfoundation.org。

④ https://www.iotivity.org。

⑤ https://openconnectivity.org/developer/specifications/draft-specifications。

⑥ https://oneiota.org。

⑦ https://iot.ieee.org。

⑧ https://iot.ieee.org/definition.html。

⑨ http://grouper.ieee.org/groups/2413/。

和记录，并在遵循 ISO/IEC/IEEE 42010[106]架构表示规范的架构框架中呈现出来。其他物联网相关工作组和项目也是从 2014 年开始的，如 "P1451-99——物联网设备和系统协调标准""P1931.1——物联网实时现场操作便利化（ROOP）架构框架标准""P2418——物联网区块链使用框架标准"和 "P2510——物联网环境中建立数据传感器参数质量标准"。这些工作组相对来说都比较新，因此在编写本书时尚未公开发布任何草案或标准。

7.10.4   国际电工委员会 / 国际标准化组织

国际标准化组织 / 国际电工委员会（ISO/IEC）、联合技术委员会（JTC）1、信息技术，在 2015 年成立了第 10 工作组（ISO/IEC JTC/WG10），旨在研究和制作物联网参考架构。在 2017 年，WG10 改为 SC（小组委员会）41（ISO/IEC JTC/SC41）⊖，为了促进物联网和传感器网络等相关技术的标准化以及提供一个参考架构。SC41 一直在研究（ISO/IEC CD 30141）参考架构，在撰写本书时，该架构正在开发，无法购买。网上公开提供的内容只是关于该架构内容的一些提示。架构文档中包含概念模型（CM），该模型描述了主要的物联网实体及其关系、基于实体的引用模型、基于域的引用模型和一些功能视图。CM 类似于 IoT-A[19]（见7.5 节）物联网领域模型。基于实体的模型是所有要被监控的物理实体以及仪器（传感器 / 执行器）、通信和计算实体（网络网关、服务器）的模型。基于域的参考模型是具有相同特性的功能模型（如传感和控制域）。与 IoT-A、IIC（见 7.5 节）和 IEEE（见 7.10.3 节）相似，ISO/IEC CD 30141 也通过一组架构视图描述参考架构。

7.10.5   物联网创新联盟

物联网创新联盟（AIOTI）⊜由欧盟委员会（EC）于 2015 年发起，旨在将欧洲的物联网参与者聚集在一起，以促进欧洲物联网生态系统的创建。该联盟还致力于促进物联网和互操作性的实验和部署，规划全球和欧盟成员国的创新活动，并查明市场障碍。在创建 AIOTI 方面，物联网欧洲研究集群（IERC）⊜发挥了重要作用，截至 2016 年 9 月，该联盟已转变为总部位于布鲁塞尔的非营利性的工业协会法律公司。AIOTI 每年举行两次会议，该大会已经有200 名成员。它包括 13 个工作组，其中 4 个工作组负责物联网的横向方面（物联网研究、物联网创新生态系统、物联网标准化、物联网政策），9 个工作组负责物联网的纵向方面（康乐晚年的智能生活环境、智能农业和食品安全、可穿戴设备、智能城市、智能移动、智能水管理、智能制造、智能能源、智能大楼和建筑）。

AIOTI 工作组的目标是产生可交付成果，其中大部分是公开的。物联网标准化的 AIOTI WG03 开发了一个高层架构（HLA）㊃，提出了一个类似于 IoT-A[19]（见 7.5 节）的架构框架，并与主要的标准化产品进行了比较，如 ITU-T（见 7.2 节）、oneM2M（见 7.10.1 节）、IIC（见7.5 节和 8.9 节）和 RAMI 4.0（见 7.6 节）。HLA 遵循 ISO/IEC 42010[106]的指南架构表示，但当前版本（2017 年 6 月，3.0 版本）更侧重域模型和功能模型的表示。域模型是 IoT-A IoT域模型的简化版本，包括物、物联网设备、虚拟实体、物联网服务和用户的概念及其关系。

⊖　https://www.iso.org/committee/6483279.html。

⊜　https://aioti.eu。

⊜　http://www.internet-of-things-research.eu。

㊃　https://aioti.eu/aioti-wg03-reports-on-iot-standards/。

基于域模型，HLA 功能模型被分为 3 个主要层⊖：应用层、物联网层和网络层。HLA 表示包含不同层之间的一组接口。应用层包括使用物联网层和网络服务的物联网应用程序。物联网服务层包含事物表示（包括语义元数据）、识别、分析、安全、发现和设备管理等功能。网络层包含通信协议、网络安全、服务质量（QoS）等。

7.10.6 国家标准与技术研究所 CPS 公共工作组

国家标准与技术研究所（NIST）是一家美国机构，它给包括网络物理系统（CPS）在内的许多技术领域提供建议和最佳实践。NIST 有一个 CPS 公共工作组（CPSPWG）⊖，该工作组于 2016 年制定了一个 CPS 架构框架（CPS 架构框架发布 1.0 版本）。CPS 在应用和技术领域有着极大的差异，所以 CPS 框架的核心是便于 CPS 系统设计的通用词汇表、结构和分析方法。换句话说，CPS 框架本身并不提供一个完整的 ARM，而是提供一种生成此类引用和模型的通用语言和方法。然而，CPS 框架的表示文档包含一些表示 CPS 功能域的附录以及一些在实际生活中应用该框架的示例。

CPS（架构）框架使用 ISO/IEC/IEEE 42010 指南[106] 以及 ISO/IEC/IEEE 15288[107] 来描述架构框架。它引入一个词汇表，概念如下：

- **域**是 CPS 的不同应用领域，如制造、运输、能源、医疗保健。这些领域通常提供不同利益相关者关注的范围和分组。
- 架构**关注点**的定义方式与 ISO/IEC/IEEE 42010[106] 以及 Rozanski 和 Woods[18] 类似，"利益相关者对于该架构的需求、目标、意图或愿望"，相似或相关的关注点（例如，由于属于同一个域）被分到 Aspects 框架中，由 Facets 内的活动来处理。
- **方面**是架构的关注组；方面的示例包括功能性、业务性、可信任性和生命周期。
- **属性**是解决关注点的具体论断。
- **层面**表示工程进程的不同职责；每个层面都包含活动和预期结果的列表；NIST CPS 框架包括 3 个层面：概念化（产生系统的表示、设计、模型以及功能分解、需求等活动）、实现（包括系统的开发、部署和运行的活动）和保证（确保整个系统行为符合规定的活动）。

CPS 框架包括一个概念模型，由于 CPS 应用领域的多样性，这是一个高级模型。NIST CPS 的主要概念是一种**设备**，它通过监视物理世界的状态来连接物理世界，并提供决策逻辑，该决策逻辑是基于所监视的状态采取影响或更改物理世界状态的动作。监控和驱动是通过传感器和执行器来实现的，传感器和执行器包含网络和物理部分，而决策逻辑完全在网络空间中。一个**系统**由多个设备组成，**系统体系（SoS）**包括多个这样的系统，用来在各个层次上相互作用。还可以与设备、系统或系统体系进行交互。

7.11 结论

本章概述了物联网参考架构中的最新技术，包括 ITU-T、IETF、OMA、RAMI 4.0、W3C、OGC 和 GS1。在第 8 章中，将更加深入地讨论 IoT-A 和 IIC 参考模型与架构。总的来看，本章介绍了大部分架构的片段，IoT-A 和 IIC 参考架构重用类似的概念去描述架构（架构视图、观点、利益相关者、关注点等），利用多个架构的概念模型来区分物理世界的实体与

⊖ AIOTI 层是仅表示功能的逻辑分组。

⊖ https://pages.nist.gov/cpspwg/。

数字世界中相对应的实体（例如，虚拟实体、数字镜像、数字阴影）。物理世界中的实体是物联网中的物，其余实体是仪器、通信和计算实体，以实现对物的有效监视和控制。从总体上讲，这是从物联网的所有努力和未来努力中获取的最重要的东西。物联网开发人员应首先考虑"遵循事物……"的原则。换言之，他们应该首先确定现实世界系统中的事物（利益实体、资产），以及利益相关者希望通过他们的关注点来表达他们希望如何对其进行管理。系统的其余部分弥合了物和利益相关者对物的关注之间的差距。这是每个物联网系统设计的良好起点。

架构参考模型

8.1 引言

本章主要由 3 个部分组成：首先概述物联网的架构参考模型（ARM），包含域、信息以及功能模型；然后介绍一个通用的参考架构，其深受 IoT-A⊖[19] ARM 和参考架构的影响；最后概述工业互联网联盟参考架构（IIRA），它是主要应用于 OT⊖[108] 物联网部署的参考架构。而 IoT-A 主要是面向 IT 架构的参考架构，是针对面向消费者的物联网系统设计的，但这两个参考架构仍有很多相似之处。

8.2 参考模型和架构

ARM 主要由两个部分组成：参考模型和参考架构。为了描述 IoT ARM，本书选择使用 IoT-A ARM[19] 作为指南，因为它是目前涵盖最完整的模型和参考架构。但是，一个真实的系统可能并没有本章中所描述的全部建模实体或架构元素，也可能包含其他非物联网的相关实体。本章主要是对整个系统的物联网部分进行建模，而不是提出一个包罗万象的架构。IoT 参考架构是以 IoT 参考模型为基础进行描述的。参考模型通过许多子模型来描述域（见图 8-1）。

架构模型的域模型捕获了所讨论域中的主要概念或实体（在本例中为物联网）。当建立这些通用语言参考时，域模型会添加对有关概念间关系的描述。这些概念和关系是开发信息模型的基础，因为工作系统需要捕获和处理主要实体及其交互作用的信息。域和信息模型对包含其自身的概念模型和实体模型进行捕获和操作。物联网系统包含通信实体，因此对应的通信模型需要捕获这些实体的通信交互。这些是在本章中用于物联网参考模型的子模型的一些示例。

除了参考模型，ARM 的另一个主要组件是参考架构。系统架构是针对系统不同利益相关者的一种通信工具。开发人员、组件和系统经理、合作伙伴、供应商和客

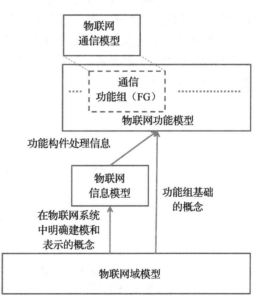

图 8-1　IoT 参考模型（根据 IoT-A[19] 重绘）

户根据需求（或关注点）以及他们与系统的特定交互，对每个系统都有不同的看法。因此，

⊖　IoT-A 项目是欧盟研究计划框架 7（FP7），由 VDI / VDE Innovation + Technik 公司牵头的合作伙伴联盟在 2010 ～ 2013 年实施。网址：https://cordis.europa.eu/project/rcn/95713_en.html。

⊖　https://www.gartner.com/it-glossary/operational-technology-ot。

描述物联网系统的架构涉及系统多方面的呈现，以满足不同的利益相关者[18, 109]。与实际运行的系统架构相比，当要描述的架构处于更高的抽象级别时，任务将变得更加复杂。因为它用于生成具体架构和实际系统的参考，所以高层抽象称为参考架构，如图 8-2 所示[19]。

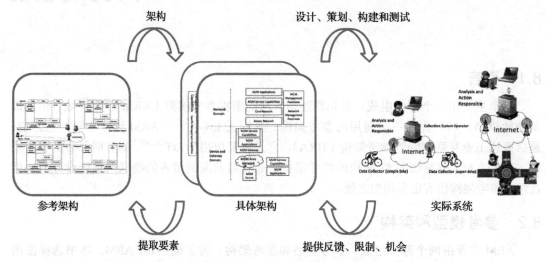

图 8-2   从参考架构到具体架构及实际系统（根据 IoT-A[19]重绘）

具体架构是抽象及高级参考架构的实例化。参考架构捕获架构的基本部分，如设计原则、指南和所需的部分（如实体），用来监控物联网参考架构的情况，并与物理世界交互。通过设计、策划、构建和测试实际系统的不同组件，可以进一步完善具体架构并将其映射到实际组件中。如图 8-2 所示，整个过程是迭代的，这意味着现场实际部署的系统将提供关于设计和工程选择、系统目前的限制以及未来潜在机会等有益的反馈给具体架构。然后可以汇总多个具体架构中的一般要素，并对参考架构的发展做出贡献。物联网架构模型与物联网参考架构的关系如图 8-3 所示。

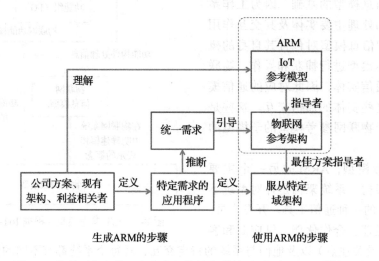

图 8-3   物联网参考模型和参考架构的依赖关系（根据 IoT-A[19]重绘）

图 8-3 表示了 IoT ARM 的两个方面：①如何实际创建 IoT ARM；②如何通过它来构

建实际系统。在本章中，主要关注如何使用 ARM。对 ARM 创建过程感兴趣的读者可参考 IoT-A ARM 规范[19]。此外，需求收集、生成过程和统一需求的内容（见图 8-3）参见参考文献［21-22］。物联网参考模型指导物联网参考架构的创建过程，因为它至少包含物联网域模型，物联网域模型会对多个架构组件有一定影响，如前面简要介绍的（例如，通信功能组（FG）），而且本书后面将广泛应用该模型。

8.3　物联网参考模型

8.3.1　物联网域模型

域模型定义了感兴趣的特定域的主要概念（在本例中为物联网）。即使 ARM 的细节可能会随着时间的推移而不断变化或演变，但预计这些概念在一段时间内不会发生改变。域模型捕获主要概念的基本属性以及这些概念间的关系。域模型还可以作为相关域的工作人员以及不同域的工作人员之间交流的工具。

8.3.1.1　模型符号和语义

为了描述域模型，本书使用统一建模语言（UML）[⊖]的类图来表示物联网域模型中主要概念间的关系。类图由一些框组成，并通过特殊的连线或箭头相互连接，用来代表模型的不同类别，而这些线或箭头则代表了各自类之间的关系。每个类都是一组对象的描述符，具有相似的结构、行为和关系。一个类包含一个名称（例如，见图 8-4 中的类 A）以及一组属性和操作。对于 IoT 域模型的描述，将只使用类名和类属性，省略类操作。在符号方面，它被表示为一个有两部分的框：一个包含类名；另一个包含属性。然而，为了避免整个域模型混乱，在对物联网域模型的描述中，将属性部分设置为空。本书也将会描述其他相关的属性。

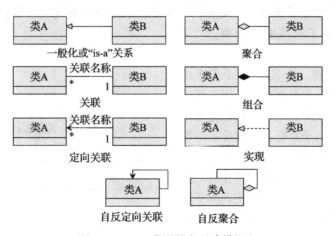

图 8-4　UML 类图的主要建模概念

描述物联网域模型需要建立如下类之间的建模关系（见图 8-4）：一般化或特殊化、聚合和自反聚合、组合、定向关联和自反定向关联以及实现。

泛化或特化关系用一个带实线的箭头和一个空心的三角形箭头表示。根据箭头的起点，关系可以被视为一般化或特殊化。例如，在图 8-4 中，类 A 是类 B 的一般情况，或者类 B 是类 A 的特例或特殊化。一般化也被称为 "is-a"（是一种）关系。例如，在图 8-4 中，类

B"is-a"类 A。一个专门的类、子类、孩子类分别继承通用类、超类、父类的属性和操作，并且还包含自己的类属性和操作。

　　聚合关系由一端带有空心菱形的线表示，表示整体一部分关系或包含关系，通常称为"has-a"（有一种）关系。接触空心菱形的类是整体类，另一个类则是部分类。例如，在图 8-4 中，类 B 表示整体类 A 的一部分，换句话说，一个类的对象"包含"或"有一个"属于类 B 的对象。当带有空心菱形的线在同一个类中开始和结束时，这个类与它自身的这种关系被称为自反聚合，它表示类 A 的对象类（见图 8-4 中的类 A）包含同一类的对象。

　　组合关系用一端带有黑色实心菱形的线表示，也表示整体—部分关系或包含关系。黑色实心菱形指向的类是整体类，另一类则是部分类。例如，在图 8-4 中，类 B 是类 A 的一部分。组合和聚合非常相似，区别在于与组合相关的类的对象具有相同的生存期。换句话说，如果类 B 的对象是类 A 对象（组合）的一部分，那么当类 A 的对象消失时，类 B 的对象也消失。

　　一个空心三角形头部和一条虚线则表示实现关系。此关系代表指定功能的类与实现功能的类之间的关联。例如，图 8-4 中的类 A 指定功能，而类 B 则实现该功能。

　　聚合、自反聚合、关联（有向与否）和自反关联（有向与否）可能包含多重信息，例如数字（例如，"1"）、范围（例如，"0～1"，开放范围"1…*"）等。这些多重性表示与另一个类对象相关的类对象的潜在数量。例如，在图 8-4 中，称为"关联名称"的简单关系是将类 B 的一个对象与来自类 A 的零个或多个对象关联。一个星号"*"表示零个或多个，而加号"+"则表示一个或多个。

8.3.1.2　主要概念

　　物联网是一种支持性基础设施，它使物理世界中的对象和场所在数字世界中有对应的表示。之所以要在数字世界中代表物理世界，就是要通过软件对物理世界进行远程监控和交互。下面用一个例子来说明这个概念（见图 8-5）。

　　假设人们想监视一个具有 16 个停车位的停车场。停车场有一个付费站，用于驾驶员停车后支付停车位的费用。在街道旁的停车场地段还有一个电子路标，实时显示空置车位的数量。老客户可以通过下载智能手机应用程序，在他们开车到停车场所在的街道之前，程序通知他们是否有停车位。为了实现这样的服务，需要捕获相关的物理对象及其属性并将其转换为数字对象，如变量、计

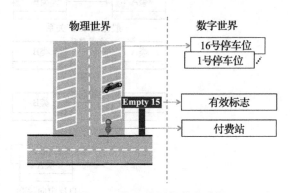

图 8-5　物理世界与数字世界

数器或数据库对象，以便软件可以对这些对象进行操作并达到预期效果，即检测某人何时停车还未付费，告知驾驶员停车位的可用性，生成停车场平均占用率的统计数据等。另外，停车场作为一个场所，需要配备停车位传感器（例如，环路感应器），并为每个传感器创建一个数字表示（1～16 号停车位）。在数字世界中，停车位是一个具有二进制值的变量（"可用"或"已占用"）。还需要在数字世界中表示停车场付费站，以便于检查最近停车的车主是否真的支付了停车费。最后，在数字世界中表示可用性标志，以便通知驾驶员处于维护目的，空的停车场已满，甚至可以允许维护人员检测该标志何时出现的故障。

从上面的例子可以看出，物联网和当今的互联网存在着根本性区别：互联网为内容和服务提供了一个虚拟的世界（尽管这些服务托管在真实的物理机器上），而物联网则是通过互联网与物理事物进行交互。M2M 有一个类似的愿景，即在数字世界中通过通信网络可以访问无人值守设备。但是在物联网模式中，第一类事物是物，因此与 M2M 世界中面向通信的交互方向相反，它促进了面向物的交互。

与物理世界交互是物联网的关键，因此需要在域模型中捕获与物理世界的交互（见图 8-6）。首先，最基本的交互是人或应用程序与物理世界对象或地点之间的交互。因此，用户和物理实体是属于域模型的两个概念。用户可以是人，交互可以是物理的（例如，把车停到停车场）。物理交互是人实现某一目标（如停车）的结果。在其他情况下，人类用户也可以选择通过服务或应用程序与物理环境进行交互。此应用程序也可以是域模型中的用户。如模型所示，物理实体也可能包含其他物理实体。例如，一栋建筑物是由几个楼层组成的，而每个楼层又有几个房间。

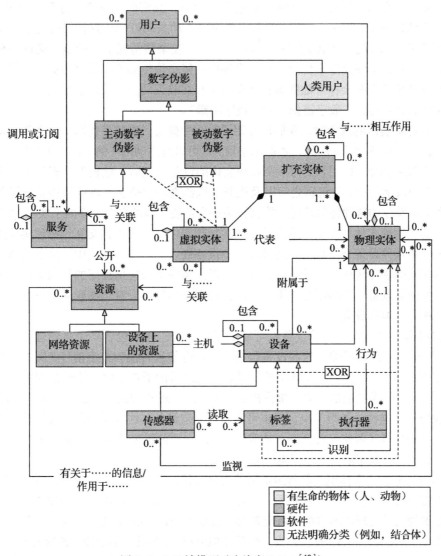

图 8-6　IoT 域模型（改编自 IoT-A[19]）

物理实体的对象、地点和事物与本书前面提到的资产相同。根据牛津词典，资产是"被认为具有价值的物品或财产"。但是本书的资产更多是涉及物联网方面的业务。因为域模型是一种技术工具，这里使用的术语是物理实体而不是资产。在某些情况下，"物"也可与"物理实体"互换使用。

物理实体在数字世界中表示为虚拟实体。虚拟实体可以是数据库条目、地理模型（主要用于地点）、图像或化身或任何其他数字伪影。一个物理实体可以用多个虚拟实体来表示，每个虚拟实体都有不同的用途。例如，表示停车位可用性的数据库条目，或者在停车场管理的监视器上显示停车位（空或满）的图像系统。每个虚拟实体还具有唯一的标识符，以便可以在其他的数字伪影中寻址。虚拟实体表示与物理实体当前状态相对应的几个属性（例如，停车位可用性）。当用户在其中一个或另一个虚拟实体上操作时，虚拟实体的表示应该和物理实体的实际状态同步，当然这在物理上是可能的。例如，用户可以通过更改虚拟实体表示来打开或关闭应用程序中由存储位置（虚拟实体）表示的远程控制灯（物理实体），或者换句话说，在相应的存储位置写入一个值。在这种情况下，真实的灯应该被打开或关闭（虚拟实体到物理实体的同步）。另一方面，如果人类用户手动关闭灯光，则捕捉灯光的虚拟实体状态也应相应地更新（物理实体到虚拟实体的同步）。在某些情况下，同步只能以一种方式进行。例如，当有汽车停到停车位时，数字世界中的停车位传感器表示就会更新，但数字表示的更新并不意味着汽车会神奇地降落在停车位上！在最近的文献或产品描述中，物理实体的虚拟对应物通常被称为"数字镜像"或"数字阴影"。

在讨论虚拟实体的概念时，我们还介绍了另一个概念，即数字伪影。数字伪影是数字世界的产物，可以是被动的（例如，数据库条目）也可以是主动的（例如，应用软件）。

当一个数字伪影（即用户）与一个物理实体的设备交互时，该模型捕捉到人与机器、应用程序（主动数字伪影）与机器之间以及机器与机器之间的交互。该模型捕获到设备作为物理实体和虚拟实体的这种特殊情况，将其作为一个扩展实体的概念，即两个实体的组合。

为了通过物理实体的相应虚拟实体来监视物理实体并与之进行交互，物理实体或其周围环境需要使用某种设备进行检测，或者将这些设备嵌入或附加到环境中。设备是物理世界与虚拟世界交互的物理构件。如前所述，设备可以是某些类型应用程序的物理实体，例如当系统的关注实体是设备本身而不是周围环境时的管理应用程序。对于物联网域模型来说，下面介绍的3种设备类型最重要：

1. 传感器：它可以是简单设备也可以是复杂设备，通常包含一个将物理特性（例如温度）转换为电信号的传感器。这些设备包括将模拟电信号转换为数字信号（例如，将电压电平转换为16位数字）、进行简单计算的处理、中间结果的潜在存储、传输物理特性的数字表示以及接收命令的潜在通信能力。摄像机是一个复杂传感器的例子，它可以检测和识别人。

2. 执行器：这些设备很简单，但也可能涉及复杂设备，这些设备需要通过转换器将电信号转换为物理特性（例如，打开开关或移动电动机）。它还包括潜在的通信能力、中间命令的存储、处理以及数字信号到模拟电信号的转换。

3. 标签：标签通常标识它们所附加到的物理实体。实际上，正如域模型所示，标签可以是设备或物理实体，但不能两者兼顾。设备标签的一个示例是射频识别（RFID）标签，而物理实体标签的例子是纸质印刷的不可变条形码或快速响应（QR）代码。电子设备或纸质实体标签包含唯一的标识，可以通过无线电信号（RFID标签）或光学手段（条形码或QR码）读取。在标签上操作的读取器设备通常是传感器，在可写的RFID标签的情况下，读取器设备有时是传感器和执行器的组合。

如模型所示，设备可以是其他设备的集合，例如传感器节点包含温度传感器、发光二极管（LED、执行器）和蜂鸣器（执行器）。任何类型的物联网设备都需要有以下一个或多个能源供应选项：能量存储（例如电池）、电网的连接和能量转化能力（例如，将太阳辐射转化为能量）。设备通信、处理和存储以及能量存储能力决定了设计方案，例如资源是否应在设备上，设备及其资源和服务是否进入休眠模式，所收集的数据是否可以在本地保存或在获得后立即传输等。

资源是软件组件，其提供数据以控制物理实体，或作为控制物理实体的端点。资源可以有两种类型：设备资源和网络资源。设备资源通常托管在设备本身，并为设备连接到的物理实体提供信息，或者作为其控制点。一个示例是部署在房间中的温度节点上的温度传感器，该温度传感器托管在一个软件组件上，该软件组件可以对房间温度的查询进行响应。网络资源是托管在网络或云上的软件组件。虚拟实体可能与若干个资源相互关联，这些资源提供虚拟实体对应于物理实体信息的表示或控制。资源可以有以下几种类型：提供传感器数据的传感器资源、提供驱动能力或执行器状态的执行器资源（例如，"开"或"关"），将传感器数据作为输入并以处理后的数据作为输出的处理资源，存储资源用于存储与物理实体相关的数据，以及标记资源用于提供物理实体的标识数据。

资源通过开放和标准化的界面将（监视或控制）功能作为服务公开，从而对资源的底层进行抽象以实现细节。因此，服务是用户通过虚拟实体与物理实体进行交互的数字伪影。所以，与物理实体相关联的虚拟实体所植入的设备以及公开资源的设备都应该与相应的资源服务相关联。虚拟实体和服务之间的关联，可以通过多个潜在的冗余资源或服务对虚拟实体进行监视或控制。因此，必须维护这些关联，以便感兴趣的用户进行查找或发现。值得注意的是，根据其抽象程度，将物联网服务分为三大类：

- 资源类服务：通常通过公开设备上的资源来公开设备的功能。因此，这些服务通常处理质量方面的问题，例如安全性、可用性和性能问题。除了设备上的资源，还有一些托管在更强大的计算机或云上的网络资源，这些资源被资源类服务公开，并提取实际资源的位置。例如，特定设备上对特定资源的测量所形成的历史数据库。资源类服务通常还包含基于资源本身的标识访问资源信息的接口。

- 虚拟实体类服务：提供有关虚拟实体的信息或交互功能，因此服务接口通常包括虚拟实体的标识。

- 集成服务：资源类和虚拟实体类服务的组合，或者是这两种服务类的任意组合。

图 8-7 给出了物联网域模型的实例化示例。对于这个实例，使用前面介绍过的停车场管理系统的简单例子，并且只对真实系统的一部分进行建模。例如，模型中捕获环路传感器 21 ～ 28 号的部分以及相关的物理和虚拟实体与环路传感器 11 ～ 18 号相应的模型部分相似，因此省略。假设每个停车位都安装了一个金属感应环路（传感器），在物理上，一半的环路连接到一个传感器节点（设备，1 号传感器节点），而其余部分则连接到另一个传感器节点（设备，2 号传感器节点）。传感器节点可能具有不同的标识符（例如，第一组是 11 ～ 18 号传感器，第二组是 21 ～ 28 号传感器。环路传感器可以根据钢制物体的存在与否输出不同的阻抗。此阻抗由传感器节点转换为二进制读数 "0" 和 "1"。每个停车场传感器节点承载与指定停车位相同的车辆传感器资源。还有两个停车传感器服务，每个服务运行在一个传感器节点上，1 号停车传感器服务提供 11 ～ 18 号的环路传感器读数，而 2 号停车传感器服务提

供 21～28 号的环路传感器读数。停车场管理服务具有将传感器节点读数映射到相应的占用指示器的必要逻辑（例如，"0"→"空闲"，"1"→"占用"），并将停车位传感器标识符映射到相应的停车位标识符（例如，11～18 号传感器→01～08 号节点和 21～28 号传感器→09～16 号节点）。表示停车位物理实体的虚拟实体是具有以下属性的数据库条目：①标识（例如，01～16 号的 ID）；②物理尺寸（例如，3m×2m）；③矩形场地中心相对于停车场入口的位置（例如，向西 3m，向北 2m）；④占用状态（例如，"占用"或"空闲"）。占用标志一个装置组成，该装置包含一个显示器（执行器），并连接到一个实体（实际的钢制标志）。设备公开一个资源，它具有允许向符号显示写入数值的服务。在数字世界中，实际的钢标标志（物理实体）用虚拟实体表示，虚拟实体是一个数据库条目，具有以下属性：标志位置（例如，GPS 位置）、状态（开或关）和显示值（例如，15 个可用空间）。停车场管理系统是一个包含停车位占用服务和占用标识书写服务的综合性服务系统。在内部给定所有停车位的占用状态时，生成空闲的总数，并使用此属性更新带有占用标志的显示执行器。

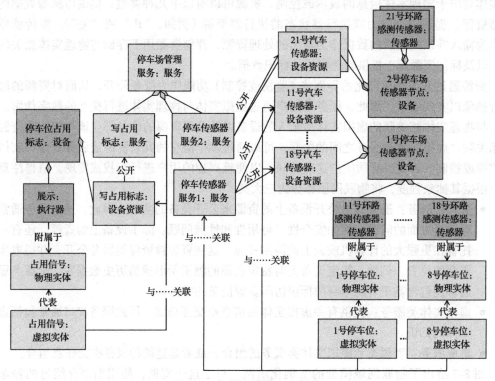

图 8-7 物联网域模型实例化

8.3.1.3 进一步考虑

在物联网系统中，为了让每个用户通过数字世界与物理世界进行交互，物理实体的识别非常重要。在参考文献［19］中至少有两种方法：使用物理实体的自然特征进行主要标识，以及使用添加到物理实体的标签或标志进行二次标识。这两种类型的标识都在物联网域模型中建模。自然特征的提取可以由照相设备（传感器）和相关资源执行，这些资源为特定的物理实体生成一组特征。此外，当涉及物理空间时，也可以使用 GPS 设备或另一种类型的定位设备（例如，室内定位设备）来记录物理实体所占用空间的 GPS 坐标。在物联网域模型中，二次标识是添加到物理实体的标签或标志，并有相关的 RFID 或条形码技术来实现这种识别机制。

除了标识外，位置和时间的信息对于为特定物理实体收集并在虚拟实体中表示的信息进行注释也很重要。实际上，如果没有这两者（即位置或时间），信息是无用的，除了人体区域网络（BAN，添加在人体的传感器网络，用于实时捕捉生命信号，如心率）。该位置基本上是固定的，并且与用户的身份有关。然而在这种情况下，整个人体区域网络或使用者的位置对于关联目的来说是很重要的（例如，在冬季户外活动时，人类用户的心率会增加，以补偿比室内更低的温度）。因此，虚拟实体的位置，通常是位置的时间戳，可以为虚拟实体的属性建模，该属性可以通过位置感测资源（例如，GPS 或室内定位系统）获取。

8.3.2 信息模型

根据数据—信息—知识—智慧金字塔[110]，信息被定义为在确切的上下文中对数据（没有相关或可用上下文的原始值）的扩充，以便于回答关于谁、什么、地点和时间的查询。由于物联网域模型中的虚拟实体是"物联网"中的"物"，物联网信息模型捕捉以虚拟实体为中心的模型的详细信息。

与物联网域模型类似，物联网信息模型也采用统一建模语言（UML）图进行描述。如前所述，UML 图中的每个类将包含零个或多个属性。这些属性通常是简单类型，例如整型或字符串型，并用类名称下的文本表示（例如，在图 8-8 中虚拟实体类的实体型）。

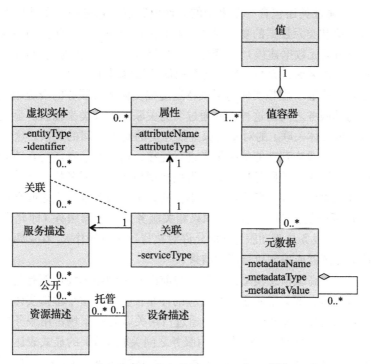

图 8-8　高级物联网信息模型（根据 IoT-A[19]重绘）

特定的类 A 中的复杂属性可表示为类 B，类 B 包含在类 A 中，类 A 与类 B 之间有聚合关系。此外，用于描述物联网信息模型的 UML 图还包含了先前未介绍的附加符号。更加具体地说，图 8-8 中的关联类包含有关虚拟实体和相关服务之间特定关联的信息。换句话说，尽管在物联网域模型中人们对捕捉虚拟实体和相关服务的关联感兴趣，但物联网信息模型明确地将这种关联表示为物联网系统所维护信息的一部分。

在高层上，物联网信息模型维护有关虚拟实体和它的特性或属性的必要信息。这些特性或属性可以是静态的或动态的，并以各种形式进入系统，例如通过手动输入数据或读取连接到虚拟实体的传感器。虚拟实体属性也可以是执行器状态的数字同步副本，如前所述：在物理世界中，一个动作的发生是通过更新虚拟实体属性的值，在物联网信息模型的高层呈现中，除了名称和标识符等基本属性外，我们还忽略物联网设备（传感器、标签）未更新的属性或不影响任何物联网设备（执行器、标签）的属性。在实际实现中也可能存在省略属性的例子，例如房间名称和楼层编号。一般来说，文本信息与物联网设备并没有直接关系，但对实际系统来说却很重要。

物联网信息模型描述了虚拟实体及其属性，它具有一个或多个用元信息或元数据注释的值。属性值会随着与虚拟实体的关联服务而更新。相关的服务反过来又与物联网域模型中的资源和设备相关。物联网信息模型捕获上述关联如下所述。

虚拟实体对象包含简单的属性或特性：①实体型表示实体类型，例如人、车或房间（实体类型可以是域本体概念的引用，例如汽车本体）；②唯一标识符；③类属性的零个或多个复杂属性。类属性不应与每个类的简单属性混淆。该类属性被用作虚拟实体复杂属性的分组机制。类属性的对象应依次包含具有自描述名称（属性名称和属性类型）的简单属性。与实体类型的情况一样，属性类型是值的语义类型（例如，温度值），并且可以引用 NASA 量和 SWEET 本体[111]。属性类还包含一个复杂的属性值容器，它是一个属性可以取多个值的容器。该容器包含类值和类元数据的复杂属性。容器仅包含一个值，例如描述这个单个值的时间戳和元信息（作为类元数据建模）。元数据类的对象可以包含作为复杂属性的元数据对象，以及具有自描述元数据名称、元数据型和元数据值的简单属性。

从物联网域模型来看，虚拟实体与提供特定虚拟实体相关服务的资源相关联。在信息模型中，虚拟实体与其服务之间的这种关联通过名为关联的显式类来捕获。显式类的对象捕获复杂属性类（与虚拟实体关联）的对象与服务描述类的对象之间的关系。这种显式关联的含义是将特定属性与信息或交互功能的提供者进行连接，这里的信息或交互功能是与虚拟实体相关联的一种服务。因为类关联是通过属性类描述虚拟实体和服务描述之间的关系，所以在关联类与虚拟实体类之间存在一条虚线，在虚拟实体类和服务描述类之间存在一条线。服务型的属性可以采用两个值：①"信息"，如果相关服务是传感器服务（即允许读取传感器）；②"驱动"，如果相关服务是驱动服务（即允许对执行器执行操作）。在这两种情况下，属性的最终值将是读取传感器或控制执行器的结果。

图 8-9 展示了一个高级信息模型的实例，与前面介绍的停车场示例有关。这里不显示所有可能出现的虚拟实体，而只显示了一个对应的停车位实体。这个虚拟实体用一个名为已占用的属性（以及其他属性）来描述。该属性通过占用关联与停车场占用服务描述相关联。占用关联是 1 号停车位虚拟实体与停车场占用服务之间关联（线）的显式表达。请注意，带空心箭头的虚线表示信息模型的"实例化"关系，而不是物联网域模型的实现关系。

通过物联网信息模型的描述，读者可能会想知道物联网域模型和信息模型之间的映射关系。图 8-10 展示了物联网域模型和物联网信息模型的核心概念间的关系。

信息模型将域模型中的虚拟实体（即"物联网"中的"物"）捕获为几个关联的类（虚拟实体、属性、值、元数据、值容器），这些类捕获虚拟实体及其上下文的描述。物联网域模型中的设备、资源和服务也被物联网信息模型捕获，它们被用作工具和数字接口的表示，用于与虚拟实体相关联的物理实体进行交互。

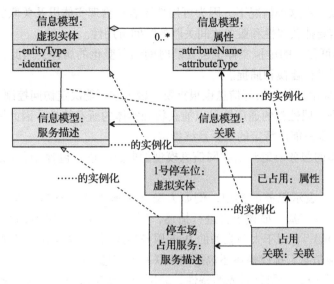

图 8-9 IoT 信息模型示例

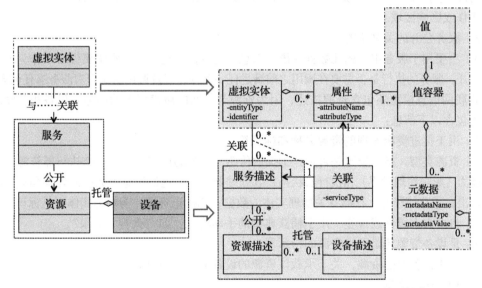

图 8-10 IoT 域模型和 IoT 信息模型的核心概念之间的关系（根据 IoT-A[19]重绘）

物联网信息模型并不完整，但作为对 ARM 的描述，信息模型是一个非常高层的模型，它忽略了在具体架构和实际系统中可能需要的某些细节。这些细节可以从描述目标实际系统的特定用例的特定需求中获得。因为本章描述 ARM，所以将提供更多信息或模型的说明和指南，这些信息或模型可与物联网信息模型一起应用到实际系统。物联网信息模型中的虚拟实体仅使用一些简单属性和与传感器、执行器、标签服务相关的复杂属性进行描述。如前所述，虚拟实体的描述也可能存在一些其他属性：

1）位置与时间的信息是非常重要的，因为用虚拟实体表示的物理实体存在于空间和时间中。当实体移动时（例如，移动的汽车），这些特性是重要的，甚至捕捉到物理实体是静态的或移动的这一事实也是一种有用的信息。移动的物理实体影响属性和相关服务之间的关联,例如靠近摄像机(传感器)的人只要停留在摄像机的视野内,就与摄像机提供的设备、资源和服务相关联。在这种情况下,因为可用性还表示物理实体以及关联的虚拟实体的时间可观察性,所以需要捕获属性和服务之间关联的时间可用性。

2)即使是不可移动的虚拟实体也包含随时间动态变化的属性,因此,它们的时间变化需要通过信息模型进行建模和捕捉。

3)在商业环境中,所有权等信息也很重要,因为它可能决定访问控制规则或责任问题。

值得注意的是,属性类的通用性足以捕获物理实体的所有特性,因此提供了一个可扩展模型,其详细信息则只能由特定的实际系统指定。

物联网域模型的服务映射到物联网信息模型的服务描述应包含(除其他信息以外)以下内容[112-113]:

1)服务类型,表示服务的类型,例如大型 Web 服务或 RESTful Web 服务。对于每个服务类型,服务接口都基于描述语言进行描述,例如用于 RESTful Web 服务的 Web 应用程序描述语言(WADL)⊖、用于大型服务的 Web 服务描述语言(WSDL)⊜和通用服务描述语言(USDL)⊜。除其他信息,接口描述还包括调用联系人信息,例如,统一资源定位器(URL)。

2)服务区域和服务计划是服务的特性,分别用于指定服务感兴趣的地理区域和服务的潜在时间可用性。对于传感服务,感兴趣区域就等于观察区域,而对于执行服务,感兴趣区域是操作或影响区域。

3)服务公开的关联资源。

4)主要用于服务组合的元数据或语义信息。这些信息包括哪些资源属性可以作为输入或输出公开,服务的执行是否需要在调用之前满足任一条件,以及调用后是否对服务有任何影响。

物联网信息模型还包含资源描述,因为资源与物联网域模型中的服务和设备相关联。资源描述包含以下信息:

1)用于促进资源发现的资源名称和标识符。

2)资源类型,指定资源是否是:①提供传感器读数的传感器资源;②执行器资源,提供驱动能力(影响物理世界)和执行器状态;③处理器资源,提供传感器数据的处理和对处理数据的输出;④存储资源,存储有关物理实体的数据;⑤标记资源,为物理实体提供标识数据。

3)自由文本属性或标签,用于捕获典型的手动输入,如"火警、上限"。

4)是设备资源还是网络资源的指示器。

5)对于设备上的资源,关于承载该资源的设备的位置信息。

6)相关服务信息。

7)关联设备的描述信息。

设备是一个物理实体,可以是传感器、执行器或标记的实例化。设备的实例化取决于它的实现,以及从物理包装的尺寸到设备印制电路板(PCB)上传感器、执行器、标签、处理器、存储器、电池、电缆等物理位置的任何信息,都可以在设备描述中捕获。设备描述应包含标识符、名称以及部署位置,用全局坐标或本地人可读的文本(例如,礼堂)表示。

需要注意的是,对于这些作为物联网信息模型的不同类型的属性或特性的信息片段,可以在实际系统实现中使用语义数据模型或本体论。例如,作为属性的传感器值可以用元数据

⊖ WADL: https://www.w3.org/Submission/wadl 。

⊜ WSDL:http://www.w3.org/TR/wsdl 。

⊜ USDL: http://www.w3.org/2005/Incubator/usdl/XGR-usdl/ 。

进行注释，元数据指向前面提到的 NASA SWEET 本体。位置信息可以符合一个本体，比如 GeoNames 本体，设备的描述也可以引用特定的设备本体论。

8.3.3 功能模型

物联网功能模型主要描述了功能组及其与 ARM 的交互作用，而参考架构的功能视图描述功能组的功能组件（FC）、接口以及组件之间的交互。功能视图通常是从功能模型和高级需求中派生出来的。对需求收集、生成过程和特定的统一需求感兴趣的读者可以参考文献［21］。

本节简要介绍最重要的功能组，而参考架构部分（见 8.4 节）将详细说明每个功能组的组成。IoT-A 功能模型如图 8-11 所示。

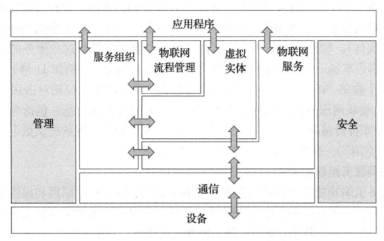

图 8-11　IoT-A 功能模型（根据 IoT-A^[19]重绘）

应用程序、虚拟实体、物联网服务和设备功能组件是从物联网域模型的用户、虚拟实体、资源、服务和设备类中派生出来的。通信功能组件关注于通信设备和数字伪影的需求。为了创建更复杂的物联网服务需要将简单的物联网服务进行组合，并且需要将物联网服务（简单的或复杂的）与现有信息和通信技术（ICT）基础设施相结合，这两个需求分别是引入服务组织和物联网流程管理功能组的主要驱动力。上述所有功能组件都需要由相应功能组捕获的管理和安全功能来支持。图 8-11 显示了功能组之间的信息流，而管理和安全功能组件的情况除外，这些信息来自或流向所有其他功能组，但为了清晰起见，本书省略了这些流。

8.3.3.1　设备功能组

设备功能组包含物理设备托管的所有可能的功能，这些功能用于检测物理实体。该设备功能包括传感、驱动、处理、存储和识别组件，其复杂程度取决于设备的性能。

8.3.3.2　通信功能组

通信功能组对实际系统中相关设备使用的所有可能的通信机制进行抽象，以便将信息传输到数字世界组件或其他设备。此类功能的示例包括有线总线或无线网状技术，传感器设备通过这些技术连接到互联网的网关设备。但应用程序和其他功能（例如，物联网服务功能组件的功能）之间使用的通信技术已超出范围，因为它们是典型的互联网技术。希望读者可以参考第 5 章中有关设备以及 LAN 和 WAN 技术的相关内容。

⊖ GeoNames 本体：http://www.geonames.org/ontology/documentation.html。

8.3.3.3　物联网服务功能组

物联网服务功能组主要对应于物联网域模型的服务类，它包含单个物联网服务，服务由设备或网络托管的资源（例如，处理或存储资源）来提供。诸如目录服务之类的支持功能也是该功能组的一部分，它允许服务发现和解析资源。

8.3.3.4　虚拟实体功能组

虚拟实体功能组对应于物联网域模型中的虚拟实体类，它需要管理虚拟实体与其自身之间、虚拟实体与相关物联网服务之间的关联，比如物联网信息模型的关联对象。虚拟实体之间的关联可以是静态的，也可以是动态的，具体取决于与相应的虚拟实体相关的物理实体的移动性。虚拟实体之间静态关联的一个示例，建筑、楼层、房间、走廊、开放空间的层次间的包含关系，即一个建筑包含多个房间、走廊和开放空间的楼层。虚拟实体之间动态关联的一个示例，一辆汽车从一个城市街区移动到另一个街区（汽车是一个虚拟实体，而城市街区是另一个虚拟实体）。物联网服务和虚拟实体服务的主要区别是对这些服务的请求和响应的语义不同。回到停车场示例，停车传感器服务在给定环路传感器（例如 11 号）的标识符情况下，仅提供一个数字"0"或"1"作为响应。01 号虚拟实体停车位把对占用状态的请求响应为"空闲"。物联网服务提供与特定设备或资源相关的数据或信息，包括有限的语义信息（例如，11 号停车位传感器，值 ="0"，单位 =无）；虚拟物联网服务提供更丰富的语义信息（"01 号停车位空闲"），这种方式可读性更强、更易被人们理解。

8.3.3.5　物联网服务组织功能组

物联网服务组织功能组的目的是托管所有的功能组，以支持物联网和虚拟实体服务的组合和协调。此外，当来自应用程序或物联网流程管理的服务请求被定向到实现必要服务的资源时，该功能组充当多个其他功能组（例如物联网流程管理功能组）之间的服务中心。因此，服务组织功能组支持虚拟实体与相关物联网服务的关联，并包含服务的发现、组合和协调功能。简单的物联网或虚拟实体服务可以组合成更复杂的服务，例如具有一个传感器服务和执行器服务的控制回路，目的是控制建筑物内的温度。服务可以订阅系统中的其他服务。

8.3.3.6　物联网流程管理功能组

物联网流程管理功能组是一个功能集合，它允许物联网相关服务（物联网服务、虚拟实体服务、组合服务）与企业（业务）流程顺利整合。

8.3.3.7　管理功能组

管理功能组包括用于启用系统故障和性能监视的必要功能，使系统灵活地适应不断变化的用户需求配置，以及用于启用系统后续的计费功能。管理功能组还包括支持功能，例如所有权管理、管理域管理、功能组件的规则和权利以及信息存储的管理。

8.3.3.8　安全功能组

安全功能组包含确保系统安全运行和隐私管理的功能组件。安全功能组包含以下组件：用户身份验证（应用程序、人员）、用户访问服务的授权、系统实体（如设备、服务和应用程序）之间的安全通信（确保消息的完整性和机密性），最后尤其重要的是，保证与人类用户相关的敏感信息的隐私性。这些隐私机制包括，例如收集到的数据匿名化、资源和服务访问匿名化（服务无法推断出哪个用户访问了数据）和不可链接性（外部观察者无法通过观察同一用户的多个服务请求来推断该服务的用户）。

8.3.3.9　应用程序功能组

应用程序功能组只是一个占位符，表示创建物联网应用程序所需的所有逻辑。这些应

用程序通常包含针对特定领域（如智能电网）定制的自定义逻辑。应用程序也可以是更大的
ICT 系统的一部分，例如供应链系统，该系统使用 RFID 读取器跟踪工厂内的货物移动用来
更新 ERP 系统。

8.3.3.10　模块化物联网功能

需要注意的是，并非所有的功能组都需要一个完整的实际的物联网系统。功能模型以及
参考架构的功能视图包含用于实现系统潜在功能的完整映射。最终，在实际系统中使用的功
能将取决于实际系统需求。值得注意的是，功能组的组织方式使得复杂的功能可以基于简单
的功能构建，从而使模型模块化。这已经在图 8-11 中显示，其中所有双向箭头指示了功能
组之间的信息流，并在图 8-12 中做了进一步说明。

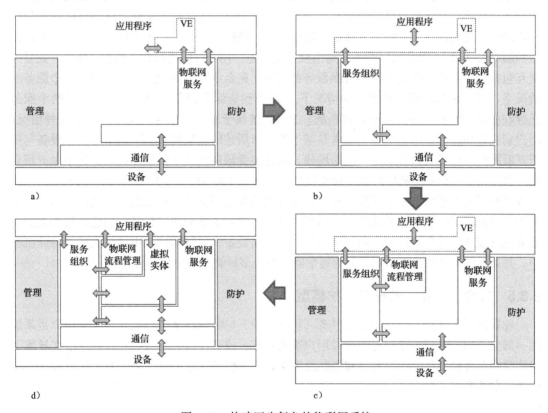

图 8-12　构建逐步复杂的物联网系统

最基本的功能是设备、通信、物联网服务、管理和安全（见图 8-12a）。借助这些功能，
实际的系统可以为大型企业的应用程序或后端系统提供传感器、执行器和标签服务的访问。
应用程序或更大的系统部件必须构建虚拟实体功能，以捕获虚拟实体或物联网架构中"事
物"的信息。通常，虚拟实体的概念无法在应用程序或具有专用功能组的大型系统中捕获，
但用于处理虚拟实体的功能被嵌入到应用程序或更大的系统逻辑中。因此，在图 8-12a ～ c
中，虚拟实体用虚线表示。例如，可以从纸质文档中捕获加热和冷却系统的部署，其中更大
系统的开发人员可从中提取硬编码逻辑，例如"如果传感器 A 的值高于 25℃，则打开空调
B"。在这种情况下，虚拟实体是开发人员不想捕获的。下一步，物联网系统的复杂性是添
加基于较简单服务的组合服务。如图 8-12b 所示，其中添加了服务组织功能组。组合服务可
用于抽象简单的服务，例如对来自多个物联网服务的事件进行过滤。而增加复杂性的下一步

是增加业务流程功能（见图 8-12c），它可以使企业功能以非常接近真实物联网系统的方式呈现，从而实现本地业务的控制循环。

8.3.4 通信模型

物联网参考模型的通信模型包括交互端点的识别、通信模式（例如，单播与多播）以及用于实现此类交互的底层技术的一般属性。在第 5 章和第 7 章有部分内容（例如 IETF 架构）详细描述了用于连接不同端点的架构、通信模式和具体的网络技术。因此，本节只关注通信路径端点的识别。

潜在的通信端点或实体是来自物联网域模型的用户、资源和设备。用户包括人类用户和活动数字伪影（服务、内部系统组件、外部应用程序）。具有人机界面的设备可以协调用户和物理世界之间的交互（例如，键盘、鼠标、笔、触摸屏，按钮、麦克风、摄像头、眼球跟踪和脑电波接口），因此用户并不是通信模型的端点。用户（活动的数字伪影、服务）到服务交互包括用户到服务的交互、服务到服务的交互（在企业服务或应用程序访问另一个服务的情况下，或者在物联网服务组合的情况下）、服务到资源到设备的交互。当一个或两个服务托管在受限或低端设备（如嵌入式系统）上时，这属于服务到服务的交互，除了这种情况，用户到服务和服务到服务的通信通常是基于第 5 章所述的互联网协议。通常，受限设备与用于互联网网络的设备具有不同的通信堆栈，而这类受限网络技术的例子在第 5 章中也有所介绍。因此，这些交互的通信模型包括几种类型的网关（如网络、应用层网关），网关负责在两种或多种不同的通信技术之间架起桥梁。服务到资源之间的通信也会出现类似的问题。设备可能受限制，以至于无法承载服务，而是否可以承载资源则取决于设备的功能。设备无法承载资源或服务，将会导致相应的资源或服务被移出设备，并转移到云中更强大的设备或机器中。并且资源到设备或服务到资源的通信需要涉及多种类型的通信堆栈。

8.3.5 安全、隐私、信任和防护模型

物联网系统使用户和活动数字伪影（机器用户）与物理环境进行交互。人类用户是系统的一部分，如果出现故障，可能会对用户造成伤害，或者会公开私人信息，这一事实导致了对物联网参考模型和架构的安全和隐私的需求。为了保护数字世界，每个 ICT 系统都需要信任和安全模型。

8.3.5.1 安全

系统安全性是高度特定于应用或应用领域的，通常与物联网系统密切相关，而物联网系统包括执行器，有可能伤害到有生命的对象（人、动物）。例如，当电梯轿厢不在门后时，如果允许电梯门以正常的用户交互方式打开，那么控制电梯的物联网系统，其操作可能会对人体造成伤害。对主要基础设施的保护也与安全相关，因为恶意用户攻击此类基础设施而造成的损失可能会对人类造成伤害。例如，对智能电网的攻击可能导致从简单的家庭断电到医院断电的各种损害。由于不是特定于应用程序的，因此物联网参考模型只能提供物联网相关指南，以使系统设计者确保尽可能可控的安全系统。这种关键系统的系统设计人员通常遵循两个步骤的迭代过程：危险识别和规避计划。这个过程非常类似于安全设计师为 ICT 系统执行的威胁建模和缓解计划。并非所有的危险或规避措施都包括物联网技术，但系统设计人员可以在用户、服务、资源和设备之间交互的相关点上加入安全声明。例如，只有当传感器设备检测到电梯轿厢在门后时，按下电梯按钮的人机交互才会使电梯门打开。如果系统设计人

员希望提供更安全的电梯系统,则系统应包括机械安全锁,这样即使在断电的情况下也能工作。然而,这些附加的措施并不依赖于本书中所描述的物联网系统。

8.3.5.2 隐私

由于与物理世界进行交互的对象通常是人,因此保护用户隐私对物联网系统至关重要。IoT-A 隐私模型[19, 114]取决于以下功能组件:身份管理、身份验证、授权以及信任和信誉。身份管理为同一个架构实体提供不同类型的多个派生身份,其目的是保护匿名用户的原始身份。身份验证是一种允许验证用户身份的功能,无论是原始身份还是某些派生身份。授权是这样一种功能,当用户(服务、人类用户)与服务、资源和设备进行交互时,它会声明并强制执行访问权限。信任与声誉功能组件负责维护交互实体之间静态或动态的信任关系。这些关系可能会影响交互实体的行为,例如如果某个设备被认为是不可信的(例如,当其设备上的传感器服务报告了超出范围的测量值),则另一个实体(例如,另一个传感器设备或网关)可以对拒绝来自特定设备的传感器测量。信任和信誉的级别通常反映了实体预期的行为级别。在 ICT 系统中,信任和信誉通常由信任或声誉分数来表示,该分数可以对类似实体(例如,提供传感器测量类似的设备)进行排名。

8.3.5.3 信任

根据 IETF 互联网安全术语表[115],"一般来说,当第一个实体假设第二个实体的行为与第一个实体所'期望'的完全一致时,该实体被称为'信任'第二个实体。"这个定义包括一个"期望",所以很难在技术环境中捕获到。然而如前所述,参考文献[114]指出,在技术背景下,信任和信誉可以用分数来表示。这个分数可以用于影响技术组件相互作用的行为。信任模型通常与 ICT 系统中的信任概念结合在一起,代表了交互实体的依存关系和期望模型。根据 IoT-A[114]的信任模型,其必要内容如下:

- **信任模型域**:由于 ICT 和 IoT 系统可能具有大量不同属性的交互实体,因此对每对交互实体的信任关系进行维护是不可取的。因此,具有相似信任属性的实体组可以定义为不同的信任域。
- **信任评估机制**:这些是明确定义的机制,描述了如何为特定实体计算信任分数。评估机制需要考虑用于计算实体信任级别或分数的信息源,相关的两个方面是信任联盟和信任锚。而另一个相关概念是物联网对于设备、资源和服务的信任级别评估的支持。
- **信任行为策略**:这些策略基于交互实体的信任级别来管理交互实体之间的行为。例如,用户如何使用被低信任级别传感器服务所检索的传感器测量值。
- **信任锚**:在默认情况下,这是一个被所有属于同一信任模型的实体所信任的实体。它通常用于评估第三方实体的信任级别。
- **信任联盟**:两个或多个信任模型之间的联盟包括一组规则,这些规则指定了如何处理具有不同信任模型的实体之间的信任关系。联盟在大规模系统中非常重要。

8.3.5.4 防护

物联网的防护模型包括通信防护,主要关注交互实体和功能组件的机密性与完整性保护,如前所述,即身份管理、身份验证、授权、信任和信誉。

8.4 物联网参考架构

在本节中,将介绍物联网参考架构。如前所述,参考架构是构建具体架构和实际系统的起点。一个具体的架构可以解决实际系统的多个利益相关者的关注,并通常以一系列视图的形式来解决不同利益相关者的关注点[18, 109]。另一方面，参考架构可作为一个或多个具体系统开发人员的指南，但是用于表示架构的视图概念对于物联网参考架构也很有用。通过一次解决一组关注点，视图对于降低参考架构蓝图的复杂性非常有用。但是由于物联网参考架构不包含实际系统部署环境的详细信息，因此有些视图无法详细呈现或根本无法呈现。例如，显示特定场景的具体物理实体和设备的视图。

具体物联网系统的利益相关者是使用系统的人员（用户）；对资源、服务、活动数字伪影和应用程序进行设计、构建与测试的人员；部署设备并将其连接到物理实体的人员；将物联网功能与现有 ICT 系统（例如，企业）进行集成的人员；操作、维护和排除物理与虚拟基础设施故障的人员；购买和拥有物联网系统或部分系统的人员（例如，市政府）。

首先为了解决具体的物联网架构师的关注点，其次是上述大多数利益相关者的关注点，这里选择将参考架构作为一组架构视图[18, 109]：
- **功能视图**：描述系统的功能及其主要功能。
- **信息视图**：描述系统处理的数据和信息。
- **部署和操作视图**：描述系统的主要真实组件，如设备、网络路由器和服务器。

本节的方法是从一般视图到更加具体的视图来描述不同的视图。值得注意的是，Rozanski 和 Woods[18]也有一种视点的观念，视点是模式、模板和惯例的集合，用于构建一类视图。因此，视图和视点之间的关系分别是成员和组之间的关系。根据 Rozanski 和 Woods 的说法，架构的描述有 6 种视点：功能、信息、并发、开发、部署和操作。这里选择使用功能、信息、部署和部分操作视图（符合各自的视点）来呈现参考架构。

8.5 功能视图

IoT 参考架构的功能视图如图 8-13 所示，它来自 IoT-A[19]。它包括先前介绍的物联网功能模型中的功能模块，每个功能模块包括一套功能组件。需要注意的是，正如前所述，并非所有的功能组件都用于具体的物联网架构，而且实际系统也是如此。

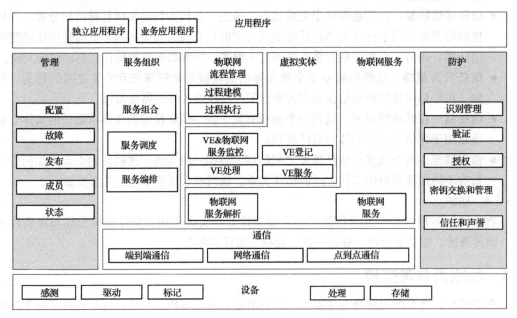

图 8-13　IoT 功能视图（根据 IoT-A[19]重绘）

8.5.1 设备和应用功能组

设备功能组和应用功能组已经包含在物联网功能模型中。为了方便起见，设备功能组包含感测、驱动、标记、处理、存储功能组件，或者仅仅是组件。这些组件表示连接到感兴趣物理实体的设备资源。应用程序功能组包含独立的应用程序（例如 iOS、Android、Windows）或将物联网系统连接到企业系统的业务应用程序。

8.5.2 通信功能组

通信功能组包含点到点通信、网络通信和端到端通信组件：

- 点到点通信，它适用于配备无线网状网络技术（如 IEEE 802.15.4）的设备，其中消息必须穿过无线网格从一个节点到另一个节点（点到点），直到它们到达网关节点，如果需要，网关节点将消息进一步转发到互联网。点到点功能组件负责向其他设备发送和接收其他设备的物理层和 MAC 层帧。这个功能组件有两个主要接口：一个"南向"接口，至/自设备上的无线电波；一个"北向"接口，至/自通信功能组中的网络功能组件。

- 网络功能组件负责消息路由和转发以及各种标识符和地址的必要转换。这些转换可以是①网络层标识符转换到 MAC 或物理标识符；②高级可读的主机/节点标识符转换到网络层地址［例如，完全限定域名（FQDN）到 IP 地址的转换，这是由域名系统（DNS）服务器所实现的功能］；③节点/服务标识符和网络定位器之间的转换，以防网络层之上的更高层使用节点或服务标识符的情况，而节点或服务标识符与网络中的节点地址是分离的［例如，主机身份协议（HIP）[116] 标识符和 IP 地址］。由于底层的限制，潜在的消息片段和重组也是由网络功能组件处理的。最后，网络功能组件负责处理跨不同网络或 MAC/物理层的消息，该功能通常在网络网关类型的设备上实现。例如，IPv4 到 IPv6 的转换托管在具有两个网络接口的网关中，其中一个支持 IPv4，另一个支持 IPv6、6LoWPAN、IEEE 802.15.4。网络功能组件通过"北向"连接端到端通信功能组件，通过"南向"连接点到点通信功能组件。

- 端到端通信功能组件通过不同的网络和 MAC/物理层来实现应用层消息的端到端传输。反过来，这意味着它可以根据功能组件的配置来处理丢失帧的端到端重传。例如，如果实际系统中端到端通信功能组件被映射到实现 TCP 的组件，那么帧的可靠传输将指示重新传输丢失的帧。最后，在网络之间，该功能组件负责托管不同传输/应用层网络之间任何必要的代理、缓存和协议的转换。例如，HTTP-CoAP 代理，它执行传输层的协议转换。端到端功能组件通过"南向"连接网络功能组件。

8.5.3 物联网服务功能组

IoT 服务功能组由两个功能组件组成：IoT 服务功能组件和 IoT 服务解析功能组件。

- 物联网服务功能组件是服务实现的一个集合，这些服务连接相关资源和关联资源。对于传感器类型资源，物联网服务功能组件包括以下服务：接收来自用户的请求并以同步或异步（例如，订阅或通知）方式返回传感器资源值。执行器资源对应的服务负责接收用户的执行请求、控制执行器资源，并且在执行该操作后返回执行器的状态。标签物联网服务既可以作为传感器（用于读取标签的标识符），也可以作为执行器（用于在标签上写入新的标识符或信息）。如前所述，资源还可以执行处理和存储操作（处理或存储资源），因此它们相应的服务公开了相应的接口，例如复杂事件处理（CEP）资源的接口提供数据输入并检索输出数据。特定资源的物联网服务还可以将传感器值或执行器命令或标签标识符的历史值作为服务公开。

- 物联网服务解析功能组件的解决方案包含实现物联网服务目录的必要功能，该目录允许动态管理物联网服务描述，并通过其他活动的数字伪影以发现、查找、解析物联网服务。物联网服务的服务描述包含许多属性，如前面部分的物联网功能模型所示。动态管理包括服务描述的创建、更新、删除（CUD）等方法，也可以由物联网服务本身和管理功能组件的功能所调用（例如，系统启动时批量创建物联网服务描述）。通过为物联网服务解析功能组件提供不同类型的信息，发现/查找和解析功能允许其他服务或活动的数字伪影来定位物联网服务。通过提供服务标识符（服务描述的属性），对物联网服务解析的查找方法调用可以返回服务描述，而解析方法调用可以返回服务的联系信息（服务描述的属性），以便直接调用服务（例如，URL）。另一方面，发现方法假设服务标识符是未知的，并且发现请求包含一组理想服务描述属性，而匹配服务描述应该包含这些属性。

8.5.4　虚拟实体功能组

虚拟实体功能组包含这样的功能，它通过虚拟实体服务进而支持用户和物理事物间的交互。这种交互的一个例子是对物联网系统的查询，形式为"泰坦会议室的温度是多少"。会议室"泰坦"是虚拟实体，令人感兴趣的是会议室的属性"温度"。假设实际房间安装了温度传感器，如果用户知道房间安装了哪个温度传感器（例如，23 号温度传感器），那么用户可以重新设置此查询并将其重新定位为"23 号温度传感器的值是多少？"，并被派发到表示23 号温度传感器的温度资源的相关物联网服务。虚拟实体交互范式需要一些功能，诸如基于虚拟实体描述的物联网服务发现、管理虚拟实体与物联网服务的关联以及处理基于虚拟实体的查询等。为实现这些功能，本书定义了如下功能组件：

- 虚拟实体服务功能组件通过读取和写入虚拟实体属性（简单的或复杂的）实现用户与虚拟实体之间的交互。有些属性（例如，房间的 GPS 坐标）本质上是静态的并且不可写，而其他一些属性则是因访问控制规则而不可写。一般来说，属性与物联网服务相关，物联网服务又代表传感器资源，只能读取。当然，可以通过另一个允许写操作的物联网服务，它是与同一传感器资源相关联的特殊虚拟实体。这种特殊情况的例子是出于管理目的，虚拟实体代表传感器设备本身。一般来说，与物联网服务相关联并且也代表执行器资源的这些属性是可读可写的。读操作返回执行器状态，而写操作会向执行器发送命令。在大多数情况下，与标签相对应的虚拟实体属性可以被用户读取，而在特殊情况下，也可以由其他类型的用户（如管理应用程序）写入，就像可重写的 RFID 标签一样。除了可以对虚拟实体属性进行操作的功能，虚拟实体服务还可以公开虚拟实体属性的历史变化。
- 虚拟实体注册功能组件维护特定物联网系统及与其关联的虚拟实体。组件提供创建、读取、更新、删除（CRUD）等虚拟实体描述和关联服务。某些关联可以是静态的，例如实体"123 号房间"包含在建筑物构造的实体"7 层"中。然而，其他一些关联是动态的，例如，由于狗移动到客厅这一事实（实体移动性），实体"狗"和实体"卧室"进行了短暂的关联。更新和删除操作将虚拟实体标识符作为参数。

- 虚拟实体解析功能组件负责维护虚拟实体和物联网服务之间的关联，并提供创建、读取、更新、删除关联，以及查找和发现关联等服务。虚拟实体解析功能组件还向用户提供关于虚拟实体和物联网服务之间动态关联状态的通知，最终允许物联网服务发现（提供特定的虚拟实体属性）。
- 虚拟实体和物联网服务监控功能组件包括：①声明静态虚拟实体与物联网服务之间的关联；②根据现有关联或虚拟实体属性（如位置或邻近性）发现新关联；③连续监控虚拟实体和物联网服务之间的动态关联，并在现有关联不再有效的情况下更新其状态。物联网服务与资源的关联和虚拟实体与物联网服务的关联的区别在于，前者通常是静态的并且是在创建物联网服务实例化时创建的，而后者通常是动态的（当然不排除静态关联），这是由虚拟实体潜在的移动性造成的。这种差异导致的结果是，在物联网服务功能组中，没有组件来发现或监视新的物联网服务与资源的关联，而在虚拟实体功能组中有一个对应的功能组件。

8.5.5 物联网流程管理功能组

物联网流程管理功能组旨在支持业务流程与物联网相关服务的集成，它由两个功能组件组成：

- 流程建模功能组件为使用物联网相关服务的业务流程建模提供了合适的工具。
- 流程执行功能组件包含由流程建模功能组件创建的流程模型执行环境，并利用服务组织功能组来执行创建的流程，以便将高级应用需求解析到特定的物联网服务。

需要注意的是，上述物联网服务不仅是来自物联网服务功能组的服务，也有来自虚拟实体功能组和服务组织功能组的服务。

8.5.6 服务组织功能组

服务组织功能组充当系统不同服务之间的协调器，它由以下功能组件组成：

- 服务组合功能组件管理复杂服务（由较简单的依赖服务组成）的描述和执行环境。复杂组合服务的一个示例是，提供来自多个简单传感器服务的平均值服务。复杂的组合服务描述可以明确指定，也可以动态、灵活地描述，具体取决于组合服务在执行时是否明确定义且已知的，还是按需发现的。动态组合服务的目标是通过组合较简单服务来实现信息质量的最大化，与前面所述的"平均"服务的示例是一样的。
- 服务调度功能组件将来自物联网流程执行功能组件或用户的请求解析为具体的物联网服务。
- 服务编排功能组件是通过发布、订阅模式促进服务之间的通信代理的。对特定的物联网相关服务感兴趣的用户和服务，可以订阅服务编排功能组件，服务编排功能组件能提供所需的服务属性，即使所需的服务属性不存在。当找到满足订阅条件的服务时，服务编排功能组件会通知用户。

需要注意的是，上述物联网服务不仅是来自物联网服务功能组的服务，还有来自虚拟实体功能组和服务组合功能组件的服务。

8.5.7 安全功能组

安全功能组包含确保物联网系统安全和隐私的必要功能，它由以下功能组件组成：

- 身份管理功能组件管理物联网系统中相关服务或用户的不同身份，以便通过使用多个假名来实现匿名性。该组件维护标识的层次结构（标识池）和组标识[114]。
- 身份验证功能组件验证用户的身份，并在验证成功后创建声明。它还验证给定声明的有效性。
- 授权功能组件管理并实施访问控制策略。它通过提供服务来管理策略（创建、更新、删除、CUD），以及对受限资源的访问权限做出决策并强制执行这些策略。这里的术语"资源"用于表示物联网系统中需要限制访问的任意条目。这些条目可以是数据库条目（被动的数字伪影）、服务接口、虚拟实体属性（简单的或复杂的）、资源描述、服务描述、虚拟实体描述等。
- 密钥交换和管理功能组件用于在物联网系统中两个通信实体之间设置必要的安全密钥，涉及通信实体之间安全密钥的分发功能。
- 信任和信誉功能组件管理物联网系统中不同交互实体的信誉分数，并计算服务信任级别。8.3.5 节中的安全、隐私、信任和防护模型对该功能组件进行了更详细的介绍。

8.5.8   管理功能组

管理功能组包含系统范围内的管理功能，这些功能可以使用单个功能组件管理接口。它不负责每个组件的管理，而是负责整个系统的管理。它由以下功能组件组成：

- 配置功能组件维护物联网系统中功能组件和设备的配置（功能视图中包含的一个子集）。该组件收集当前所有功能组件和设备的配置，将其存储在历史数据库中，并将当前配置和历史配置做比较。组件还可以设置系统范围的配置（例如，在初始化时），它反过来又转化为对单个功能组件和设备的配置更改。
- 如果可能，故障功能组件将检测、记录、隔离和纠正系统范围内的故障。这意味着单个部件故障报告会触发故障功能组件中的故障诊断和故障恢复程序。
- 成员功能组件管理物联网系统中相关实体的成员信息。相关实体的示例有功能组、功能组件、服务、资源、设备、用户和应用程序。成员信息通常与其他有用的信息一起存储在数据库中，例如身份管理和授权功能组件使用的功能、所有权、访问规则和权限。
- 状态功能组件与配置功能组件类似，并收集和记录当前功能组件的状态信息，可用于故障诊断、性能分析和预测以及计费目的。该组件还可以根据系统范围的状态信息来设置其他功能组件的状态。
- 报告功能组件负责根据功能组件的输入生成有关系统状态的压缩报告。

8.6   信息视图

信息视图包括对物联网系统中信息处理的描述以及信息的处理方式。换句话说，信息视图就是信息生命周期、信息生命流（如何创建、处理和删除信息）和信息处理组件。由于物联网系统处理的信息主要由 8.3.2 节所述的物联网信息模型捕获，作为物联网参考模型的一部分，仅提供特定信息片段的概要，而不作详细说明。作为第二部分，这里描述了在物联网系统中处理上述信息的方式。

8.6.1   信息描述

在物联网系统中，ARM（如，IoT-A[19]）处理的信息如下：

- 虚拟实体的文本信息，是由部分物联网信息模型（具有值和元数据的属性，例如房间的温度）表示的属性（简单的或复杂的）。它是物联网系统捕获的重要信息之一，表示相关物理实体或事物的属性。
- 物联网服务输出是物联网系统生成信息的另一个重要组成部分。例如，通过询问传感器或标签服务生成的信息。
- 一般而言，虚拟实体的描述不仅仅包含物联网设备的属性（例如，所有权信息）。
- 虚拟实体与相关物联网服务间的关联。
- 虚拟实体与其他虚拟实体的关联（例如，123 号房间在 7 楼）。
- 物联网服务描述，包括相关资源、接口描述等。
- 资源描述，包括资源类型（例如，传感器）、身份、相关服务和设备。
- 设备描述，例如设备能力（例如，传感器、执行器、无线电）。
- 组合服务的描述，其中包含简单服务如何组成复杂服务的模型。
- 物联网业务流程模型，描述了使用其他物联网相关服务（物联网、虚拟实体、组合服务）的业务流程步骤。
- 安全信息，如密钥、身份池、策略、信任模型和信誉分数。
- 管理信息，如状态信息（用于故障、性能目的，来自操作功能组件）、配置快照、报告、成员信息等。

8.6.2 信息流和生命周期

在高层，物联网系统中的信息流遵循两个主要方面：从生成信息的设备（例如，传感器和标签）到用户应用程序或更大系统，信息应该遵循内容扩展原则；从应用程序或更大系统到用户类型的设备（例如，执行器），它遵循内容缩减原则。扩展过程如图 8-14 所示。

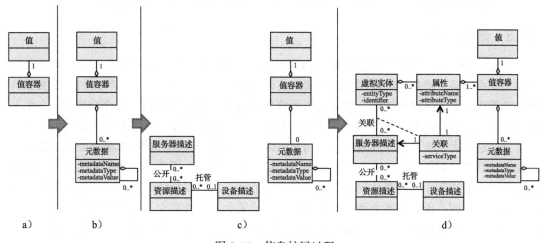

图 8-14　信息扩展过程

配有传感器的设备将物理实体的物理特性变化转换为电信号。这些电信号被转换成一个或多个值（见图 8-14a），然后用元数据信息（如测量单位、时间戳和可能的位置信息）扩展这些值（见图 8-14b）。而这些扩展的值是由设备或网络上的软件组件（资源）提供的。资源通过公开某些物联网服务，用来正式访问这些扩展的信息（见图 8-14c）。信息用简单的属性

（例如，位置和时间）进行注释，通常这种类型的元数据对于某些物联网应用或较大的系统是足够用的。这种扩展的信息一旦以虚拟实体属性（简单的或复杂的、静态的或动态的）的形式与某些物理实体进一步关联，就成为上下文信息。某些属性和物联网服务间关联的支持信息，进一步扩展了虚拟实体的上下文信息（见图 8-14d）。

在应用程序或大型系统（例如，数据分析、机器学习和知识管理）中进一步扩展，从而产生可操作的信息。将部分上下文信息和可操作信息进行存储，以备将来使用。可操作信息流入实施行动计划的业务流程中。行动计划将有关虚拟实体的上下文信息推送到相关物联网服务、驱动资源，最后到执行器以执行物理世界的变化（上下文信息缩减流）。实际的物联网系统采用不同程度的信息扩展、缩减或存储。某些物联网系统仅使用扩展功能同时把行动权留给人类，某些物联网系统仅使用上下文缩减功能（例如，加热元件的远程控制），另一些物联网系统使用完整的反馈回路。

虚拟实体上下文信息通常由数据生成设备（传感器设备）生成，并由数据消耗设备（执行器）或服务（物联网或其他类型的服务，例如机器学习处理服务）使用。原始信息、扩展信息和可操作信息存储在缓存或历史数据库中，以便后期使用、处理、追溯或计算。历史 / 缓存数据库信息的生命周期通常是特定于应用程序或法规的。通常缓存中保存的信息是短暂的，而存储在历史数据库中的信息可以保持较长的时间，但其高度特定于应用程序。根据法规规定的数据保留策略，一些原始传感器读数在满足用户请求后就会被销毁，而有些传感器读数会存储 5 年。相似的规则还适用于某些特定操作的信息，如设备、资源、服务描述等。这些规则包含物联网系统运行所需的信息，但通常不包括用户感兴趣的信息。然而这类信息是由功能组件创建的，通常是出于故障管理的目的而存储的，并且通常在软状态处理策略适用时被自动销毁。在这种情况下，软状态信息意味着管理此类信息的子系统会根据创建时间和保留策略去销毁旧信息（例如，超过一天的服务描述会从物联网服务解析中销毁）。创建该信息的用户（功能组件、管理应用程序）负责定期刷新信息以避免自动销毁。

8.6.3 信息处理

通常，物联网系统用于监测和控制物理实体。在功能视图中，物理实体的监视和控制依次地主要由设备、通信、物联网服务和虚拟实体功能组执行。功能组中的特定组件以及和其余的功能组（服务组织功能组、物联网流程管理功能组、管理功能组、安全功能组）在参考架构中对主要功能组起支持作用，同样在信息流中也起支持作用。物联网系统是更大系统的一部分，这个大系统还包含其他功能，例如复杂事件处理（CEP）、数据收集和处理、数据分析和知识管理、机器智能，这些内容在本书的第 5 章介绍过。因此，物联网系统的信息处理很大程度上取决于手头的具体问题。在参考架构方面，本书仅展示与物联网参考模型有关的部分信息流空间，而在技术方面，第 5 章详细介绍了处理组件和交互的单个及复杂信息。物联网系统中信息处理表示假定功能组件交换和处理信息。功能组件间的信息交换遵循以下交互模式（见参考文献 ［19］；见图 8-15）：

- 推送：如果组件 A 中已配置组件 B 的关联信息，则功能组件 A 将信息推送到功能组件 B，并且组件 B 监听这种信息的推送。
- 请求或响应：功能组件 A 向另一个功能组件 B 发送请求，并在 A 发送完请求后接收 B 的响应。通常情况下交互是同步的，即在进行其他任务之前，A 必须等待 B 的响应，但实际上，这种限制可以通过组件 A 的一部分等待，而其他部分通过执行其他任务来实现。组件 B 需要处理来自多个组件的并发请求和响应，这也对承载功能组件的设备或网络能力提出了更高的要求。

- 订阅或通知：多个订阅者组件（S_A、S_B）可以向组件 C 订阅信息，当请求的信息准备就绪时，C 将通知相关的订阅者。这通常是个异步信息请求，此后，每个订阅者都可执行其他任务。但是，订阅者需要一些监听组件来接收异步响应。目标组件 C 还需要维护哪个订阅者请求哪个信息及其联系信息的状态信息。订阅或通知模式适用于一个组件通常是多个其他组件所需信息的主机。订阅者只需要与一个组件建立订阅或通知关系。如果多个组件可以是信息生产者或信息宿主，那么从订阅者的角度来看，发布或订阅模式是一个具有可伸缩性的解决方案。

- 发布或订阅：在发布或订阅（也称为发布或订阅模式）中，有一个名为代理 B 的第三方组件，它可以在订阅者（信息使用者）和发布者（信息生产者）之间协调订阅和发布。S_A 和 S_B 等订阅者通过描述信息的不同属性，向代理 B 订阅他们感兴趣的信息。发布者 P 将信息和元数据发布给代理，代理将发布的信息（通知）推送给订阅者（该订阅者的兴趣与发布的信息相匹配）。

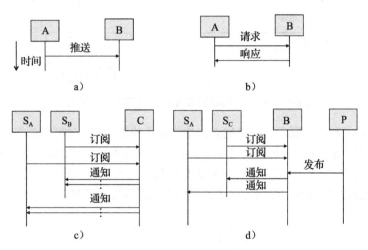

图 8-15 信息交换模式（根据 IoT-A[19] 重绘）

接下来，将描述几个由功能组件处理信息的例子。请注意，它们并不包含发生此类交互的所有方式，因此这些交互的描述并不完整。因为这些交互高度依赖于实际的物联网系统需求，所以它们也并不需要完整。在图 8-16 中，假设生成的传感数据由传感器设备推送（在步骤 1 和步骤 2 中），该传感器设备是多跳网状网络（例如，IEEE 802.15.4）的一部分，并通过逐跳、网络和端到端通信功能组件到达网络托管的传感器资源。请注意，图中并没有显示传感器资源，仅显示了关联的物联网服务。设备上传感器读数的缓存版本由物联网服务维护。当用户 1（步骤 3）从特定传感器设备请求传感器读数时（假设用户 1 提供传感器资源标识符），物联网服务将传感器读数的缓存副本提供给用户 1，并标注有关传感器测量的元数据信息，例如最新读取的传感器时间戳、单位和传感器设备。另外，已部署特定传感器设备的物理实体（例如，建筑物中的房间）与虚拟实体服务相关联，假设该虚拟实体服务已包含物联网服务作为其描述"有温度"属性的提供者。虚拟实体服务通过订阅物联网服务，以更新传感器设备推送的传感器读数（步骤 5）。每当传感器设备将传感器读数推送到物联网服务时，物联网服务通知（步骤 6）虚拟实体服务，虚拟实体服务用传感器设备的传感器读数来更新"有温度"属性的值。随后阶段，每次属性值更改（步骤 8）时都会通知订阅（步骤 7）虚拟实体属性"有温度"更改的用户 2。请注意，为了简化起见，图 8-16 中省略了虚拟实体和物联网服务间的一些信息流步骤。

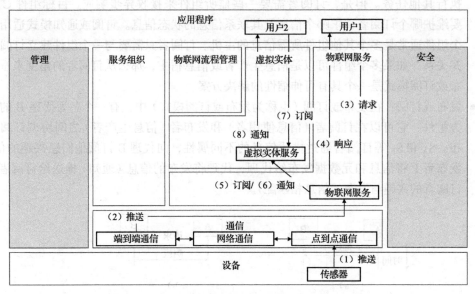

图 8-16 设备、物联网服务和虚拟实体的服务交互

图 8-17 描述了利用物联网服务解决方案功能组件的信息流。物联网服务解析实现两个主要接口：一个用于物联网服务解析数据库或存储中服务描述对象的 CUD；另一个用于物联网服务查找、解析、发现。正如提示，给定服务标识符，查找和解析操作分别提供服务描述和服务定位，并且发现操作返回一组服务描述，而且给出的匹配服务描述还包含属性列表。CUD

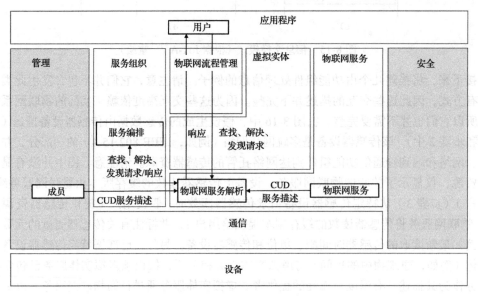

图 8-17 物联网服务解决方案

操作可以由物联网服务逻辑本身来执行或由管理层组件来执行（见图 8-17 中的成员功能组件）。查找 / 解析和发现操作可以作为独立查询由用户执行，或者作为组合服务或物联网流程的一部分由服务编排来执行。如果发现操作返回多个匹配的服务描述，则由用户或服务编排组件为特定任务选择最合适的物联网服务。尽管图 8-17 中的交互遵循请求 / 响应模式，但从某种意义来说，查找、解析、发现操作可以遵循订阅 / 通知模式，即用户或服务编排功能组件订阅现有物联网服务的更改，以便在发现操作的情况下，查找、解析和发现新的服务描述。

图 8-18 描述了使用虚拟实体服务解析功能组件时的信息流。虚拟实体解析功能组件允许虚拟实体描述的 CUD 以及虚拟实体描述的查找和发现。用户或服务的查找操作业务流程功能组件返回给定虚拟实体标识的虚拟实体描述，而发现操作返回虚拟实体描述。给定匹配虚拟实体应包含一组虚拟实体属性（简单的或复杂的）。请注意，虚拟实体注册表也是信息流的一部分，因为它是虚拟实体描述的存储组件。但为了避免混乱，在图 8-18 中省略了它。虚拟实体解析功能组件在用户和虚拟实体注册表之间协调请求、响应、订阅、通知，并且它有一个简单的 CRUD 接口，给定了虚拟实体标识。由于内部配置、成员管理功能组件、虚拟实体和物联网服务监控组件，在虚拟实体解析功能组件上执行 CUD 操作（创建、更新、删除）的功能组件本身就是物联网服务。其中，成员管理功能组件作为系统设置的一部分维护关联关系，虚拟实体和物联网服务监控组件的目的是发现虚拟实体和物联网服务间的动态关联。值得注意的是，订阅 / 通知交互模式也能用于查找 / 发现操作，与请求 / 响应模式实现订阅 / 通知接口相同。

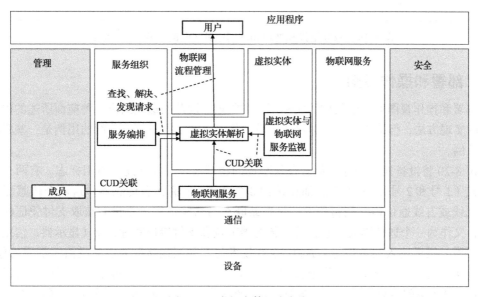

图 8-18　虚拟实体服务解析

作为信息流的最后一个例子，图 8-19 展示了一个映射到物联网服务 C 的复杂事件处理（CEP）资源。CEP 服务需要来自两个物联网服务的信息（例如，托管在两个传感器设备上的传感器资源相对应的物联网服务），并产生一个输出。CEP 物联网服务期望输入被发布或推送到自己的接口，而输出接口遵循订阅 / 通知交互模式。单个的物联网服务 A 和物联网服务 B 其公开接口也符合发布 / 订阅交互模式。连接这 3 个组件的功能组件是服务编排功能组件，它实现了发布 / 订阅交互模式。作为第一步，物联网服务 C 订阅服务编排功能组件，它需要物联网服务 A 和物联网服务 B 作为输入。同时，用户订阅服务编排功能组件，它需要 CEP 物联网服务 C 的输出。当单独的物联网服务 A 和物联网服务 B 将其输出发布到服务编排功能组件时，这些输出的信息会发布或转发到物联网服务 C，这需要它们生成 C 类型的信息。执行 CEP 过滤后，物联网服务 C 将 C 类型的输出发布到服务编排功能组件，服务编排功能组件再将其发布或转发给用户。

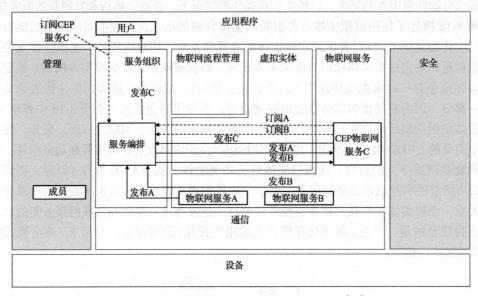

图 8-19　服务编排和处理物联网服务（根据 IoT-A[19]重绘）

8.7　部署和操作视图

部署和操作视图取决于具体的实际用例和需求，因此在这里给出一种前面所述的停车场示例的实现方法，但绝不是一个详尽或完整的例子。本书第三部分介绍的用例是一些真实的部署示例。

图 8-20 将设备视图描述为部署在停车场的物理实体，并描述了占用标志。有两个传感器节点（1 号和 2 号），每个节点都连接到 8 个金属 / 车辆状态传感器。这两个传感器节点通过无线或有线通信连接到付费站。付费站既充当驾驶员用于支付和获取支付凭证的用户接口，又作为一个通信网关，它将两个传感器节点和支付接口物理设备（显示器、信用卡插槽、硬币、纸币输入和输出等）通过 WAN 技术与互联网连接起来。假设由于部署的原因，直接连接不可行时（例如，有线连接太难部署或容易受到破坏），占用标志还可以充当执行器节点（显示空闲停车位）的通信网关。物理网关设备通过 WAN 连接到互联网和数据中心，其中停车场管理系统软件作为一台虚拟机托管在平台即服务（PaaS，见第 5 章）上配置。连接到该管理系统的两个主要应用程序是用户手机应用程序和停车运营中心应用程序。假设停车运营中心也使用类似的物理和虚拟基础设施来管理其他停车场。

图 8-21 显示了停车场示例的两个重叠视图，即部署视图和功能视图。为了简单起见，此处省略了一些功能组和功能组件，图 8-21 中出现了某些非物联网专用服务，因为物联网系统通常是较大系统的一部分。如前所述，从传感器设备开始，1 号传感器节点托管 11 ～ 18 号资源，代表 01 ～ 08 号停车位的传感器，而前面的 2 号传感器节点托管 21 ～ 28

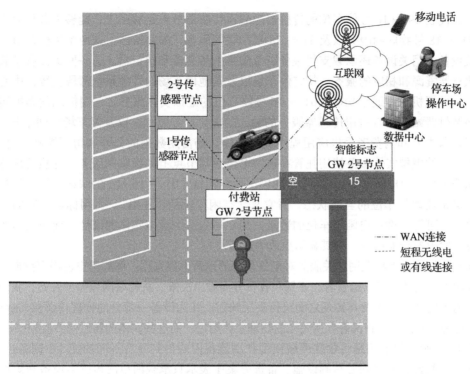

图 8-20 停车场部署和操作视图、设备

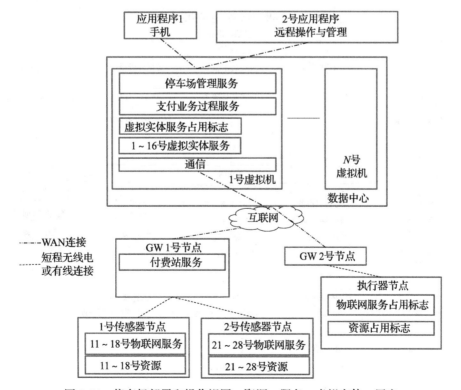

图 8-21 停车场部署和操作视图、资源、服务、虚拟实体、用户

号资源，代表09～16号停车位的传感器。假设传感器节点足够强大，能够承载代表各自资源的11～18号物联网服务以及21～28号物联网服务。如前所述，这两个传感器节点连接到网关设备，网关设备还承载支付服务以及附带的传感器和执行器。另一网关设备承载占用标志执行器资源和相应的服务。特定停车场以及其他停车场的管理系统部署在数据中心的虚拟机上。虚拟机承载通信功能，01～16号停车位的虚拟实体服务，占用标志的虚拟实体服务，涉及付费站和来自占用传感器服务的输入的支付业务流程，以及停车场管理服务（它为停车场运营中心和消费者手机应用程序提供对停车场占用数据的公开和访问控制）。作为提醒，停车场的虚拟实体服务使用托管在这两个传感器节点上的物联网服务，并执行传感器节点标识符（11～18号和21～28号）到停车位标识符（01～16号）的映射。这些停车位提供的服务是读取停车位的当前状态，看它是"空闲"还是"占用"。占用标志对应的虚拟实体包含一个可写属性：空闲停车位的数量。用户写入这个虚拟实体的属性，促使它向实际执行器资源发出执行器命令，将其显示更改为新值。

当然，许多其他物联网相关服务对于停车场的运营也很有用，例如历史占用率数据，机器学习算法可以支持停车场运营者在规划和收费方面做出决策。从物联网域模型开始，我们尝试在模型的不同类或实体及其实现之间执行高层映射。作为设备一部分的物理传感器、执行器、标签、处理器和内存，将部署在所关注的物理实体附近，而这些实体的属性受到监视或控制。

图8-22 所示的示例是将物联网域模型和功能视图映射到具有不同功能（不同备选方案）的设备，这些设备连接到云基础设施。备选方案1表示只承载简单的传感器设备和短程有线或无线连接技术的设备（1号基础设备）。这类设备需要1号高级设备，以允许基本设备进行

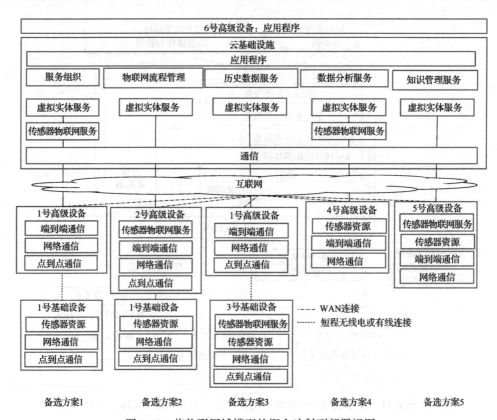

图 8-22　将物联网域模型的概念映射到部署视图

协议适配（至少从短距离有线或无线连接技术到 WAN 技术），以便云中的传感器物联网服务和 1 号基础设备上的传感器资源交换信息。代表物理实体（1 号基础设备部署在该物理实体）的虚拟实体也托管在云中。在备选方案 1 中，高级设备（2 号）可以承载传感器物联网服务，它与 1 号基础设备上的传感器资源进行通信。在这种情况下，云基础设施只托管与传感器物联网服务相对应的虚拟实体服务。备选方案 1 和备选方案 2 的区别在于，托管在 2 号高级设备上的传感器物联网服务能通过适当的安全中介响应用户（云服务、应用程序）的请求。在备选方案 3 中，3 号基础设备能够提供传感器资源和传感器物联网服务，但仍然需要一个 1 号高级设备向云用户传输物联网服务请求、响应、订阅、通知、发布。根据经验，这种部署场景给基本设备带来了很大的负担，这可能导致基本设备成为信息流中最弱的环节。如果用户恶意对该节点发起拒绝服务（DoS）攻击，则该节点崩溃的概率非常高。备选方案 4 和备选方案 5 表示高级设备提供 WAN 接口。在备选方案 4 中，只有传感器资源托管在设备上，而在备选方案 5 中，甚至物联网服务也托管在该设备上。虚拟实体服务托管在云中。

除虚拟实体服务，云基础设施还包括服务组织组件（组合、调度、编排）、物联网流程管理组件、历史数据服务（收集、处理）、数据分析和知识管理等，该列表并不详尽。最后，还有重要的一点就是应用程序可以在不同类型的设备或在云上运行。6 号高级设备可以托管在使用本地通信功能与连接到物理实体的基本设备或高级设备交换信息的应用程序，也可以托管在与云基础设施交换信息的应用程序中。

8.8　其他相关架构视图

除了这些功能视图，对连接物理世界的系统来说，还有一些非常重要的视图。最重要的两个是物理实体视图和上下文视图。这里并没有详细介绍它们，因为它们直接依赖于实际的物联网系统属性，并且这些属性因用例而异。物理实体视图根据物理属性（例如，空间、对象的尺寸）描述物联网域模型中的物理实体。这个物理实体的描述包括物理实体间的关系（例如，一个实体包含在另一个实体中，并且固定在特定位置或在特定位置上移动）。在参考架构中无法捕捉到物理实体的大量可能性。因此，开发人员从一开始就需要概述物理实体的所有细节，以便评估物理属性是否会影响到架构视图和模型。根据参考文献［18］，系统的上下文"描述了系统与其环境（与之交互的人、系统、外部实体）之间的关系、依赖和交互作用"。因此，上下文视图应捕获与系统交互的外部实体、系统对环境的影响、外部实体属性或标识、系统范围、责任等。由于外部实体以及与物联网系统交互的可能性取决于对实际系统的假设，因此该视图是在设计过程开始时构建的，因为它为即将到来的问题设置了边界条件。在上面的停车场示例中，简要地描述了物理实体和上下文视图的部分内容，没有对这些视图进行单独明确的展示。例如，停车位的尺寸是一个物理实体属性，在一个有门控的停车场中有 16 个实际的停车位，在路边停车场附近有一个占用率显示，并且概述了物理实体属性以及系统与环境间关系的其他详细信息。

8.9　其他参考模型和架构

在过去的几年中，除了物联网架构 ARM（它非常通用且不依赖于行业部门），一些组织已经为特定行业制定了参考架构或参考模型。在本节中，将详细描述其中的一部分，并将它与物联网架构进行一个高层次的比较。

8.9.1   工业互联网参考架构

在 2014 年，IIC[⊖]由 AT&T 公司、思科公司、通用电气公司、英特尔公司和 IBM 公司成立，旨在推动物联网技术在工业环境中的应用。多年来，该组织从创始成员发展为 260 多个成员。在撰写本书时，现有成员包括 8 个创始成员和贡献成员（博世公司、戴尔 EMC 公司、通用电气公司、华为公司、英特尔公司、IBM 公司、SAP 公司和施耐德电气公司，占会员总数的 3%）、来自世界各地的大型工业组织（31%）、小型工业组织（40%）以及学术和政府组织（26%）。IIC 是一个开放性组织，成员资格基于年费，它取决于每个组织的收入类型和金额。

IIC 不是一个标准化组织，它只是评估现有标准，并努力在标准制定过程中对工业物联网相关的国际标准开发组织（SDO）产生一定影响。这些评价和建议，会在尚未公布的具体出版物中加以收集和发布。

IIC 还开发了一些框架，如工业互联网参考架构（IIRA）^[108]、工业物联网连接框架（IICF）^[117]以及工业互联网安全框架（IISF）^[118]。这些框架促进利益相关者间使用共同语言以及不同工业物联网系统间的互操作性。为此，已开发的框架以及词汇表和互操作性指南已发布或即将作为技术或白皮书免费发布[⊜]。

此外，IIC 还定义了工业使用案例[⊜]，并允许成员组成小组，创建现实世界工业试验台^⑩，以应用和测试已定义的框架和指南。IIC 针对以下行业：能源、医疗保健、制造业、智慧城市和交通运输。目前，针对主要的重点行业以及某些技术，如通信和安全，IIC 已经开发了 25 个用例和大约相同数量的测试平台（一般情况下，用例和测试平台并不是一一对应的）。

IIC 在以下 6 个领域分为 19 个工作组：

- 业务战略和解决方案生命周期：该工作组为企业的工业物联网机遇之业务战略和业务规划提供支持，制定使用和实施 IIRA 的最佳实践，并提供关于工业物联网项目管理、解决方案评估和合同问题的指南。
- 联络组：主要由参与标准化组织、开源组织和联盟的成员组成，目的是让 IIC 和这些组织间进行双向信息流。
- 营销组：开发营销材料并推广 IIC。
- 安全组：专注于工业互联网安全框架开发的技术工作组。
- 技术组：负责组织和协调与技术事项有关的所有活动的核心工作组，其中活动包括 IIRA、工业互联网连接框架、词汇、用例和联络。
- 试验台组：负责评估成员小组提交的试验台建议，并为新试验台提供指导的咨询工作组。

IIRA 描述遵循 ISO、IEC、IEEE 42010:2011^[106]标准，并使用与 Rozanski 和 Woods^[18]相似的架构概念，如利益相关者和他们的关注点、视点、视图以及其他诸如模型和模型类型的概念。Rozanski 和 Woods 与 ISO、IEC、IEEE 42010:2011 的两个架构描述模型在利益相关者、关注点、视点和视图之间也有相似的关系，但定义略有不同。然而，在实质上，他们抓住了这样一个事实，即利益相关者所关注的问题都是由视点来解决或界定的。而这些核心概念的主要区别在于，Rozanski 和 Woods 认为视点是视图的集合，而 ISO、IEC、IEEE 42010:2011 则认为视点和视图存在一对一映射，但是这种差异对于理解物联网参考架构来说并没有实质性的影

⊖ http://www.iiconsortium.org 。
⊜ http://www.iiconsortium.org/white-papers.htm 。
⊜ http://www.iiconsortium.org/case-studies/index.htm 。
⑩ http://www.iiconsortium.org/test-beds.htm。

响。第二个主要区别是 ISO、IEC、IEEE 42010:2011 的模型类型和模型，它们不是 Rozanski 和 Woods 架构定义模型的一部分。ISO、IEC、IEEE 42010:2011 认为，视点是由多种模型类型构成，视图由多个模型构成，模型是模型类型在特定视点上规定的具体应用。

无论这些相似性和差异性如何，IIRA 的描述都将组织成一类观点，这些观点描述了利益相关者关注的问题，但不涉及关于模型类型、视图或模型的明确细节，然而每个视点的描述通常遵循特定于每个视点的结构。这个结构包括视点的主要概念及其关系。读者可以注意到，在物联网架构的情况下，物联网的主要概念及其相互关系在物联网域模型中得到了体现。在理论上，每个视点的 IIC 结构可以被看作模型类型或视点的模型或相应的视图。由于 IIRA 的开发仍在进行中，这些细节有望在以后的版本中给予解释。

IoT-A 以架构视图的形式描述，IIRA 以架构视点形式呈现，但就实际目的来说，这些并不重要。在这两种情况下，架构描述包含系统开发人员开发具体架构时所需的主要信息。这两种参考架构样式都强调一个事实：它们的描述，只是帮助系统开发人员在具体的架构中捕获主要相关概念及关系的起点和工具。

IIRA 描述包括业务、使用、功能和实现视点（见图 8-23）。应该注意的是，视点按层组织，以表明每一层的开发都施加需求，并指导下一层，并且每一层的开发会向上一层提供

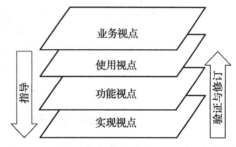

图 8-23　IIRA 观点（根据 IIC IIRA [108]重绘）

关于设计决策和需求的反馈。业务视点被简要地描述，而其余部分则被详细地描述以呈现重要的技术内容。简而言之，IIRA 的观点如下：

- 业务：业务视点侧重于确定利益相关者、他们的业务愿景、IIoT 系统的价值、关键（技术和业务）目标以及实现系统所需的业务基本能力。这些概念相互联系、相互影响。业务视点通过使用视点中使用的使用活动和系统需求来影响下面的使用视点，这些使用活动和系统需求是由业务视点的关键目标和基本功能派生的。而对业务视点感兴趣的利益相关者有决策者、系统工程师和产品经理。
- 使用：使用视点描述了如何使用系统，并解决了利益相关者的使用问题。该描述通常捕捉人与软件间的交互（IoT-A 中的活动的数字伪影）。对这个视点特别感兴趣的利益相关者有产品经理、系统工程师和处理终端用户问题的其他利益相关者。
- 功能：功能视点捕获系统的功能组件以及它们的接口和交互，以支持使用视点所定义的系统使用。对这个视点感兴趣的利益相关者通常是系统架构师、开发人员和集成商。这一视点与物联网架构的功能视图类似。
- 实现：实现视点描述了实现功能视点中确定的功能组件所使用的实现技术。使用视点和业务视点也可能影响某些设计的选择。此视点的利益相关者包括系统架构师、系统开发人员、集成商和系统运营者。

8.9.1.1　IIRA 使用视点

使用视点描述了系统的使用活动、执行这些活动的主要参与者和角色以及这些实体之间的关系（见图 8-24）。该符号与用于描述物联网域模型（见 8.3.1.1 节）的符号类似，但增加了以下内容：

- 在图 8-24 中，有两个关联名称（"已分配"或"假定"）的双向关联，每个关联名称

接近于一个不同的类：关联名称"假定"更接近"参与方"类，而关联名称"已分配"则更接近"角色"类。关联名称以较近的类为主体，较远的类为对象，则两个关联被读作"一个参与方假定一个角色"和"一个角色已分配一个参与方"。

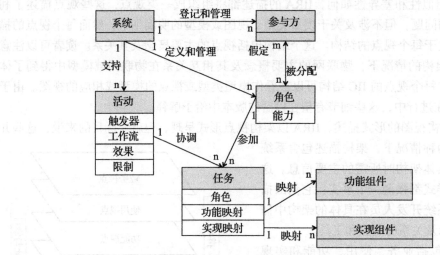

图 8-24 IIRA 使用视点的主要概念和关系（根据 IIC IIRA[108] 重绘）

- 某些属性部分为显式说明。

该模型的主要概念如下：

- 系统：描述用途的系统。
- 任务：基本工作单元，如函数调用。任务类似于 IoT-A 物联网域模型中的服务类和 IoT-A 功能视图中属于物联网服务功能组的服务。
- 参与方和角色：负责执行任务的不同人员或软件实体，各方在执行任务时可根据其能力扮演不同的角色。参与方类似于 IoT-A 物联网域模型中的用户类。
- 活动：活动是指协调任务，以实现比任务更高级别的目标。活动具有执行活动所依据的触发器或条件、实现更高级别目标的一组步骤，即工作流、活动执行后系统的目标状态，即效果以及执行活动时必须注意的系统约束，例如数据完整性。活动类似于 IoT-A 物联网域模型中的服务，以及 IoT-A 功能视图中属于 IoT 服务组织功能组的服务。
- 功能和实现组件：当定义了这些视点时，从功能和实现的视点对功能和实现组件进行描述。在定义视点前，每个任务间的关联是空的。

任务类包括功能和实现组件，它们在开发使用视点时可能是不可用的。使用视点的典型开发是从参与方、角色和活动的最初定义开始的，这些定义随后可以映射到更简单的任务，而不必与任何功能组件或实现组件相关联。随着功能视点和实现视点的开发，开发人员应该重新审视使用视点，并细化任务及其与不同组件（功能组件或实现组件）间的关联。

8.9.1.2 IIRA 功能视点

IIRA 功能视点分为 5 个功能域，与 IoT-A 中的功能组类似：

- 控制域；
- 运营域；
- 信息域；
- 应用域；

● 业务域。

图 8-25 给出了不同的功能域以及它们在信息和请求 / 控制流方面的相互关系。带有字母"D"的箭头表示功能域之间数据 / 信息的流，带有字母"R"的箭头表示请求 / 控制流，而没有字母的箭头表示决策流。

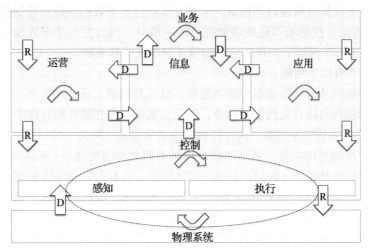

图 8-25 IIRA 功能视点的主要功能域（根据 IIC IIRA[108]重绘）

此外，功能视点的描述还包括术语"资产"，该术语在 IIC 词汇表[119]中被定义为"主要应用、通用支持系统、高影响程序、物理设备、关键任务系统、人员、设备或逻辑相关的系统组"。术语"设备"是自动控制中的一个常用术语，通常指要被控制的物理对象[120]。参考文献［120］中控制系统的数学模型表明，一个设备被传感器感知并受到执行器的影响，则该设备是一个具有输入和输出的黑盒系统。比较图 8-25 和控制系统的数学模型，功能视点（见图 8-25）的"物理系统"类似于设备。

为了完整性，图 8-26 在一张图里表示了所有的功能域，并依次描述了每个功能域。

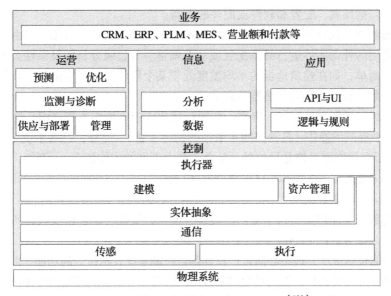

图 8-26 IIRA 功能视点功能（根据 IIC IIRA[108]重绘）

IIoT 的主要特点是自动控制，因为大多数（不是全部）工业系统都涉及某些形式的控制。因此，功能视点将控制作为主要的功能域之一。

控制功能域的功能包括通过传感器、处理逻辑和执行器抽象成简单的或分层的控制回路。通常，这些功能的实现对位置和时间都很敏感，因此它们部署在距离受控物理资产更近的地方，使用并生成具有精确时间保证的事件（读取传感器数据、应用控制规则和处理、调度控制命令）。因此，控制域不是纯功能视点的一部分，因为它包括部署细节，例如靠近受控的物理实体。这对于理解下面描述的控制域详细功能非常重要。

控制功能域具有以下功能：

- **传感**功能包括从传感器读取传感器数据，以及其传感实现分布在硬件和软件中。
- **执行**功能包括向执行机构发出命令，以及其实现分布在硬件和软件中。
- **通信**功能表示不同传感器、执行器和支持基础设施（网关、控制器、路由器等）相互连接以交换信息的功能。通信功能可以是不同类型的物理层/链路层/网络层技术的抽象，包括各种拓扑（例如，总线、网状网络、点对点）。Wi-Fi 网络是通信功能的实现示例。由于自动控制是 IIRA 的一个基本功能域，因此在通信功能中捕获通信特性（它影响系统可控性，如延迟和带宽）非常重要。
- **实体抽象**功能通过虚拟实体表示将不同的底层传感器、执行器、控制器和系统抽象到更高的层次。IIC 词汇表[119]中的"虚拟实体"这样表述，虚拟实体是"表示物理实体的计算或数据实体"。根据这个定义，IIRA 虚拟实体似乎与 IoT-A 中的虚拟实体类相似，但 IIRA 文档没有提供更多信息以得出更相似的结论。
- **建模**功能包括局部解释以及将传感器中的数据关联到更高层次的功能。术语"边缘分析"能很好地描述这个功能，正如 IIRA 中对该功能的描述中所述。边缘分析的范围从简单（例如，建筑物中温度传感器数据的平均值）到复杂（例如，基于地板上物理对象的热特性，建筑物楼层的房间之间热能扩散模型的应用）。边缘分析通常用于两个目的：作为一个实现局部实时控制的功能；减少因财务或效率原因而传输到外部系统的数据量。
- **资产管理**功能包括底层控制系统组件的生命周期管理（LCM）操作。典型的 LCM 操作示例包括加载、配置和软件或固件的更新。
- **执行器**功能是执行具有特定控制对象的本地控制逻辑。控制对象可以由本地控制实体或更高层的外部实体进行静态配置或动态调整。与边缘分析的复杂性类似，控制逻辑可以很简单，如在建筑地板的平均温度低于某个阈值时打开加热器，或根据建筑地板的热扩散模型安排不同加热器的启动。

操作功能域包括集合的配置、管理、监视和优化或控制域中的资产组。这是对控制域的补充，负责单个资产的操作（自动控制术语中的物理设备）。此外，这些系统组在资产/传感器/执行器或所有权方面可能是异构的（单个系统由不同的实体拥有）。例如，优化单一自动出租车的路线与优化自动出租车车队的路线是不同的。

操作域由以下功能组成：

- **供应与部署**功能包括运营中资产的装载、配置、跟踪、部署以及收回的功能，换句话说，就是负责资产 LCM。
- **管理**功能包括资产管理中心向资产及其各自控制系统发送命令的功能。此外，管理功能还包括资产及其各自的控制系统对来自资产管理中心的此类控制命令做出响应的能力。
- **监测与诊断**功能包括收集资产关键绩效指标（KPI）数据，以检测和诊断潜在问题。

- **预测**功能指系统的预测分析功能，使用历史性能数据、资产属性和模型，以便在问题情况出现之前就预测出来。
- **优化**功能包括在可靠性、可用性、能量、输出等方面优化资产性能的功能。

信息功能域由一组功能组成，用于收集、转换、存储和分析来自多个域（主要是控制域）的数据。虽然控制域中的建模功能负责边缘分析，即收集和分析数据以实现边缘中的局部控制回路，但信息域中的数据分析服务于系统范围内的操作优化和控制（系统范围分析与边缘分析）。

信息域包含以下功能：

- **数据**功能包括接收来自所有域的传感器和操作状态、数据清理、格式转换、语义转换（例如，将数据与相关上下文关联）、用于批处理分析的数据存储/仓库以及用于流分析的数据分发。
- **分析**功能包括数据建模、处理和数据分析以及规则引擎。分析可以通过两种主要形式实现：对大量存储数据进行面向批处理的分析；对生成的数据和事件进行面向流的在线处理分析。

应用功能域包括实现 IIoT 系统构建所需的特定应用逻辑的功能。应用功能域由以下功能组成：

- **逻辑与规则**功能包括 IIoT 系统为特定行业、垂直行业或用例所构建的特定功能。
- **API 与 UI** 功能包括一组功能，用于将应用程序功能公开，以作为其他应用程序使用的 API 或作为人们使用的 UI。

最后，业务功能域表示将 IIoT 系统特定功能与现代企业的典型业务支持系统集成的功能。这类支持系统的例子有 ERP、客户关系管理（CRM）和产品生命周期管理（PLM）。

8.9.1.3　IIRA 实现视点

实现视点涵盖了 IIoT 系统的架构表示，它涉及实现 IIoT 系统所需的技术和组件。它通常包括功能视点中的功能拓扑和分布情况以及它们之间的交互关系（包括接口）。对于前面提到的 IIRA，实现视点还包括使用视点到功能组件的活动映射和功能组件到实现组件的映射。业务视点通过施加一定的技术选择、成本约束、法规约束和业务策略约束来影响实现视点。

技术和具体组件的选择在很大程度上取决于特定的行业、垂直行业、应用和用例，所以实现视点依赖于这些参数，并特定于这些参数。因此，在参考架构文档中描述实现视点是不现实的，然而现实是描述 IIoT 系统预期展示的通用模式。根据 IIRA，"架构模式是 IIoT 系统实现子集的简化和抽象视图，并且跨多个 IIoT 系统反复出现，但允许有变化"。换句话说，架构模式是一种常见的和重复的实现机制，并且跨行业、垂直行业和应用。

IIRA 确定了 3 种架构模式，其中前两种也已在 IoT-A 中确定：

- **3 层架构模式**是一种系统拓扑模式，它由 3 层组成，即边缘层、平台层和企业层（见图 8-27）。每一层还包括不同类型的连接技术。边缘层主要包括近距离网络（如 ZigBee、低能耗蓝牙、Wi-Fi）和接入网络（如有线、移动无线，如 2G、3G、4G、5G），平台层包括网络访问类型和网络服务类型。近距离网络连接传感器、执行器、控制器和资源，统称为边缘节点。边缘节点通过多种类型的网络（如近距离网络和接入网络）连接到网关。接入网络实现了边缘层和平台层间的连接。服务网络实现了平台层和企业层中的服务以及这两层服务间的连接。边缘层从边缘节点收集数据，并使用邻近网络向边缘节点分发控制命令。平台层从企业层接收进程并转发控制命令，从边缘层接收、处理和转发传感器数据到企业层。平台层还包括设备和资产管理。企业层接收传感器数据并分发控制命令来自 / 至边缘层和平台层。企业层还承载应用逻辑、业务支持逻辑和用户界面。图 8-27 表示 IIRA 功能视点的 3 个层和功能域。通常边缘层实现大部分控制域功能，平台层则实现操作和信息域功能，而企业层则实现应用和业务域功能。然而在实际系统中这种映射只是粗略的对应关系，功能域的功能映射到平台层可以在边缘层实现。一个例子是在支持边缘计算的边缘节点中进行分析。

- **网关中介的边缘连接和管理**架构模式包括连接所有边缘节点的本地连接技术和网关，网关使边缘节点能够通过 WAN 技术与远离边缘的实体进行通信。本地网络的拓扑结构取决于连接选择，可以是星形、总线型或网状结构。网关有以下作用：①网关架起物理层、链路层、网络层，在某些情况下还在边缘与 WAN 之间架起应用层；②网关扮演网络传感器数据处理和反馈控制循环主机的角色；③网关是本地设备管理功能的主机；④网关承载需要位于边缘附近的特定应用逻辑；⑤网关充当安全边界，保护边缘节点免受来自 WAN 的安全攻击。
- **分层数据总线**模式由各层的多个数据库组成。数据总线是端点的集合，这些端点按照公共模式和公共数据模型交换数据，允许端点之间的互操作性。对于架构中的不同层，这些架构和模型可能有所不同。由于控制是 IIoT 系统的主要特征，并且控制可以是分层的，所以控制端点（传感器、广义上的执行器、控制器等）需要与公共数据模式进行通信或通过公共数据总线进行通信。因此，分层控制产生层次的或分层的数据总线。在各层间，可能存在不同模式和数据模型的适配器。IIRA 的建议是实现基于发布 – 订阅通信模型的数据总线，也就是说，数据生成端点发布到发布 – 订阅组件，而数据消耗端点订阅发布 – 订阅组件并从发布端点接收通知。

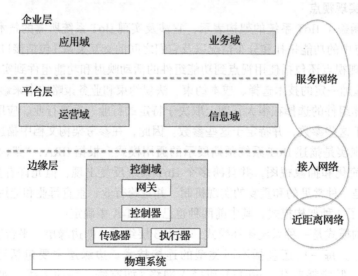

图 8-27　IIRA 实现视点 3 层拓扑（根据 IIC IIRA[108] 重绘）

8.10　最佳实践

我们已经描述了至少两种物联网参考架构的方法，并在第 7 章介绍了部分参考架构。接下来很自然要问：系统开发人员或系统设计人员如何使用这些知识，以及要生成更加具体的架构第一步要做什么。IoT-A 和 IIRA 以及其他完整或部分架构概述了主要概念及其关系，或者至少设计师应该从不同的参考模型和架构文档中提取这些知识。主要概念（第一类公民）通常需要包含在最终系统的主要组件中。

在设计过程中，有许多组件和支持功能需要放在架构中，但是这些都是在设计过程中发现的。一个好的设计实践是识别感兴趣的主要资产或实体，并根据与主要利益相关者的用例收集会议来收集主要的需求或关注点。主要关注点可以是功能性的或非功能性的。功能性关注点通常集中在所需信息或动作中，通常与控制回路中所需的信息相关联。功能性需求的一个典型例子就是房间（感兴趣的资产、实体），其功能需求是测量房间中的温度，最终将温度控制在所需范围内。而非功能性需求的例子是，上述所有的交互均在特定的时间内以安全的方式进行。

利益相关者的关注点应包含：感兴趣实体资产的有关信息（上例中的房间）、真实世界现象特征的有关信息（上例中的温度）、感兴趣实体的有关信息以及任何约束或限制。根据需要监测或控制的特性，需要确定适当的仪器（传感器和执行器），以实现利益相关者的关注。如果实体的一条信息不能由可用的传感器直接提供，或不能由执行器直接控制，则必须在功能架构中引入必要的功能间隙。例如，只通过特定的传感器并不能轻易地估计出一个人在室内环境中的位置，但可以通过传感器和软件的组合来提供其位置。例如，热像仪可以唯一识别和定位房间的人，但是人们担心被摄像头记录，并不希望使用此传感器。通过跟踪移动电话上的短距离无线电（例如蓝牙、Wi-Fi），可以使用这种方法来对人进行定位，但是准确性可能不会很高。无线电断层摄影[121]技术也可用于对人进行定位，而不需要确认人的身份，也不需要在人身上安装任何设备。但是房间需要配备一系列短距离无线电收发器，它们收集的数据将在本地或云服务器中进行处理。该方案在架构中引入了硬件、传感器和功能组件。在确定相关资产 / 实体、传感器或执行器以及必要的功能（以弥合所需实体信息或控制能力与可用能力之间的差距）之后，就可以按照前面的设计步骤去设计架构的信息模型和视图了。例如，如果选择了用于人员定位的无线电层析成像解决方案，则信息视图包括无线电收发器（作为信息源）和分析或传感器融合功能（作为信息流中的信息处理器）。可以将人的位置添加到数据库中，该数据库需要存储建筑物中所有房间和楼层中人员的位置。数据库是架构信息视图中的信息接收器。通过迭代此方法，在功能视图中识别功能组件，在架构信息视图中识别信息流，并对不同资产或实体执行相同或类似操作的功能进行合并。

有了功能视图和信息视图后，下一步便是部署视图，在该视图中，设计人员需要对所选传感器、执行器和计算组件的物理部署进行细致考虑。

考虑到与应用领域相关的不同参考架构，上述步骤仅为物联网系统设计提供了一些初始化方法。

8.11 结论

本章描述了物联网参考模型和架构的两种主要方法，即 IoT-A 和 IIRA 方法。IoT-A 主要是基于信息技术架构，侧重于简单的监控和操作，而 IIRA 则将更加复杂的传感器数据分析和控制回路抽象为物联网服务。另一方面，IIRA 从工业角度出发，更侧重于操作技术，它强调物联网的控制方面，即拓扑层次结构中几个层的控制回路（例如，在设备上、靠近设备的地方、云端）以及可能实时运行的回路。数据分析和对分析结果的操作被用于控制物理世界，因此它可以在IIRA 解析函数中明确表示和描述。此外，与解析相关的是优化、预测以及行动计划。而两种方法的共同点是对现实世界实体的抽象、通信注意事项、感知和驱动以及集成到业务流程系统。

为现实世界设计物联网

9.1 引言

本章概述了技术设计约束，以说明在现实世界中开发和实施物联网解决方案时需要考虑的问题。这为本书第三部分所概述的用例提供了一些背景和思路。

9.2 技术设计约束——硬件再次流行

从洗衣机到电能表，物联网在许多现有产品和机器中嵌入额外的电路，通过这一方法为这些事物赋予身份，使其能够在线代表自己，并与应用程序和其他事物进行通信。对各种事物来说，这是一个重要的被广泛认可的机会。

对于通常含有电子组件的产品制造商来说，这一过程相对简单。选择能够与传统设计（例如，主板）集成的适当通信技术将相对容易。然而运行环境和这些产品传输的信息的重要程度将带来一些非常规的挑战和设计需求，这些将在后面的新应用和潜在应用中讨论。

另一方面，物联网将允许在所有可以想象的场景中开发新应用。M2M 和无线传感器与执行器网络中的新应用在户外部署了传感功能，这些功能使利益相关者可以优化其业务、收集对相关物理和环境流程的新见解，了解和控制以前无法访问的情况。

除了现有解决方案的异构性之外，任何物联网解决方案的技术设计都需要对预期应用和业务主张的特殊性有基本的了解。开发物联网解决方案的端到端实例需要仔细选择，并且在大多数情况下，需要开发一些互补技术。这既可能是一个困难的概念问题，也可能是一个集成挑战，它需要关键利益相关者在许多概念和技术层面上的参与。通常，它可以被认为是一个组合优化问题，其中的最优解决方案是满足所有功能和非功能需求的解决方案，同时还需要提供令人满意的成本效益比。对于希望与现有产品竞争的组织或在新应用领域的初创企业而言，这尤其重要。通常，必须考虑"调试"方面的资本成本和"维护"方面的运营成本，这些可以通过结果优化来平衡。

典型的 M2M 或物联网应用符合第 4 章、第 7 章和第 8 章中介绍的通用功能架构。假定系统设计人员已选择适当的通信技术来桥接设备和应用域（可能是第 5 章所述的基于标准互联网协议的方法）。他们必须考虑几个层面上的应用：设备（或 M2M 区域网络，如硬件）、表示（即数据及其可视化）和交互（即本地或远程控制）。

9.2.1 设备和网络

如第 5 章所述，在毛细管网络或 M2M 区域网络域中构成网络的设备必须在选择或设计时考虑到其所应该具备的某些功能。至少，它们必须具有能源（例如，电池、日益增加的 EH[122]）、计算能力（例如，MCU）、适当的通信接口［例如，射频集成电路（Radio Frequency Integrated Circuit，RFIC）和前端射频电路］、存储器（程序和数据）以及感应（和/

或驱动）功能。

除了在所有情况下都应该存在这些大量的非功能性需求，还必须以特定的方式将这些需求集成，以满足所需应用的功能性需求。

9.2.1.1　功能性需求

特定的传感和驱动功能是基本的功能性要求。在传感或驱动装置之间存在距离问题时，有些设备可能被部署为路由设备，除了这种情况以外，设备必须能够感知环境中人们感兴趣的事物。从广义上讲，传感器很难有效分类。选择能够检测到特定现象的传感器至关重要。传感器可以直接测量人们感兴趣的现象（例如，温度），也可以基于附加知识来获取感兴趣现象的数据或信息（例如，舒适度）。传感器可以感测到局部现象（例如，检测某空间总耗电量的电能表）或分布现象（例如，天气）。

在许多情况下，传感器在规模上可能是昂贵的或不合理的，因此推动了模型的推导，这些模型可以根据可用的传感器读数进行推理。空气和水质监测系统是此类问题的典型代表。

给定一个特定的人们感兴趣的现象，通常虽然有许多传感器能够检测到相同的现象（例如，温度传感器的类型），但不同传感器却能反映出不同的特性。这些特性与传感器的精度、对环境条件变化的敏感性、功率要求、信号调节要求等有关。

例如在某些情况下，除了主传感器之外，还需要一个互补（如温度）传感器，以方便理解由温度变化引起的主传感器读数变化。

在考虑实际应用时，传感原理和数据需求也至关重要。考虑一个连续采样传感器，如加速度计、位移传感器，位移可以间歇性采样，而如果加速度计是占空比的，则可能会遗漏感兴趣的数据点（即真实事件）。此外，必须考虑利益相关者的数据需求。如果所有数据点都需要传输（在许多情况下都是这样，不管在 M2M 区域网络还是在 WSN 内进行本地推理的能力如何），这意味着更高的网络吞吐量、数据丢失、能源使用等，这些要求往往会根据具体情况而变化。

9.2.1.2　传感与通信领域

当需要考虑要感测的现象（即是局部的还是分布的）以及感测点之间的距离时，感测场是非常重要的，物理环境对所选的通信技术以及此后运行的系统可靠性有影响。设备必须放置在足够近的距离以进行通信。如果距离太远，则可能需要路由设备。由于无线媒介的时变、随机特性，设备可能会间歇性地断开连接。某些环境可能比其他环境更适合于无线传播。例如，研究表明，隧道是无线传播的绝佳环境，而在可能发生射频屏蔽的地方（例如在拥挤的建筑环境中），设备的通信范围会大大缩小。最近 LPWAN 技术的爆炸式增长将使得具有更大地理范围分布的应用蓬勃发展。

9.2.1.3　编程与嵌入式智能

物联网中的设备基本上是异构的。在某些应用中，除了通信介质、外围器件（传感器、执行器、按钮、屏幕、发光二极管等）外，还有各种计算架构，包括 MCU（8 位、16 位、32 位、ARM、8051、RISC、Intel 等）、信号调节器（如 ADC）、存储器（ROM、（S/F/D）RAM 等）。以前通常会有同构设备，事实上存在各种传感器和执行器，它们协同工作，这些传感器实际上构成了一个异构网络。

在任何情况下，应用程序员都必须考虑所选或设计的硬件及其功能。通常，应用可以被认为是周期性和逻辑性的。应用级逻辑规定了传感器的采样率、对传感器读数执行的本地处理、传输计划（或报告速率）以及通信协议栈的管理等。需要仔细执行（嵌入式）软件，以确保设备按预期运行，这仍然是重要且高度专业化的。对于异构设备，嵌入式软件将因设备而异。

对于传感器网络、M2M 和物联网领域的研究人员来说，重新配置和重新编程设备的能力仍然是一个尚未解决的问题，它涉及设备的物理组成、嵌入式软件的逻辑结构、单个设备的寻址能力和安全性等。对于嵌入式系统设计者来说，操作系统通常被用来简化编程和模块化，但是每种操作系统在概念和实现方面都有差异，这些差异会影响处理某些所需功能的能力。

9.2.1.4 电源

电源对于任何嵌入式或物联网设备都是必不可少的。根据应用的不同，电源可由市电、电源或能源（通常作为混合电源实现）转换提供。电源对整个系统的设计有着重要的意义。如果使用有限的电源，例如电池，那么除了应用级逻辑和通信技术，所选的硬件总体上对应用的寿命有重大影响，这会导致应用的运行周期短或增加应用的维护成本。大多数情况下，应该可以在部署之前对应用的电源需求进行分析建模，这使设计人员可以估算一段时间内的维护成本。

9.2.1.5 网关

如第 5 章所述，如果网关通常充当代理，则其设计通常更简单，然而目前市场上可供使用的有效 M2M 或物联网网关设备很少。根据应用需求，必须考虑功率因素。也有人认为，网关设备可用于对进出毛细管网络的数据进行某种程度的分析。

9.2.1.6 非功能性需求

每个应用程序都需要满足许多非功能性需求，这些是技术性和非技术性的：

- 法规。
  - 对于需要将节点放置在公共场所的应用程序，规划许可通常成为问题。
  - 射频法规限制了发射机可以广播的功率。这随区域和频带而变化。
- 易于使用、安装、维护、可访问性。
  - 除了众所周知的现成系统外，物联网应用的安装和配置的简化尚未解决。很难想出这个问题的普遍解决办法。这涉及定位、放置、现场勘测、编程以及出于维护目的的设备的物理可访问性。
- 物理限制（从多个角度看）。
  - 是否可以将其他电子设备轻松集成到现有系统中？
  - 部署方案是否会对设备的物理大小造成限制？
  - 哪种包装最合适（例如，用于室外部署的 IP 防护等级的外壳）？
  - 可以使用哪种类型和大小的天线？
  - 给定尺寸限制（涉及能量收集、电池和备用存储，例如超级电容器），可以使用哪种电源？

9.2.1.7 财务成本

财务成本考虑如下事项：

- **组件选择**：通常，通过使用非租用通信基础设施，在 M2M 区域网络域中使用设备可以降低总体成本负担。然而，物联网项目中需要进行设备开发或集成每个单独应用，这可能会产生研发成本。小批量的设备开发成本是昂贵的。考虑到最近低功耗 WAN 技术的激增，这些技术试图利用现有的蜂窝基础设施网络，很可能适用订购成本。

- **集成设备设计**：一旦考虑到能量、传感器、执行器、计算、存储、功率、连接性、物理和其他功能和非功能需求，就很可能必须生产出集成设备。这基本上是印制电路板（Printed Circuit Board，PCB）设计的一系列动作，但在许多情况下需要考虑射频前端设计。这意味着，在开发过程中，PCB 设计需要特别注意 RFIC 制造商的参考设计，或者潜在地集成一个额外的集成电路（Integrated Circuit，IC），以处理所需的巴伦（balun）和匹配网络。

9.3 数据的表示和可视化

每个物联网应用都有数据和系统的最佳可视化表示。从异构系统生成的数据具有异构可视化需求。目前还没有令人满意的标准数据表示和存储方法来满足所有潜在的物联网应用。

数据衍生产品将有进一步的特设可视化要求。一旦对初始数据集执行了一个函数，这些数据的衍生品就存在了——这个数据集可能是也可能不是原始数据。根据集成器的逻辑，这些可以在不同的抽象级别上进一步集成。新的信息源，例如从各种逻辑相关的物联网应用的集成数据流中获得的信息源，将带来有趣的表示和可视化挑战。

9.4 交互和远程控制

为了利用物联网应用的远程交互和控制功能，跨越应用管理器或其他授权实体的传统互联网（即从任何地方）到端点（即嵌入式设备）的连接仍然是一个具有挑战性的问题。除了身份验证和可用性挑战外，对于大多数受限的设备，异构软件架构（如在具有显著不同并发模型的设备上运行的基于事件的操作系统）从远程管理的角度来看仍是巨大的挑战。

特别是深度嵌入式设备的重新编程和重新配置这种设备管理的元素的需求量会很高，尤其是对于部署在无法访问的位置的设备来说。这需要可靠性、可用性、安全性、能源效率和延迟性能，以便在复杂的分布式系统之间进行通信。

另一个未充分研究的主题是物联网类型应用中端到端服务质量（Quality of Service，QoS）指标和机制的定义与交付。如果要在物联网应用服务条款中定义服务协议（Service Agreement，SA）或服务水平协议（Service Level Agreement，SLA），那么这些将是必要的、可能是应用所有者所期望的，但也可能不是，这将视具体情况而定。端到端的延迟、安全性、可靠性、可用性、故障与修复的间隔时间、责任等都可能包含在此类协议中。

Internet of Things: Technologies and Applications for a New Age of Intelligence, Second Edition

物联网应用案例

以下各章将概述物联网的一些突出且多样化的案例。物联网应用程序可以管理不同的资产或管理整个复杂的物理基础设施。它们依靠不同的工具来处理数据、获取洞察力并自动执行与业务和社会相关的不同流程。案例表明，为实现能够为组织和整个价值链创造价值的具体解决方案，不同的技术标准和架构应如何融合。

物联网系统构成现代社会的骨干，因为它们使用控制系统和信息技术（IT）来保证多项任务（例如商品生产和服务交付）的完成，并且通常监测和控制全球经济以之为基础的许多流程。

物联网有望发挥关键作用，并能够实现既经济又节能的新方法，与此同时，它们又可以灵活地适应未来的创新。业内普遍认为，用于监测和控制的物联网集成不会轻易实现，尤其是在过去，由于基础设施被严格控制以及大大降低的发展速度，造成了环境的隔离。特别是在与关键基础设施相关的情况下，工业系统提出了需要解决的截然不同的硬性要求。我们将研究如何通过使用面向服务的技术和新兴的云将现有工厂过渡到未来工厂。

预计未来的工厂将是系统的系统（Systems of Systems，SoS），它将支持当今难以实现或成本太高的新一代应用程序和服务。由于信息物理系统（Cyber-Physical Systems，CPS）的普及，将有可能使用新的先进的企业级监测和控制方法，这使IoT交互成为关键的竞争优势和市场优势。基于很大程度上相同的技术的类似系统将成为智慧城市和智能电网以及其他智能"公用事业"的核心，这些系统将越来越多地与人们的参与结合在一起，例如参与式传感系统。

资 产 管 理

10.1 引言

物联网及其数十亿个预想设备的出现给这些设备的管理提出了明显的挑战。现有的资产管理实践考虑到适用于各种实物资产的操作，并且在大多数情况下，指的是监视其操作，并在某种程度上涉及对其行为的调整（控制）。但是到目前为止，此类操作与设备和底层系统的功能紧密相关，并受（主要）专有协议的约束，以便涵盖最大范围的功能并保证结果，并且大多数情况下都是静态的。仅在最近几年，目睹了开放协议的重大发展，主要是通过 IP，这些协议正逐渐进入广泛的工业环境[123]。

随着运营技术（OT）和信息技术（IT）的融合，当前的实践正在发生转变。原因包括现在部署在现代基础设施中的设备的异构性激增，与几年前相比，它可以提供具有明确业务相关性的高质量数据，而成本却只有其一小部分。使用开放标准是实现大规模可管理性的一个很有希望的途径，但这还不够。原因不仅在于设备本身的复杂性，还在于它们所参与的一系列应用，以及它们的功能在现代应用中的使用方式。最重要的是，应用程序不是来自一个提供者的单一整体，而是相反，它依赖于其他利益相关者开发的多个层。因此，管理不同的设备需要大量的开销，以便能够有效地集成、监视和控制/重新配置它们。

典型的可管理性噩梦场景包括现代企业中的资产配置，以便根据企业服务需求进行数据收集[55]。例如，如今员工将几台计算设备（例如，笔记本电脑、台式机、智能手机、平板电脑、门禁卡、安全令牌）与车间 OT（例如，传感器和 PLC）结合使用；所有这些都需要在后端系统中解决，并与企业范围的监视解决方案集成，并符合组织的政策和要求。要实现这一目标很有挑战性，例如，如何保护公司资产及其包含的数据免遭未经授权的访问或使用？后者还附带了例如安全性和功能性的权衡，以增强员工使用设备的性能和利益，同时仍然遵守企业的总体约束。

10.2 预期收益

物联网时代由设备之间的交互、对设备数据的访问以及对设备的动态配置/管理所主导。现代 IT 概念的普及和基于互联网的技术的采用正在慢慢渗透到传统领域，例如能源、制造等领域。因此，物联网时代的管理虽然具有挑战性[124]，但它可能会产生巨大的收益，并使人们能够掌握庞大的基于设备的基础设施。

物联网在资产管理中有望带来许多好处[65]，例如：

- 降低成本：例如不需要现场人员参与的远程遥测。
- 提高质量：例如由于可以对数据进行细粒度的监控，甚至可以做到近实时。
- 增强弹性：例如由于对设备状态的分析，可导致预测性维护，从而除成本，还将停机时间和意外故障最小化。
- 提高性能和安全性：远程更新可以增强资产的操作能力。

- 增强安全性：资产软件的更新有助于纠正其行为和安全漏洞。
- 资产位置跟踪：例如更轻松的资产恢复和防盗。
- 运营优化：例如飞行途中优化车队管理。
- 新服务：例如通过智能计量的能源意识，基于位置的服务和电子客票。

不利的一面是，如果所有收益都取决于正确解决复杂问题，那么仅部分实现可能很快就将优势变成了劣势。例如，对设备的远程访问降低了集成成本，但也可能为第三方篡改它们及其功能打开大门，这可能导致增加的安全风险等。资产管理被认为是一项重大挑战，但在物联网时代，它具有关键优势，实时监控、预测性维护[125]和智能基础设施管理有望得到实现。它的应用有望在多个领域中实现下一代创新，例如住宅、医疗保健、建筑、城市、交通网络、能源网、制造、供应链、国土安全、工作场所安全和环境监控等。

10.3 物联网时代的电子维护

最近的重点是电子维护，即"维护支持，其中包括实现主动决策流程执行所必需的资源、服务和管理"[126]，尤其是物联网带来的预期收益可在多个方面加以利用。但是，为了有效地实施用于资产生命周期管理的电子维护应用程序，需要满足一些要求，这是一项艰巨的任务。除了互操作性，一个主要障碍是缺少复杂的信息技术平台[127]，该平台可以带来附加值[128]、能应对新的挑战并可以完全支持电子维护实践。

电子维护的关键策略[126-127]包括：

- 远程维护：由信息和通信技术（ICT）赋予这样的能力，即可在任何地方提供维护实践而无须实际存在（例如，企业边界以外的第三方实体）。这种方法能够对维护做出更有效的反应，并极大地影响将维护服务作为其功能一部分的业务模型。
- 预测性维护：这里隐含了模型和方法的采用，用于分析资产的运行性能，并试图预测故障和失败，或者在需要维护检查时确定需求（而不是按固定的时间间隔进行）。在这里，除了资产可靠性的直接好处外，还可以见证现场人员优化维护计划、加强资产更换计划、提高客户满意度等。
- 实时维护：车间中的当前故障虽然很明显，但可能需要花费大量时间才能针对企业系统已计划的操作进行评估、维修和重新计划。通过对企业系统的实时通知，可以实现并解决对运行的工厂或企业范围流程的即时评估。
- 协作维护：此功能使传统的维护概念能够在企业不同领域之间集成协作，这可能导致流程更精简、环境更简单、管理更有效。

为了实现这些目标，必须利用物联网带来的新功能。物联网方法集成了已被证明具有足够开放性及可扩展性的互联网技术（与各个行业领域的许多实践相比），考虑到资产的巨大异构性，预计整体集成将更容易。由于资产不再是基础设施中的被动监视实体，因此它们可以利用 IoT 中存在的事件驱动方法，并按需报告其运行状况、故障和／或其他信息。从传统的信息迁移到事件驱动的方法的这种迁移，有望最大程度地减少不必要的流量，并增强基础设施内目标信息的传播。

由于资产不再是基础设施中的被动监视实体，因此它们可以利用物联网中存在的事件驱动方法，并按需报告其运行状况、故障和／或其他信息。从传统的信息拉取到事件驱动方法的这种迁移，有望最大程度地减少不必要的流量，并增强基础设施内定向信息的传播。

电子维护可从物联网中受益的另一个关键方面是动态发现资产及其"周围环境"信息，

例如它们监视或控制的过程的位置或真实感测信息。协议的集成允许简单的"即插即用"方法，这意味着资产可以连接、可以被网络服务立即识别、可以自动配置并可以在组织的策略内运行。

　　然而，除了物联网带来的这些示例资产相关的增强功能，协作式电子维护是一种很有前途的方法，该方法集成了能够共同有效解决任何资产问题的多企业专家。这一点至关重要，并为新的业务模型铺平了道路，在需要时间和需要的地方远程部署领域专家，从而更有效地利用专业知识并更好地解决维护问题[127]。

　　跨公司沟通已经成为现实，但受限于企业级的运营，没有能够触发复杂的重新规划方案的深入信息。然而通过物联网与设备的实时连接，可以在多个专家的帮助下快速分析和解决故障，这些专家包括了解特定过程的专家、负责设备硬件/软件（HW/SW）的专家以及可能的现场人员（见图10-1）。现在，所有这些都可以通过一个（未来的）电子维护平台，使用多种基于互联网的技术与无缝数据、语音和视频集成进行协作。

　　直接进行的通信（例如，通过共同受信任的第三方服务提供商）可以简单地将两家公司结合起来用于特定的业务案例，并将所有必要的信息传播给参与的利益相关者，以此来消除昂贵的本地解决方案的开销。协同效应是可以确定的，而

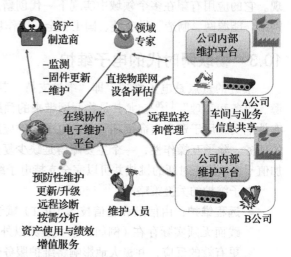

图 10-1　外包远程持续的跨公司电子维护

且到目前为止因成本太高而无法及时获得的信息可以流入跨公司的应用程序和服务。这种方法非常适合于动态和短暂的交互，这些交互可以像简单的组合服务一样轻松地设置、利用和删除。

　　跨公司协作使人们能够实现新的功能并在提供的服务上进行创新[127]。特别是在维修外包的情况下，专业合作伙伴现在可以引进他们的专业知识、远程监控车间的设备并对其进行维护。公司运营的资产将来可能不归公司所有，而是通过特定的服务水平协议（SLA）提供给他们，例如一条生产线的正常运行时间为99%，如何实现和保持这一点是各服务提供商的责任。因此，公司现在可以更加专注于其核心业务，而SLA可以调节车间绩效，使其更好地符合业务流程目标，而如何实现这一点现在是电子维护合作伙伴的责任。这有助于通过电子维护平台开发基于远程维护服务交付的新业务模型。

10.4　物联网时代的危险品管理

　　一个超出传统监控方法的资产管理示例是在"协作业务项"研究项目中实现的[129]。在那里，物联网平台被用来监控危险物品（即化学品）并保证其安全存储。存储的不兼容货物（即放在一起时可能会燃烧的货物）的临近程度或超出合规性准则，将在本地和企业系统发出警报，这些问题需要解决[129-130]。

　　传统上，监视是通过无源射频识别（RFID）标签完成的。然而，CoBI部署了无线传感器网络（WSN），该网络可以在本地执行业务逻辑，并在彼此之间以及企业系统间进行通信[130]。

无线传感器网络被认为是连接物理世界和虚拟世界的最有前途的技术之一，它们能够测量、评估和激活现实世界的环境[65, 131]。

图 10-2 显示了物联网如何帮助实现危险品管理场景的典型演示。所有的装化学剂的大桶都配备有无线传感器网络，其内部存储着有关桶内化学物质的信息，"不兼容物品"列表指明哪些化学物质与之接近是危险的，因为腐蚀可能会导致爆炸等危险，以及根据该化学品的现行规定，可存储在有限空间内的最大限度。无线传感器能够为附近的其他无线传感器网络提供信号，并交换有关桶内化学品的信息。附近的无线传感器网络网桥与桶内的无线传感器网络交互，并与企业系统建立连接，因此可以调解来自现场（桶的存储设施）的所有信息。

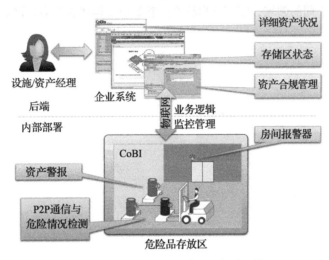

图 10-2　CoBI 中物联网增强的危险品管理

无线传感器网络网桥不仅能够为后端提供无线传感器网络的信息（自下而上的通信），而且还可以为其他无线传感器网络提供来自后端的信息（自上而下的通信）。后者是很方便的，因为最初提供给无线传感器网络的信息可能会改变。例如，可以扩展化学不相容性列表，或者可以增加或减少最大存储限制。无线传感器网络和网桥还具有可视和可听报警功能。

对安全至关重要的一种典型情况是，工人可能会误将化学剂桶转移放置到储藏室的错误一侧（即放在可能会引起爆炸的另一个化学剂桶的附近）。当无线传感器网络扫描其邻居并交换信息时，信息正在传输的化学剂桶以及已经在该位置的其他化学剂桶的无线传感器网络立即检测到危险情况（由于它们在本地托管的不兼容列表）。化学剂桶和储藏室响起警报，工人将其移到正确的位置以处理现场情况。同样的警报也可以在企业系统上看到，供远程资产监控管理员使用，他们也可以采取其他措施。如果没有物联网的交互，这种情况很可能不会被发现并会影响储藏室工作人员的安全。

如果在同一地点存储的化学剂桶超过允许的桶数（违反法律），也可能出现类似的危险情况。当放置一个额外的化学剂桶时，同样会识别出超出存储限制的情况，并发出警报。当然，后端有关于如何解决这种情况的附加信息。最大存储空间限制的变化可以通过无线方式推送到无线传感器网络，以保持整个系统的同步。

"行动点"（即物联网内部部署）的实时交互有着深远的好处。物联网授权的基础设施可以对本地事件做出反应，现场人员可以采取纠正措施。后者也可以在不连接企业系统的情况下实现，因为检测危险情况的逻辑是在无线传感器网络上本地托管的（并且可以由企业系统更新）。与企业系统的连接提供了额外的好处，将资产管理过程与现场的实时状态联系起来，有效地实现了与资产管理相关的远程监控和驱动场景。

10.5　结论

资产管理是一个可以从机器到机器的通信，特别是在跨层物联网交互扩散中获得巨大利益的领域。利用网络化嵌入式设备的内部部署，它们提供的信息以及与企业系统的协作[56]，可以实现新的创新解决方案。然而，要采用这样的解决方案，必须解决一些挑战[55]，例如复杂性管理、互操作性、安全性和服务质量（QoS）保证的通信，特别是涉及关键基础设施的场景。然而在许多不同的领域，资产管理将产生新的商业模式和机会，这是一个巨大的潜力。

工业自动化

11.1 基于 SOA 的设备集成

工业环境的趋势是通过大量智能化、小型化、网络化、高粒度的嵌入式设备来创建系统智能，而不是传统的将智能集中于少数大型独立应用程序的方法。这种分布在松散耦合的智能物理对象之间的智能粒度的增加，促进了系统对适应性和可重构性的需求，使其能够满足设计时未预见的业务需求，并提供真正的业务好处[132]。

面向服务架构（Service Oriented Architecture，SOA）范例可以作为一种跨多个层的统一技术，从用于车间级监控的传感器和执行器，到企业和工程系统及其流程，如图 11-1 所示。这一共同的"主干"意味着机器到机器的通信不限于直接（例如，邻近）设备交互，而是包括以跨层方式与各种异构设备以及系统与其物联网服务进行的广泛交互。这为所有的利益相关者带来了多重好处。目前已经提出并实现了这样的愿景[133]，同时也表明了所涉及的好处和挑战[132, 134-136]。关于如何实现这种集成，有几种模式[137]，技术在设备和系统的这种协调中起着关键作用。

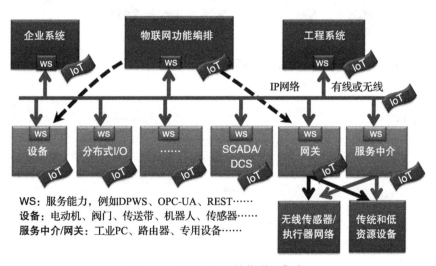

图 11-1 基于 SOA 的物联网集成

基于 IP 的技术，尤其是 Web 技术和协议［如 OPC-UA、DPWS、REST 和 Web 服务（WS）］是很有前途的集成方法[66]，包括未来工厂[123, 136, 138]。工业自动化中的 IP 技术实现了以下基本目标：实现设备级服务与企业系统轻松集成，克服了设备硬件和软件的异构性及具体实现。此外，还需要有效地解决行业特定的安全性、灵活性和近实时事件信息的可用性要求。后者也被视为实现与企业系统和应用程序（如实时业务活动监视、总体设备效率优化和维护优化）交互的更实时方法的关键因素。

SOA 无处不在的愿景预计不会在一夜之间实现，可能需要相当长的时间，这取决于特定行业的生命周期过程，并且可能受到微观和宏观经济方面的影响。因此，重要的是要提供迁移能力，以便人们今天能够获得一些益处，并为实现这一愿景提供一个循序渐进的过程。如图 11-2 所示，网关和服务中介的概念[135]可以通过启用新功能，同时协助遗留系统的迁移来帮助朝这个方向发展。动态设备发现是未来物联网基础设施的关键功能。作为示例，图 11-3 描述了 Windows 7 如何动态发现支持 SOA 的异构设备［即配备了 Web 服务，Web 服务的设备配置文件（DPWS）］。

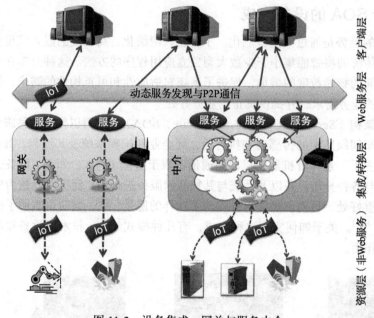

图 11-2　设备集成：网关与服务中介

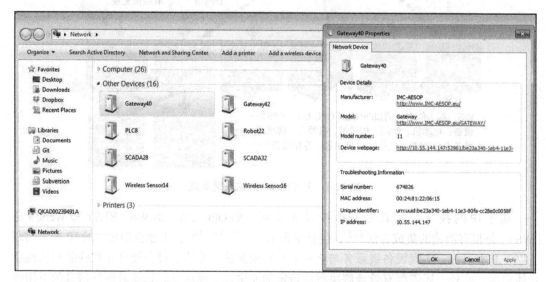

图 11-3　Windows 7 中通过 DPWS 的动态设备发现

图 11-2 展示了通过网关和服务中介集成设备的两种不同方法：

- **网关**：它是一种设备，控制一组较低级别的未启用服务的设备，网关可将这些设备公开为支持服务的设备。这种方法允许使用本机支持网络服务的设备逐步替换资源受限设备或传统设备，而不会影响使用这些设备的应用程序。这是可能的，因为启用网络服务的设备提供相同的网络服务接口，而非网关。当需要由更高级别的服务或应用程序分别了解和控制每个受控设备时，可以使用此方法。

- **服务中介**：最初旨在聚合各种数据源（例如，数据库和日志文件），但中介组件已逐步发展，现在不仅用于聚合各种服务，还可能用于计算/处理在将其公开为服务之前获取的数据。服务中介基于某些语义（例如，使用本体）聚合、管理并最终表示服务。在本书的案例中，服务中介可用于聚合各种不支持网络服务的设备。这样，更高级别的应用程序可以与提供网络的服务中介通信，而不是与具有专有接口的设备通信。好处很明显，因为没有（专有）驱动程序集成的麻烦。此外，现在可以在服务中介级别上完成数据处理，并且可以创建更复杂的行为，而这是以前在独立设备上无法实现的。

正如人们在未来的物联网基础设施中所看到的，物联网基础设施由数十亿台具有不同能力和需求的设备所主导，必须考虑这些设备如何相互集成[139]，并实现新的创新方法。假定工业中已有的各个层之间的集成和协作都在增加，即从车间到企业系统[55]。若干概念和努力旨在从特定设备方面进行抽象，并定义与设备无关的但以功能为中心的集成层。

11.2 SOCRADES：实现企业集成的物联网

现代工厂需要敏捷性和灵活性。再加上 IT 在硬件和软件方面的迅速发展，以及对跨工厂功能的依赖程度越来越高，为未来的工厂设定了新的挑战性目标。后者预计将依赖一个大型系统的生态系统，在那里将进行大规模协作。混合服务已经被证明是互联网应用程序领域的一个关键优势。如果现在这些设备既可以在本地托管网络服务，也可以在更高的系统中这样表示，那么可以使用现有的工具和方法来创建依赖于这些设备的混合应用程序。

遵循这一思路的一个有远见的项目是 SOCRADES，它是由欧盟委员会资助的行业驱动项目[140]。在跨层协作的关键需求驱动下，即在各种异构设备之间以及在企业级（ERP）级别的系统和服务之间的车间层，提出了一种架构，对其进行了原型设计[141]，并且进行了评估[142]。SOCRADES 提出并实现了基于 SOA 的集成，如图 11-2 所示，包括通过网关和服务中介迁移现有基础设施，如图 11-3 所示。

为此，它必须依赖物联网架构（如图 11-3 所示），其主要目标不限于设备之间的 P2P 交互，而是它们与企业系统的交互，以及它们之间的交互（跨层）。SOCRADES 集成架构（SIA）实现了一个基础设施，其服务可用于增强物联网操作以及物联网与企业系统之间的交互[142]。它的实现和评估解决了一些问题，这些问题使企业级应用程序能够使用具有网络服务标准（如图 11-4 所示）的高级抽象接口与各种网络设备交互并使用这些设备的数据。人们可以区分不同的层次，例如：

- **应用程序接口**：该部分支持与传统企业系统和其他应用程序的交互。它充当了将工业设备、它们的数据和功能与企业存储库和传统信息存储进行集成的黏合剂。
- **服务管理**：设备提供的功能在这里被描述为服务，以简化传统企业环境中的集成，并提供了监测工具。
- **设备管理**：包括设备的监测和库存，也包括服务生命周期管理。
- **平台抽象**：这一层使所有设备的抽象独立于它们本身是否支持网络服务、能够在更高的系统上被打包以及表示为服务。除了支持与设备通信的服务外，此层还提供了远程安装或更新在设备上运行的软件的统一视图。
- **设备和协议**:这些层包括通过多个协议连接到基础设施的实际设备。当然,各个插件都需要安装到位,以便能够无缝地集成到 SIA。

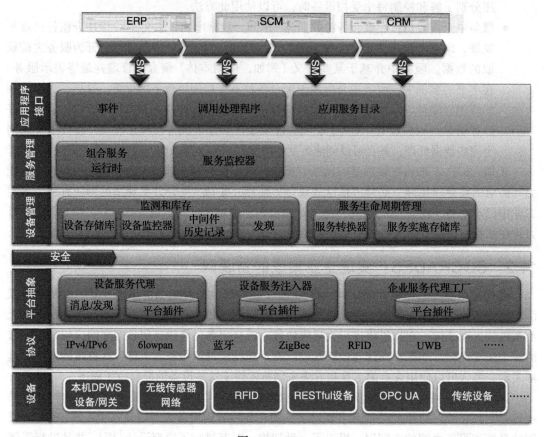

图 11-4   SIA

为了以 P2P 的方式实现发现和交互,实现了本地网关/服务中介。该原型称为本地发现单元(LDU),能够动态地发现本地设备及其与 SIA 的耦合。SIA 已经在多个场景中被用作不同设备之间集成的概念证明,包括本地设备和企业系统,例如[142]:
- 可编程逻辑控制器(PLC)、机械手和 SunSPOT 无线传感器节点之间的集成,同时由 SAP 制造集成和智能软件(SAP MII[143])进行监控,该软件还负责业务逻辑的执行。
- RFID 读卡器(通过 RFID 标签的产品 ID)、机械臂(用于演示运输)、监控紧急按钮使用情况的无线传感器、置入 IP 的应急灯和监控实际生产状态与生成分析的 Web 应用程序之间基于事件的交互。
- 通过 SAP MII 对由西门子电力线通信(PLC)控制并通过 OPC 进行通信的测试台进行生产计划、执行和监视。
- 通过使用传感器(Ploggs)和网关进行无源能量监控。

虽然这些都是原型,没有得到有效的使用,但一旦满足了确切的操作需求,概念证明将为进一步考虑在实际环境中使用这些方法铺平道路。后续项目,如 IMC-AESOP[144] 和

Arrowhead[145]，都延续了这一思路，并进一步向云应用现代技术扩展。

11.3 IMC-AESOP：从物联网到云

根据 SOCRADES 项目[140]期间获取的经验，很明显到 2009 年，云技术和概念不仅适用于工业自动化，而且有可能改变与设备、系统和流程相关的现代工厂的重要部分。SOCRADES 证明了这一点最初的起源，因此在 2010 年开始了后续行业驱动的 IMC-AESOP[144]，处理围绕云的富有远见的方法。

考虑到硬件、软件以及 IT 概念[146-148]与云功能结合的快速发展，我们设定了愿景，并演示了利用资源灵活性、可扩展性、性能、效率和弹性等云优势的原型。其结果与高度动态的扁平化信息驱动的基础设施的愿景相吻合（如图 11-5 所示），该基础设施将促进更好、更高效的下一代工业应用的快速开发，同时满足现代企业所需的灵活性。

这一愿景[147]只有在分布式、自主、智能、主动、容错、可重用（智能）系统的作用下才能实现，这些系统将其能力、功能和结构特征作为位于"服务云"中的服务。基础设施将各种规模的许多组件（设备、系统、服务等）连接起来，例如从单个传感器组和机电元件组到控制、监视和监督控制系统，执行 SCADA、DCS 和 MES 功能。

尽管如今的工厂是由几个系统组成的，这些系统以分层的方式查看和交互，主要遵循标准企业架构的规范[148]，但是越来越多的趋势是转向信息驱动的交互，这种交互超越了传统的分层部署，并可以与它们共存。随着现代面向服务架构提供的授权，每个系统（甚至设备）的功能可以作为一个或多个不同复杂程度的服务提供，这些服务可以托管在云中，并由其他服务（可能跨层）组成，如图 11-5 所示。

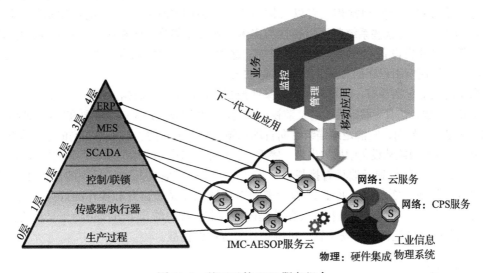

图 11-5　基于云的 CPS 服务组合

这种转变标志着不同系统、应用程序和用户之间的跨层和信息驱动的交互模式的转变。尽管传统的分层视图与它共存，但现在有一种基于信息的扁平架构，它依赖于信息物理系统（CPS）及其组成所公开的各种服务[149]。下一代工业应用现在可以通过选择和组合新的信息和功能（作为云中的服务）来快速组合，以实现其目标。图 11-6 描述了向未来基于云的工业系统过渡的设想[147, 150-151]。

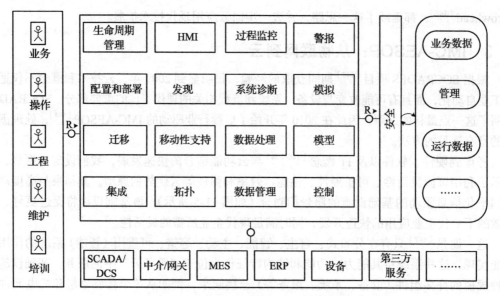

图 11-6   基于云的 IMC-AESOP 架构

几个"用户角色"将与设想的架构（如图 11-6 所示）交互，直接或间接地作为其参与过程工厂的一部分。这些角色定义了员工和管理层执行的操作，并将任务简化为业务、操作、工程、维护和工程培训等类别。

如图 11-6 所示，可以区分几个已经定义了一些初始服务的服务组[151]。所有服务都被认为是必不可少的，对于下一代基于云的协作自动化系统而言，它们具有不同程度的重要性。这些服务将为所有利益相关者以及构建基础设施的 CPS 提供关键的启用功能（即其他服务）。这样，所有这些系统都可以被视为实体，其实体部分可能在内部部署的硬件中实现，而虚拟部分可能在设备和云端的软件中实现。这种新兴的"物联网"[67]可能会改变人们设计、部署和使用应用程序的方式，并且改变 CPS。

典型的功能包括警报、配置和部署、某些控制、数据管理、数据处理、发现、生命周期管理、HMI、集成、仿真、移动性支持、监视、安全性。很明显，这是一个需要在实际场景中进一步完善的建议。然而，它清楚地描绘了向自动化领域高度灵活的、基于物联网的基础设施迈出的一步，该基础设施从设备中抽象出来，侧重于驻留在设备或网络中的功能，并利用云的能力。

将关键功能外包到云端具有挑战性，需要进一步研究它在几种场景中的适用性。例如，监控场景已经成功实现，证明了 IT 概念普及对传统工业系统设计和操作的好处。然而，与实时交互、可靠性、弹性以及控制（尤其是闭环控制）有关的几个方面仍处于早期阶段。构建这种复杂的系统还面临着安全性、可维护性等方面的挑战。

11.4   结论

先进嵌入式设备的普及，加上处理能力和通信能力的提高，正在改变工业自动化。面向服务的架构方法现在可以在设备级别实现，并带来以前只有企业系统的设计人员和管理人员才能获得的好处。可以看到一个明显的趋势，即信息驱动的集成，它支持物联网交互，并与企业系统和各自的业务流程进行集成。最新的愿景描绘了一个完全动态定制的基础设施，该基础设施利用了设备和云级别的最佳功能，以便为下一代应用程序和服务提供支持。当然，有几个挑战是开放的，需要有效地加以解决，然而正在进行的研究将更加阐明此类愿景在现实世界中的适用性。

智能电网

12.1 引言

电力系统 100 多年来基本保持不变，然而目前，电力系统正在发生一场革命。信息和通信技术（ICT）的迅速发展正日益融入涵盖电网及其相关业务各个方面的若干基础设施层面。此外，智能网络设备正在兴起，其物联网交互在电网监测、管理以及利益相关者之间的交互方面创建了新功能。互联网授权的创新与电力网络和利益相关者的交互相结合，从而向利用复杂的双向交互作用的"智能电网"铺平了道路[152-156]。

美国国家标准与技术研究所（NIST）智能电网概念模型[154]定义了一个框架，该框架概述了 7 个领域：批量发电、输电、配电、客户、运营、市场和服务提供商。作为补充，IEEE 将智能电网视为"一个大型系统的系统"，其中每个 NIST 智能电网领域都扩展为 3 个智能电网基础层：电力和能源层，通信层，IT/计算机层。通过高度复杂的 ICT 基础设施，这些层之间的相互作用将智能带进电网，并使其能够为其利益相关者提供新的增值服务[157]。这一观点在图 12-1 中也有体现，不同的利益相关者相互关联，并提供能源相关服务，这些服务基于数据分析、市场整合、实时通信和智能资产管理的概念。

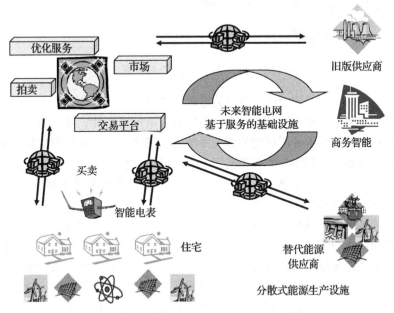

图 12-1　未来 ICT 授权的交互丰富的智能电网

能源市场的放松管制和随后新的运营环境将永久性地改变与能源生产和分配相关的结构[158]。对能源市场的放松管制或重新管制旨在打破增值链，使电力的生产、转让和分配形成独立环节。其目标是建立一个更加开放的市场，以促进竞争和消费者的灵活性。因此，将出现一个更加分散和多样化的能源生产系统。热电联产的新能源技术以及对生物质能、太阳能和风能等可再生能源的更多利用，将在传统的大型发电厂之外，为电网引入相当数量的多样化系统。因此，由工业或私营生产商生产的分散发电量的份额将显著增加。这将创建一个新的基础设施，未来的用户可能不再像今天这样只是一个简单的被动消费者，而是一个生产者（通常称为产品消费者）。

　　小型、高度分散的能源生产资源的整合及其与先进的信息驱动服务的耦合将产生一种新的基础设施，即能源互联网（IoE）[152, 158]，其关键技术组成部分是物联网和服务互联网（IoS）。如图 12-2 所示，物联网和 IoS 使得本地和互联网上的各种交互成为可能，并通过对大型能源基础设施进行细粒度的监视和控制来增强传统的业务关系[157]。由此产生的能源互联网便是智能电网的愿景，不仅涵盖了电网的技术基础设施，而且涵盖了电网、其设备（包括电器）及其交互作用的所有能源相关方面，以及依赖其数据的高级应用和系统。

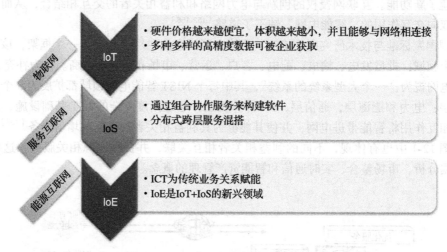

图 12-2　IoT 与 IoS 相结合的智能电网

　　智能电网是可能实现监控经济效益的关键领域之一[153, 155, 159]。其驱动因素有"系统组件的分散程度及其与电网的相互关系、可再生能源发电的可变性、发电和用电之间的距离增加、智能产品和相关智能服务所创建的相关系统的智能水平、法律框架、基于市场的产品和服务选择与自然垄断产品和服务的相关监管，以及网络和智能电力系统各方面参与者的业务角色"[159]。目前，有几个成熟度不同的项目[155-156]正在解决智能电网价值链的几个方面，并调查涉及的不同利益相关者的利益。

　　由于多个智能电网利益相关者在多个层面交互的复杂性，必须从网络的角度来审视智能电网，将其视为协作和信息驱动交互的典型生态系统。预计在此类网络中，所有分布式能源生产者和消耗实体将通过信息流高度互连，其中许多信息流将依赖于从智能电表到能源管理系统的物联网交互[158]。从这个意义上讲，范式从现有的被动和信息贫乏的能源网络变为主动的信息丰富的能源网络，这扭转了单向流动的趋势，因为启动的电力网络正在运行。预计这种未来的基础设施将以服务为导向，并会产生新的创新应用程序，这些应用程序将大大改变人们的日常环境。双向信息交换将为不同实体之间的合作奠定基础[160]，因为它们将能够访问和关联到目前为止仅以有限方式获取的信息（因此无法大规模使用）或整合成本极高的信息。这种新兴能力的例子是需求侧管理和本地能源交易[161-163]。

具备物联网功能的资产不仅越来越多地被引入工业领域，如传感器和 SCADA/DCS，而且也被引入到终端用户方面，例如电动汽车（EV）、白标电器，甚至灯泡，位于智能电网的核心。这一趋势的另一个例子是许多日常用品的物联网化，从白色家电（由三星公司、通用电气公司等提供）到灯泡（由飞利浦公司、通用电气公司等提供）。这些对象通常可以通过用户智能手机上运行的配套应用程序进行定制和控制。它们能够提供关于设备能量特征的细粒度信息以及控制能力，描绘了向高度可观察和高度可控的基础设施的转变，这种基础设施能够动态地适应现实世界的情况，并创建智能的生活环境。后者赋予了智能电网愿景巨大的监视和管理能力，而这在以前是不可行的。此外，所提供的细粒度信息也用于高性能分析，这有利于资产生命周期内从技术监测到预测性维护，以及准确的经济模型评估等各种现有方法。

除了在批量发电和配电领域解决的传统物联网方面，客户、运营、市场和服务提供商领域也特别感兴趣，尤其是那些直接或间接受到先前不可控和被动基础设施（即终端用户的基础设施）影响的领域。因此，本书将仔细研究物联网如何增强终端用户能力，以及他们可以在智能住宅和智能电网城市中运用哪些新功能。

12.2　智能计量

传统的公用事业管理流程包括每年从家庭集中点（电能表）收集一到两次计量数据。随着智能计量的出现，从家庭收集数据的数量增加了，目的是每隔 15 分钟（或更短）进行测量。智能电表与基础设施的这种耦合，能够以如此精细的形式监测居民家庭的用电量，如果与其他工具（如物联网数据分析）相结合（见 5.3 节），将对电网本身以及其他增值服务产生深远影响。

如今，许多公用事业供应商致力于提供新的能源服务，使客户能够在短时间内看到他们的能源消耗量，从而更好地掌握他们的能源消耗量。目的是从 15 分钟的间隔过渡到 1 分钟的分辨率或尽可能接近实时。再加上可变电价[164]，这可以使客户了解即将到来的成本，并帮助终端用户调整其能源消费行为。这类服务可能导致更加合理的能源管理，并避免诸如"账单冲击"之类的情况，即用户在实际消费数月后发现账单中的高电费时感到震惊。为了实现这些服务，需要集成、远程监控、远程管理和实时分析等关键的物联网方面。

图 12-3 描述了从为计费目的提供计量数据的基础设施到充当多个利益相关者和增值服务的通用监控基础设施的范式变化。生成的数据不仅包括诸如消耗（或能源生产）之类的电能计量数据，还包括其他数据（如与电能质量、设备状态相关的数据），这些数据可能会为资产管理提供额外的附加值。目前正在研究此类智能计量基础设施的性能[165-166]、可扩展性，以及它们在智能计量之外能够提供的附加值，例如能源管理、资产管理和异构系统集成[161]。

新的智能电表或其扩展设备（如描述能源消耗和其他信息的专用设备）被用作通信媒介，公用事业公司通过该通信媒介推送信息，例如关于当前的能源价格、即将到来的维护或成本。通过额外采用不同的电价并推算给终端用户，目的是对基础设施进行软控制；更准确地说，由于一天中关键时段的价格较高，用户将把部分活动转移到非关键时段。当后者从大量用户（临界点）中成功实现时，那么它将对基础设施资源产生重大影响，并有助于解决诸如能耗高峰等成本过高方面的问题。按照类似的思路，降低价格意味着将能源消耗转移到那些有可用能源的时间段（通常来自间歇性资源，如风力发电场和光伏发电场），但是没有足够的能源消耗。尽管工业基础设施的控制更加精细，但这是向居民家庭（以前是被动的、无法管理的能源消费者）引入财务驱动的能源管理（一种控制概念）的第一步。

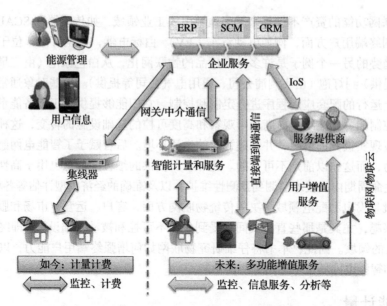

图 12-3   智能计量支持多用途增值服务

物联网是公用事业公司与其客户之间双向通信的关键。实现细粒度监控（和潜在控制）愿景所需的数百万台智能电表目前正在全球范围内进行评估和部署。值得一提的是，预计到 2020 年，欧洲将部署约 2 亿台智能电表，相当于约 72% 的欧洲用户[167]。

智能计量客户行为试验[155-156]表明，所有利益相关者可能都会受益，包括降低电费和更好地使用电力。安装成本为 200～250 欧元，这是一笔不菲的投资，但平均而言，智能电表为每个计量点（在消费者、供应商、配电系统运营商等之间分配）节省了 309 欧元的电力，平均节能 3%[167]。除了直接收益外，更重要的是，也可能存在其他收益，例如可改善零售市场竞争的更好的需求响应以及将来与能源管理和自动化系统的耦合。

12.3   智能住宅

我们目睹了网络嵌入式系统在现代设备中的日益普及，它将住宅基础设施转变为支持物联网的基础设施，并将其连接到智能电网。因此，如图 12-4 所示，诸如电冰箱、洗衣机和微波炉之类的白色家电不再是消耗能量的被动黑匣子，而是智能设备，可以通过网络接口对其行为进行主动通信（监视），也可以通过与其他系统（例如，能源管理系统）的交互对其进行调整（控制）。所有这些网络化的能源消耗和／或生产设备（通常称为生产者设备）以指数方式扩展了与能源相关的物联网基础设施，数十亿台设备现在可以积极参与能源管理工作。

以下是理解物联网在住宅基础设施中的重要性的典型示例。在夏季，许多国家／地区面临电力短缺的情况，这可能导致停电。迄今为止，许多此类事件都是通过人工流程处理的，即电网运营商（在增加能源产量的同时）可能会联系重量级能源消费者（如工厂），并要求它们降低负荷。然而停电状况仍然会发生，这对所有利益相关者来说代价高昂。一方面，显然只有大型工业能源消费者才能做到这一点，然而这种方法不能扩展，而且还有其他缺点。

另一方面，如果可以减少（或转移）来自住宅用户的峰值，那将大大简化能源管理，并提高能源效率。因此，在上述情况下，不再只是联系有限数量的工业用户，还可以联系成千上万的住宅用户，并通过（也可以主动地）调整他们的能源消耗来提供帮助。例如，在紧急

图 12-4　智能住宅环境下的物联网交互

情况下，可以暂时关闭所有不必要的设备。可以在设备级别（例如，不要关闭电冰箱或重新安排洗衣机工作时间）以及流程或位置（例如，不要切断医院和急救基础设施的电源）进行优先排序。无论如何，这里要传达的关键信息是，如果能够达到住宅消费者的临界数量，现在可以大规模实现类似的结果。此外，由于可以采取更智能的措施，也可以主动采取措施，提高了电网的稳定性，同时也可以更好地应对高度动态的情况。

　　一些研究项目[155-156]致力于将智能住宅及其设备与智能电网集成，并研究在不显著影响生活质量的情况下如何更好地管理能源，以提高效率。此类项目的一个例子是智能住宅 / 智能电网（SmartHouse / Smart-Grid）[168-169]，它专注于内部以及智能住宅与企业系统集成，并尝试了各种方法，如图 12-5 所示。

　　在这种情况下，"一刀切"的方法不太可能奏效，但在管理住宅区以及将智能住宅和电器连接到智能电网方面，有很多不同的方法；系统集成将是确保从此类解决方案中受益的关键问题。智能住宅 / 智能电网建立在以下要素之上：

- 基于用户反馈、实时电价、设备智能控制以及向电网运营商和能源供应商提供（技术和商业）服务的内部能源管理。
- 基于代理技术的聚合软件架构，通过智能房屋集群向批发市场各方和电网运营商提供服务。
- 使用 SOA 和与企业系统的强双向耦合，以实现系统级的协调目标和实时电价计量数据的处理[165]。

　　在家用电器中，电器和设备通过连接到智能电网的某种形式的网关或集线器进行集成（如图 12-5 所示）。已经试验了几种集成方法，例如电源匹配器、双向能量管理接口

（BEMI）、Magic 系统以及直接的 Web 服务集成[168-169]。这些不仅代表了不同的技术集成方法，而且代表了不同的管理模式。通过 DPWS/REST 进行的集成可以直接集成支持 SOA 的设备（即承载本机 Web 服务的设备）或在网关级别与企业系统集成，从而简化了它们的管理。类似地，在中介交互中，使用了多种方法，如多代理系统或中间件，这些方法提供了接近实际基础设施（设备）的智能委托和决策。

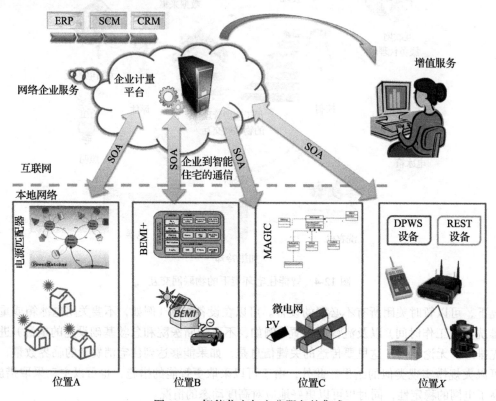

图 12-5　智能住宅与企业服务的集成

对于作为智能电网一部分的智能住宅而言，可行的业务案例还需要将内部服务与企业级服务相结合。最后一种包括典型的企业对客户（B2C）服务，例如计费，但也包括其他企业对企业（B2B）服务，例如不同参与者之间的交互，如分布式发电（DG）运营商、能源零售商和批发市场。

12.4　智慧城市

随着越来越多的电网核心基础设施采用 IT 技术，智能电网正在不断发展，并得到来自智能住宅和智能建筑的类似功能的补充和完善。相同的原则越来越多地适用于现代城市能源基础设施的其他部分，包括建筑、交通系统、带有光伏和风力机的可再生能源园区、公共照明系统等，仅举几个例子。因此，人们见证了城市向智能电网城市的蜕变，在智能电网城市中，可以将创新的能源效率方法应用到新的水平，并实现更好的能源足迹管理。

未来的智慧城市有望为市民提供优质的生活质量，正如第 14 章将要讨论的，物联网将极大地推动这一努力。然而以类似的方式，新的创新服务和应用将有助于更好地理解和处理与能源有关的问题。例如，监控应用程序可以实时查看一个城市的 KPI，如二氧化碳排放量、能源消耗量的增长和可再生能源的普及率。例如，市民现在可以使用智能应用程序计算其城市出行选择对环境的影响。另一方面，公共当局也许能够在全市范围内更好地识别耗能的过程，并计划如何解决这些问题以及实现更加可持续的城市扩张。

监视以及能够行使控制能力起着举足轻重的作用，以便不仅提取必要的信息以理解关键的能源过程，而且在决策时能够实施控制。一旦能实现大规模的监视和控制能力，那么依赖于物联网数据及其控制功能的新型创新应用就可以实现，这不仅会对个人居民产生影响，而且会对整个城市产生影响，如图 12-6 所示。

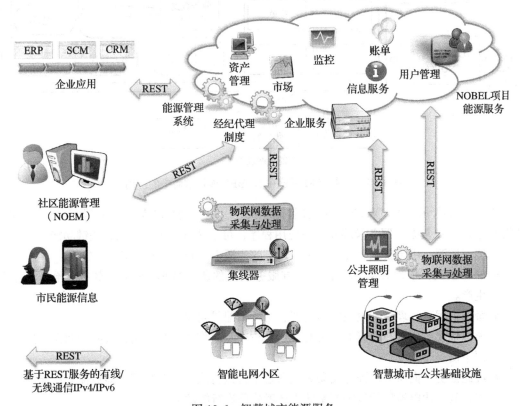

图 12-6　智慧城市能源服务

例如，NOBEL 项目[170]处理来自城市基础设施各个能源方面的信息集成，例如能源生产客户 / 消费客户（如住宅、建筑物）以及公共照明基础设施。通过利用智能计量的扩展信息，可以增强现有服务，例如实时监控能源消耗、实时计费和资产管理[171]；还可以在城市范围内的能源市场提供新的创新服务，如能源交易[172]，能源供应商和消费者直接进行交互，以及智能电网基础设施的故障识别[173]。此外，现在还可以采用其他方法，以增强传统过程，如生产者预测的准确性[162]。

为了能够提供增值能源服务，创建了一个集成和能源管理系统（IEM）[171]，该系统简化了 IPv4 和 IPv6 上的物联网交互[174]，尤其是数据收集，对其进行评估并提供各自的能源服务。IEM 的架构如图 12-7 所示。IEM 本身及其基于它的几个应用[175]作为西班牙阿尔希内特市进行的 NOBEL 试点项目的一部分，于 2012 年下半年进行了广泛的测试并投入使用。在试验期间，几个月的时间内，将大约 5000 米的 15 分钟分辨率的数据流传输到 IEM，同时

IEM 服务正在提供从传统能源监控到未来能源交易的多种功能[171, 175]。

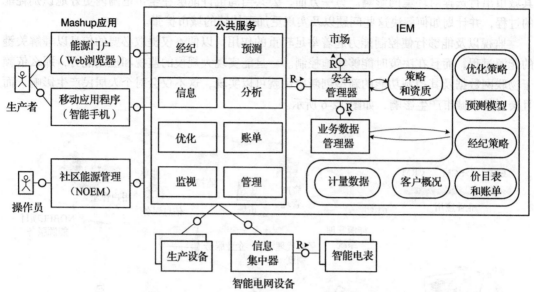

图 12-7 企业 IEM 系统在 NOBEL 项目试验中的应用

如图 12-7 所示，通过移动设备（如智能手机、平板电脑）和传统设备（如台式机、Web 浏览器）、其他更复杂的服务及终端用户应用程序，可以区分其提供的以下关键功能：

- **能源监测**：用于获取和传递与生产设备的能源消耗和 / 或生产相关的数据。
- **能源预测**：根据 IEM 和其他第三方服务获得的历史数据（如天气数据）预测消耗和生产。
- **管理**：用于处理基础设施中的资产、用户和配置问题。
- **能源优化**：用于与智慧城市现有资产进行交互。作为概念证明，公共照明系统用于能源平衡。
- **经纪业务**：向所有以证券交易方式通过平台进行交互，并购买可能更便宜的能源，或出售其光伏电池板的过剩产量的生产者公民进行能源交易。
- **计费**：提供能源成本和效益的实时视图（来自智慧城市能源市场的交易），从而避免"账单冲击"场景。
- **其他**：增值服务，提供用户和能源供应商之间的双向交互，例如特殊事件的通知。

NOBEL 项目的实践经验[171, 175]揭示了智能电网城市的一些好处，以及在处理物联网基础设施时至关重要的几个方面。设计开放服务是必需的，并且需要考虑各个利益相关者的需求，尤其是当它们相互交叉时。随着物联网层监控能力的增强，以及与可用企业数据的访问和关联度的增加，物联网"大数据"时代已经进入了智慧城市。这对应用程序和服务有着深远的影响，不仅取决于数据的处理结果，还取决于它们的质量和及时获取。为此，在发布数据以进行进一步处理或使用之前，可能需要以下处理。例如，基于模型语义的数据值和语法验证、正确的时间戳、重复检测、安全验证和风险分析、匿名化、数据规范化、缺失数据的估计、转换为其他格式或模型[171]。

一旦具备了收集全市数据并对其进行查询的功能[176]，实现决策的新能力以及不同利益相关者之间的相互作用就显而易见了。例如，SmartKYE 项目开发了一种方法（如图 12-8 所示），用于监控智慧城市中的 KPI[177]，并通过业务驾驶舱对其进行可视化[176]。数据不是在集中的地方收集的，而是保留在所有者那里，同时可以运行分布式查询和分析。对全市数据进行及时的数据采集和分析可以使决策者实时做出更明智的决策，同时还可以加强对现有流程（例如长期规划）的支持。

图 12-8　SmartKYE 查询驱动的集成和管理

12.5　结论

IoT 和 IoS，再加上智能电网，是非常强大的组合。物联网能够彻底改变电网基础设施的核心，并将其转变为真正的智能基础设施。结合 IoS 和 IoT，可以实现新的应用和服务，有效地解决老问题，并提供创新的解决方案。目前在智能计量方面所做的努力只是未来能源基础设施将要做的工作的一小部分，而且已经表明，基于智能电网数据，各利益相关者都可以在智能住宅和智慧城市层面享受利益。为了利用这些好处，需要应对技术和社会两方面的挑战。未来的智慧城市需要建立在合作、开放/互操作和信任的原则之上。在时间限制下提取和理解与业务相关的信息，并能够有效地将其集成到解决方案中，这些解决方案针对多个领域的监控、分析、决策、管理，这项工作具有挑战性[171]。

商业楼宇自动化

13.1 引言

楼宇自动化系统（BAS）是一种计算机化的智能系统，用于控制和测量建筑物中的照明、气候、安全以及其他机电系统。BAS 的目的通常是降低能源和维护成本，以及提高维护人员和租户的控制力、舒适度、可靠性以及易用性。

一些示例用例包括：

- 根据一天中的时间、室外温度和居住情况（如早晨热身）控制供暖、制冷和通风。
- 自动控制空气处理器，根据内部温度、压力和一天中的时间优化通风中的外部空气混合。
- 监督控制和监视，使维护人员能够快速发现问题并进行调整。
- 将监控和操作外包给远程操作中心。
- 收集数据以提供统计数据，促进效率提升。
- 高浓度 CO 和 CO_2 报警。
- 每套公寓单独计量（鼓励多租户建筑节能）。
- 入侵和火灾探测。
- 建筑物出入控制。

通常，BAS 本质上是分布式的，以允许每个子系统在另一个系统发生故障的情况下能继续运行。BAS 由以下组件组成（见图 13-1）：

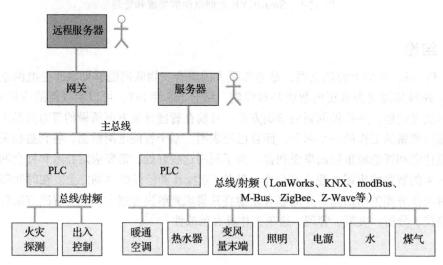

图 13-1 BAS 的核心部分

- 传感器（即测量设备，如温度计、运动传感器和气压传感器）。
- 执行机构（即可控设备，如电源开关、恒温器和阀门）。
- 可编程逻辑控制器（PLC），可实时处理多个输入和输出，并执行调节功能。

- 一个服务器，用于监控和自动调整系统参数，同时允许操作员观察和执行监督控制。
- 一个或多个网络总线（例如 KNX、LonWorks 或 BACnet）。这里将案例研究分为两个
  阶段：在第一阶段，我们举例说明当今有关楼宇自动化的常用知识；在第二阶段，我
  们将探索楼宇自动化的新机遇，例如智能电网和物联网。

13.2　案例研究：当今商业楼宇自动化（第一阶段）

13.2.1　背景

A 公司希望提高其建筑的能源效率，成为绿色建筑合作伙伴之一[⊖]，这要求它们的能源消
耗至少降低 25%。

在与一家楼宇自动化公司（B 公司）进行讨论后，它们逐渐了解到这是一项非常好的投
资，很快就能证明自己在降低能源成本方面是正确的。它们商定了一个五步走计划，首先从
建筑物中收集数据，然后进行分析、调整，并将建筑物中的系统连接到本地服务器，最后将
建筑物连接到远程操作中心。

现在，它们可以从收集现有系统中的数据开始。在某些情况下，这需要安装新的仪表。
从水的使用到热量和电力消耗，以及通风性能和室温，所有信息都是连续记录的。

通过将 KPI 与比较数字进行比较，评估了采取纠正措施的必要性，并将其作为行动计划
的基础，该行动计划包括调整现有系统和安装新软件。这些调整迅速提高了系统的效率，并
在项目期间不断优化。调整的例子包括热水温度、改善室内温度控制以及更好地控制风扇和
泵的运行，以避免不必要的运行。

改进后的系统最主要的特点之一是新的基于 Web 的电子报告。它提供有关建筑物的当前
能源消耗和其他关键参数的信息。这些信息用于制定短期决策和长期规划。每个人都可以访
问门户网站，因为它不仅对维护人员很重要，而且还需要在公司中的每个人之间建立意识。

该项目的下一个阶段包括连接建筑物中的系统，并分析动态状况，以便能够执行智能控
制。这既提高了性能，又降低了维护成本。

完成的最后一步是建立一个基于 Web 的 SCADA 系统，用于对建筑系统进行远程监控。
通过门户网站，用户可以以连贯的方式访问建筑物的信息。A 公司决定利用基于云的产品将
系统的操作和日常维护外包给 B 公司。B 公司的远程操作中心正在持续监控建筑系统。当建
筑系统运行偏离其预期行为时，A 公司的维护人员及其主管会收到短信和电子邮件通知。例
如，可能触发通知的典型事件是机械故障或不期望的温度偏差。除了通知，B 公司还可以远
程协助设备操作和调整。对于 A 公司来说，这种安排是完美的，因为它们的内部维护人员可
以一天 24 小时响应警报。

对于 A 公司而言，最重要的改进是项目完成后节能 35%。另一个关键方面是 B 公司专
家的知识转移，这使得 A 公司能够保持系统的效率，并且持续改进系统运行的能力。

13.2.2　技术概述

图 13-2 描述了 A 公司的设置。每栋建筑物都配备了一套用于测量温度、水消耗和电力
消耗的仪表和传感器，以及一个或多个 PLC。

⊖　https://www.sgbc.se/in-english。

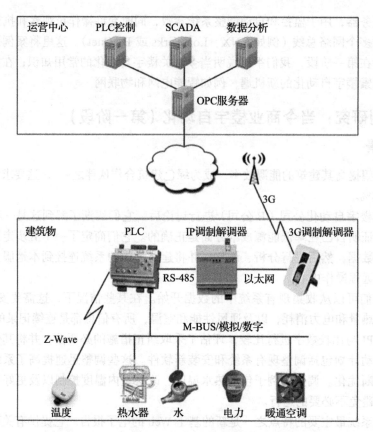

图 13-2　BAS 示意图

如图 13-2 所示，PLC 对建筑物内的设备进行实时监控。它们还具有一个用户界面，用于配置和校准（例如）调节器、曲线和时间继电器。可以使用 PLC 控制系统从操作中心远程配置 PLC，该系统通过 3G 调制解调器和 IP 调制解调器连接到 PLC，调制解调器在 RS-485 网络和 TCP/IP 网络之间进行转换。PLC 使用多种协议与设备进行通信，如 M-BUS、模拟、数字和 Z-Wave，Z-Wave 是一种低功耗无线网状网络技术。PLC 中包含了操作建筑物所需的所有逻辑，从而在与操作中心的连接中也将带宽需求降至最低。这也意味着建筑系统可以在网络中断期间保持完全运行。

用于过程控制的 OLE（OPC）服务器提供对来自 PLC 的数据、报警和统计信息的访问。当用户请求值时，从用户的 OPC 客户端向 OPC 服务器发送一个请求，该请求包含一个 OPC 标记，该标记标识要联系哪个 PLC 以及请求哪个值。所使用的 OPC 通信类型称为 OPC 数据访问。然后 OPC 服务器联系有问题的 PLC，并使用 PLC 支持的协议（LonWorks 或 ModBus）请求该值。

SCADA 系统用于建筑物的运行监控，并提供来自建筑系统的所有相关信息。它使用开放和标准化的 OPC 协议，这使得它能够与许多不同供应商的设备集成。维护和操作人员可以使用带有用户名和密码的 Web 浏览器连接到系统，以访问动态流程、绘图工具、计时器、设定值、实际值、历史读数、警报管理和事件日志，以及通过电子邮件、传真或短消息发送的通知或配置。

数据分析服务器记录了建筑物的所有历史读数，并可以跟踪能源和资源消耗的不同方面，从而满足租户、经济部门和房东的不同需求。通过 OPC 服务器，可以收集所有建筑物系统的读数，而与供应商无关。典型的报告包括趋势、成本、预算、预测、环境以及电、热、水和冷却的消耗。

13.2.3 价值链

图 13-3 显示了一个应用的价值链。

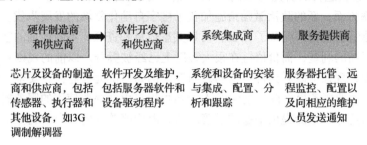

图 13-3 A 公司系统的应用价值链

13.3 案例研究：未来商业楼宇自动化（第二阶段）

13.3.1 商业楼宇自动化的发展

两个主要因素将推动楼宇自动化的发展：信息和立法（见图 13-4）。

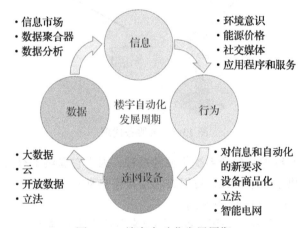

图 13-4 楼宇自动化发展周期

获取封装良好的信息将为决策和行为改变提供必要的基础。例如，可以是电价，也可以是能源的使用地点和时间，这将使有充分依据的决策提供最佳结果。

立法和在某种程度上的税收或税收抵免，将提供第二个驱动力。对绿色建筑和智能电网的立法要求将带来新的机遇，如需求 / 响应、微型发电和时段计量。

市场增长将带来规模经济、标准化和商品化，压低价格，并增加设备和服务的可用性。可以购买现成的先进设备，执行安装，并将它们直接连接到互联网上的服务提供商。

13.3.2 背景

几年过去了，A 公司决定将其建筑物的维护工作外包给当地一家承包商，该承包商也为附近的其他几家客户提供服务。这将节省资金，因为这将使它们能够利用一个共享的看护池。

同时，它们计划通过使用诸如占用传感器、自动照明和集成式出入控制等方式来升级建筑物，使之成为完全自动化的。为了节省成本，它们打算利用建筑物中现有的 IP 基础设施，这也节省了运营开支，因为网络管理员也可以管理 BAS 基础设施。根据研究，IP 和 BAS 网络的融合可以将维护成本降低约 30%，同时也可以将安装和集成的初始投资降低约 20%（根据 Cisco 公司的数据进行的研究）。共享基础设施还可以提高能源效率。

在能源效率方面，新的政治激励措施加快了楼宇自动化领域的发展步伐。A 公司所在区域的许多邻近建筑物现在都配备了 BAS，可以共享信息和资源。不断增加的客户基础也使得价值链中出现了新的利基，而价值链在很大程度上已经被拆分。以前的规则是只有一个集成商和服务提供商，现在可以看到许多新的参与者，例如提供远程监控、安全、优化、数据收集和数据分析的专业服务提供商。这使得 A 公司可以自由选择要使用的服务提供商组合，同时在向新提供商迁移时也能提供平稳的过渡。这是由价值链中的一个新利基实现的：云服务代理（见图 13-5）。

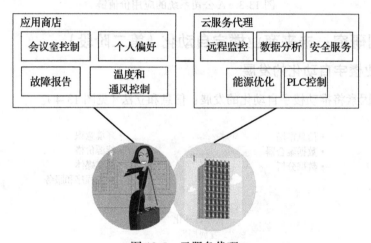

图 13-5 云服务代理

服务代理简化了与维护承包商系统集成的过程，因为它提供了对 A 公司 BAS 的即时访问。由于服务代理提供了一个桥梁，可以在用于楼宇自动化的几种常见协议之间进行转换，因此管理员可以使用他们自己的专用软件。

在选择设备时，A 公司选择使用标准化协议来避免供应商锁定。它们还决定保留旧系统的某些部分，因为这些部分的更换成本太高。为了仍然从一个完全集成的系统中获益，它们还投资了受限应用协议（CoAP）网关，它负责在遗留设备和新系统之间进行转换。

通过从旧的 OPC 服务器导出历史数据和配置参数，A 公司可以选择新的服务提供商，这些服务提供商可以用最少的人力替换旧系统的 PLC 控制、SCADA 和数据分析。

作为一项附加服务，新平台还提供数据代理。这样可以访问多种数据源，例如：

- 类似建筑物的历史 KPI 和当前 KPI。
- 与当地政府设施整合。
- 天气预报信息。
- 当前和未来的公用事业价格。

除了提供对新服务提供商的访问权限，云代理还托管一个客户端 API，该 API 使第三方

应用程序开发人员能够创建智能手机应用程序。例如,许多用户购买了允许他们执行以下操作的应用程序:

- 控制会议室的 HVAC 设置。
- 报告问题和服务请求。
- 与 Outlook 软件集成以提前调整会议室。
- 创建个人配置文件以自动调整房间设置。
- 使用社交媒体查看即时个人能源消耗和历史个人能源消耗,并与他人进行比较。

13.3.3 技术概述

由于 IP 智能对象技术的快速发展,现在可以将 IP 用于资源受约束的设备,如电池供电的传感器和执行器。新系统在很大程度上基于 IP 技术(见图 13-6)。有几种基于 IP 的协议可供选择,但在本例中选择了 CoAP 和传感器标记语言(SenML)。CoAP 提供了自动发现以及设备所提供服务的语义描述。由于所需的配置少得多,因此这大大降低了安装成本。CoAP 与超文本传输协议(HTTP)类似,但 CoAP 是二进制的,可以减小消息的大小。它还定义了表征状态传输(REST),类似于针对物联网应用程序优化的 API。与 HTTP 一样,还需要内容的格式,在本例中为 SenML,它被用作传感器测量和设备参数的格式。

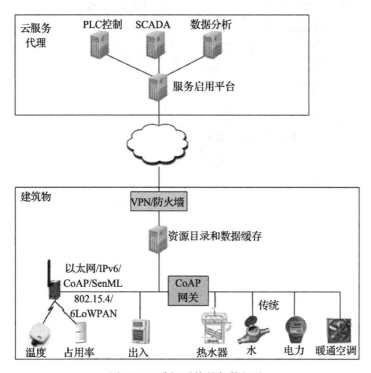

图 13-6 升级系统的架构概述

如前所述,仍然有一些传统设备,这些设备需要网关才能与基于 IP 的系统进行通信。另外,还安装了本地资源目录和数据缓存,以跟踪公司网络中的所有设备。这样就可以在本地查找设备和数据,并在发生故障时起到保护作用。为了保护系统免受入侵者的攻击,使用了常规的网络防火墙。为了与服务代理和服务提供商的连接,建立了永久的虚拟专用网

（VPN）连接。

历史数据从 OPC 服务器导出到云服务代理的数据存储中，以便新的服务提供商可以使用这些数据。除了数据存储，云服务代理还提供用于控制和数据访问的管理功能，以及访问特定服务提供商的管理门户。它还提供了带有语义资源和数据描述的全局资源目录，以及包含示意图、地理空间信息和室内位置的上下文模型。

13.3.4 商业楼宇自动化的价值链演化

随着 M2M 服务需求的增长，价值链中将出现新利基，如信息代理、服务代理和服务支持提供商（见图 13-7）。通过整合垂直领域（如安全、能源、废物管理、警方和公共交通），这将使新的用例领域成为可能。它还将为第三方服务提供商提供创建应用程序和社交媒体集成所需的开放性，以便与邻近建筑、竞争对手和终端用户的参与进行比较。然而，隐私和安全对于建立这个生态系统发展所需的信任至关重要。

除了新的用例区域，在效率、便利性、舒适性、可靠性和安全性方面也有望取得重大改进。

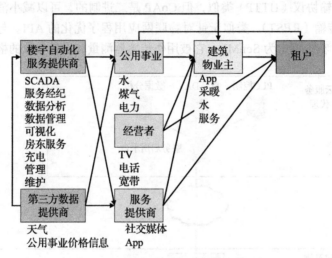

图 13-7 楼宇自动化的进化价值链

智慧城市

14.1 引言

"智慧城市"是一个具有多种含义的短语,并在许多不同的语境中使用。这个短语用于涵盖物联网、大数据、分析和机器学习的技术解决方案。另一方面,这个短语用来表示与市民的技术互动,使不同地区的社会、环境、经济和政治目标能够更好地结合起来。总之,智慧城市的定义和城市本身的定义一样复杂,世界上每个国家和地区都有不同类型的城市,这些差异反映了居民的不同背景和城市在世界不同地区发展与蔓延的不同环境。城市没有一个统一的定义,因此也就没有一个统一的智慧城市的定义。

然而,出于本章的目的,我们必须确定一个定义,以便对我们的工作和物联网在城市环境中的作用进行相关讨论。尽管所有的城市都不相同,但我们采取的立场是,全球的城市领导层正在努力确保其公民的经济利益,确保合理的环境保护水平以吸引人们居住在城市中,繁荣的文化可以吸引游客和商务访客。从这个角度来看,物联网的作用有了新的含义,而不是关于标准化以及对无线电和硅的深入讨论。尽管对于某些读者来说,这似乎是一个简化的定义,但在其中可以将 IoT 放置在适当的环境中——在城市及其市民每天需要处理的复杂交互中。

14.2 智慧城市——技术视角

从技术角度来看,智慧城市概念基于安装在城市基础设施各个部分(例如道路、汽车、闭路电视、建筑物、公共交通和市民的智能手机)的传感器的理念。智能手机和个人感知的使用将在第 15 章中进行详细介绍,因此在本章中,将重点关注物联网在城市基础设施中的应用,见图 14-1。

在城市中,物联网通常与其他数据源(包括大数据)以及先进的分析技术(如机器学习和越来越多的人工智能)结合使用,这些内容都在第 5 章中介绍过。然而智慧城市解决方案通常还包括"开放数据",根据开放定义,"开放数据是任何人都可以自由使用、重复使用

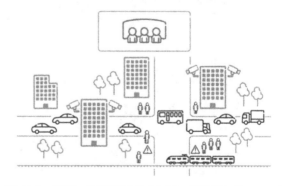

图 14-1 智慧、物联网城市(来源:爱立信公司,2016)

和重新分发的数据,最多只受属性和共享要求的约束"。因此,智慧城市的一个关键方面是能够将来自不同来源的数据进行组合。这引发了有关数据跟踪和追踪的许多问题,以确保数据来自其声称来自的设备,并确保在传输过程中没有被更改或操纵。实际上,在智慧城市中使用物联网,需要对数据供应链中的数据进行适当的管理和控制。表 14-1 说明了物理供应链和数据供应链之间的差异,包括数据供应链所要求的新特性:数据异构性、数据质量、隐

私和安全性。此外，还说明了所涉及的产品与数据生成和利用有关。

表 14-1　数据供应链（来源：Gurguc 和 Mulligan，2018）

物理供应链	特点	数据供应链	紧急区域
从初始来源到最终客户的实物（材料、产品、服务）的流程	内容	来自公司进出口活动的多源、多种形式的数据伪像流（甚至是处理过的数据、信息或知识）	数据异构 数据质量 数据隐私与安全
以需求为导向的供应链（拉动式生产），以生产最大化、收入和价值创造、质量、服务、安全等为目标 价格驱动（战略分离和价格驱动）	战略	以创新为导向（通过理念、实践和商业模式；DSC 的价值不仅来自信息产品 / 服务，还来自破坏现有的业务和运营模式） 结果驱动（战略耦合和价值驱动）	数据生成和利用 创新（业务模式和产品 / 服务开发）
在整个链上共享信息（端到端管道的可视性）、协作和伙伴关系（所有人的互利共赢）	集成	整合多数据源（焦点企业的内部和外部） 合作、互连和价值共创（通过商业模式创新实现价值）	多源数据 互连性
IT 化；物理制造系统；敏捷与精益；大规模定制方法	工具 / 方法	支持分析：网络物理制造系统；敏捷、精益和实时；量身定制的方法	数据收集、处理、存储方法 / 工具和来源 数据分析

14.3　物联网数据供应链

在第 3 章概述的工作的基础上，本节将展示智慧城市设施的数据供应链。在这种情况下，我们拥有一个系统，该系统可以合并来自多个物联网装置以及其他数据源的数据。在图 14-2 中，提出了一种解决方案，用于评估城市基础设施的状态并预测城市开发与提供

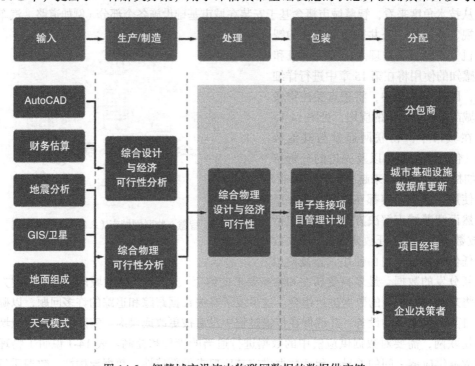

图 14-2　智慧城市设施中物联网数据的数据供应链

新基础设施的需求和能力。在图 14-2 的左侧，可以看到数据供应链的输入，即地震传感器、卫星、气象传感器以及来自企业数据库的 AutoCAD 和财务数据。来自这些地方的数据流被合并到数据供应链的生产 / 制造、处理和包装部分。

14.4　智慧城市中的物联网数据和环境管理

与智慧城市相关的主要问题之一是如何管理来自多种来源的数据，特别是需要了解数据的环境。例如，可能从有关空气质量的传感器获取到数据集，但是需要理解它在某个特定城市的特定公园中的情况。这些环境数据块有助于正确处理相关数据。此外，人们经常会发现，在一个城市里，信息的环境可能会随着时间的推移而改变。当一个人在城市中移动时，他从公司的雇员变成了乘坐公共汽车的通勤者。这些环境数据通常在不同的系统中以不同的方式进行标记。图 14-3 说明了城市中的情况。这里获取了有关人员、树木、公共汽车和道路的物联网数据，这些数据以不同方式组合在不同的系统中。此外，城市中的许多数据仅在短时间内有用——其可用性在进行下一次读数之前是有意义的。例如，公共汽车在特定时间点、特定路线上行驶，或者在上午或下午获取空气质量读数。最后一条环境信息可能是传感器的精度，例如空气质量传感器的偏差可能为 ±5%。

在管理此类物联网数据时，这种环境信息管理可能会产生许多问题。ETSI 行业规范小组（ISG）是一个试图为此类问题创建准则的机构。

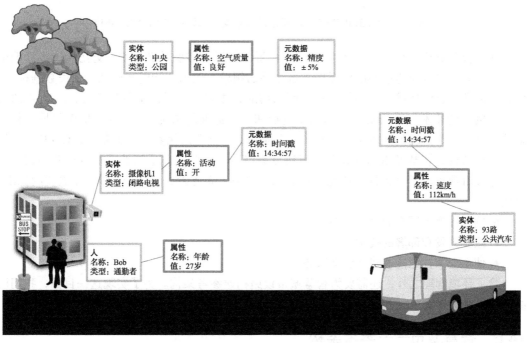

图 14-3　智慧城市中的数据环境

14.5　ETSI ISG 环境信息管理

CIM 的 ETSI ISG 概述了与在智慧城市内工作的众多利益相关者相关的问题，以及这个大型生态系统如何要求环境信息管理 API 和模型，以确保得到能够有效管理此类数据的解决方案，如图 14-4 所示。

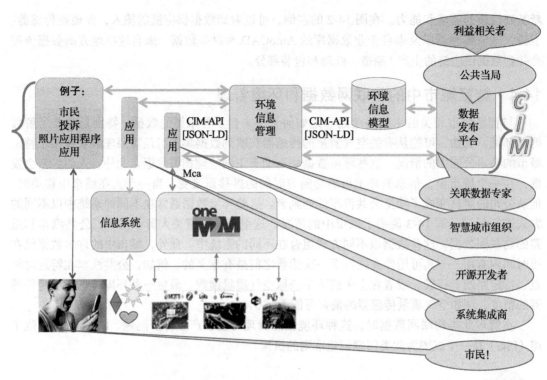

图 14-4   ETSI ISG CIM 环境信息管理层（来源：ETSI ISG CIM）

在"智慧城市"中，存在大量的用例和新兴的标准需要彼此重叠/交互。这些标准中有许多完全来自常规通信和电信标准领域之外的领域，包括智能电网标准、公民数据标准、建筑物标准和建设标准。这与技术行业所采用的方法完全不同，在许多情况下，例如 ETSI 或类似机构的技术标准需要充当不同建筑物和城市标准的结构/黏合剂。出现的另一种复杂性是涵盖这些系统的监管框架，从个人数据管理（欧盟通用数据保护条例，GDPR）到健康和安全法规，智慧城市内的物联网解决方案需要能够管理并适当处理所有这些问题。这是智慧城市项目的货币化常常如此困难的原因之一。需要诸如 ETSI ISG CIM 之类的标准，以便：

- 确保城市等用户的供应商中立。
- 减少开发和部署的技术障碍。
- 使企业家社区能够建立创新服务。

除了环境管理之外，还需要为智慧城市设施构建参考架构。为了实现这一目标，我们已经进行了多次尝试，由于篇幅限制，我们选择一个作为参考。

14.6 智慧城市——参考架构

同步项目⊖是一项由欧盟资助的活动，通过将其基准城市区域的现有工作与 OASC、FIWARE、EIP-SCC 和 NIST IES-CF 相结合，开发了智慧城市的参考架构，如图 14-5 所示。它符合 ITU-T SG20/FG-DPM 和 ISO TC268 的标准。

⊖ https://synchronicity-iot.eu。

- 物联网管理：与使用不同标准或协议的设备进行交互，使其兼容并可供同步平台使用。
- 环境信息管理：管理来自物联网设备以及其他公共和私有数据源的环境信息。
- 数据存储管理：提供与异构数据源交互的数据存储和数据质量相关的功能。
- 市场：通过实施枢纽来实现城市数据和具有物联网能力的数字数据交换，并提供管理资产目录、订单和收益的功能。
- 安全性：提供关键的安全属性，如机密性、身份验证、授权、完整性、不可否认性和访问控制。
- 监测和平台管理：提供管理平台配置和监视平台服务活动的功能。

现在，将注意力转向智慧城市环境的一个典型用例。还有许多其他用例，但本书选择了一个涵盖与物联网数据管理和货币化相关的主要问题的用例。

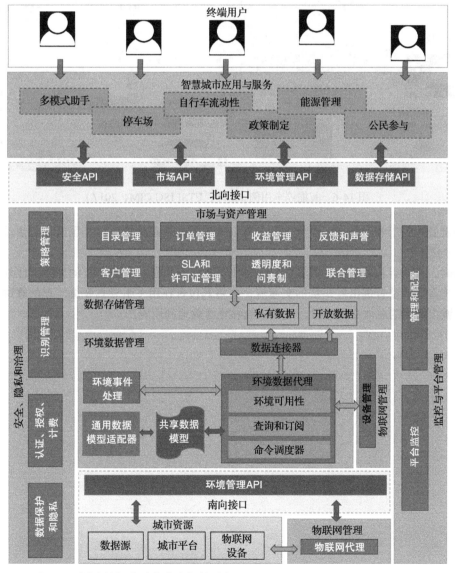

图 14-5 同步性智慧城市参考架构（来源：https://synchronicity-iot.eu/about）

14.7　智慧城市——智能停车场

有一个希望改善街道停车和交通流管理的城市，这里以其为例。资产包括许多停车库和路边停车位。以前将城市划分为不同的停车区，并安装了传感器，以捕捉有关不同区域占用情况的近实时信息，从而发布停车场的容量。此外，还有针对道路的传感器和摄像头，以观察当前进出这些停车区的交通流，如图 14-6 所示。

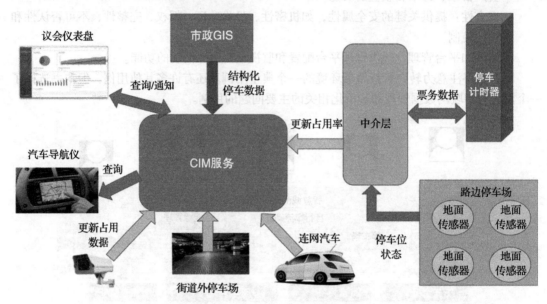

图 14-6　智能停车用例（来源：ETSI ISG CIM，2017）

随着停车需求和供应在一整天中的升降，传感器能够跟踪进出停车场区域的活动，并计划长期改进。

同时，正在寻找停车位的驾驶员可以被引导到最有可能找到停车位的地方。此外，汽车导航系统将能够整合进出停车场的交通流，并将其包含在用于引导驾驶员停车的算法中。这将减少城市周围的总体交通流量，使城市能够更有效地利用资产。

参与式感知

15.1 引言

参与式感知（PS）[178]在相关文献中也被称为"城市、市民或以人为中心的感知"，是市民参与的一种形式，目的是捕捉城市周围的环境和日常生活。第一个参与式感知项目出现在 21 世纪初，其重点更多地集中在城市居民的活动上，以捕捉有问题的情况（如道路故障、空气污染、城市照明不足的部分）、日常生活（如骑自行车 / 乘汽车上下班）、个人健康，甚至是其组合。最近，这个概念在品牌、人员参与实践、目标受众和商业模式等方面进行了转变。然而，任何参与式感知活动的主要组成部分都是充当人类传感器的城市居民，并且还通常是参与式感知产品的终端用户。

早期参与式感知的目的是使市民能够将他们的城市转变成一个共同的最佳生活环境。在当今的科技条件下，市民可以通过多种方式来捕捉和分享他们的日常生活，以及他们对城市生活质量的看法。如今，大多数市民都有手机，他们至少可以使用手机捕获图片、电影和声音，并通过互联网分享。个人、团体或政府官员可以对这些信息进行分析和解释，并得出可以采取行动的结论。信息收集可以由任何感兴趣的参与者组织的特定感知 / 收集活动发起。本章将描述传统的参与式感知概念和一个研究实例，以及围绕人们感知的一般概念的最近和未来的趋势。我们选择了"参与式感知"这一术语来描述本章其余部分的早期和当前概念。

15.2 角色、参与者和交互

参与式感知系统中主要的潜在参与者是"个人"和"城市当局"。城市居民可以接触到传感设备，并可以使用它们来捕获环境。个人可以是所收集信息的一组接收者，也可以是基于参与式感知的环境变化的目标。城市当局可以是收集到的信息的接收者，并且可能是感知 / 收集活动的组织者。城市当局还可以分析收集到的信息（可能是与市民个人一起分析），制定行动计划，并对行动进行跟进。

在参与式感知系统中，市民或市政当局有多个角色。个人可能会使用自己的移动电话来充当数据采集器，以收集传感器数据。个人或城市当局可以扮演采集系统操作员的角色，该操作员拥有并操作来自多个数据采集器的采集系统。处理、存储和分析收集到的数据的分析提供者可以由任何一方（个人、城市）担任，他们也可以根据活动的结论（负责的行动）制定计划并执行行动。一般来说，城市当局通常承担非数据采集者的角色（采集系统操作员、分析提供者和行动负责人），而市民的主要角色是数据采集者，但不排除分配给参与者的任何其他组合角色。根据不同参与者的参与程度，参与式感知活动有 3 种主要的参与模式，如下所述。

15.2.1 总体设计和调查

在这个模型中，市民个人设计感知活动，参与数据收集，并对收集到的数据进行分析和解释。因此，市民完全有权为自己希望在其生活环境中看到的变化做出贡献。

15.2.2 公共贡献

市民个人仅积极参与由另外个人或机构（如城市当局）组织的数据收集阶段，但他们不一定分析或解释结果。

15.2.3 个人使用和思考

市民个人在没有任何有组织的活动的情况下，自己监督和记录自己的日常生活。个人可以选择不共享个人信息和详细信息，也可以选择共享某些特定信息或收集到的信息汇总。因此，收集的数据主要用于个人思考或在一个非常小的私人团体（例如，个人亲属）内分享和思考。

15.3　参与式感知过程

典型的参与式感知过程的基本步骤如图 15-1 所示。在协调阶段，参与者需要自己组织起来，或者在感知活动的环境下被其他实体（例如城市当局）招募，并且活动的目标需要在所有参与者之间进行沟通。然后，参与者花费一些预定的时间，使用他们的移动电话应用程序或为感知活动定制设计的应用程序，来捕获（捕获阶段）所需的感知模式。进入感知系统的数据不必仅来自数据采集器。其他一些公开可用的来源，如天气、空气质量和交通报告，可以用来得出更丰富的结论。通过电话连接选项将收集到的数据传输（传输和存储阶段）到数据采集系统，并存储在互联网服务器（私用或公用）中。然后对数据进行预处理（处理阶段），以便保护数据采集器的隐私，并添加访问控制规则，以便授权的个人或服务可以随时访问数据。收集到的数据通过相关分析工具进行分析、聚合（如果可能），相互关联以检测模式，最后进行可视化以更好地了解活动的目标群体（分析和可视化阶段）。最后但并非最不重要的一点是，个人或城市当局可以采取某些行动（行动阶段）。反馈贯穿于整个流程，通常有助于流程的捕获阶段。例如，如果捕获的数据传输和存储失败，则可以通知参与者重新传输或重新捕获目标环境。如果处理、分析和可视化的结果信息很少或模棱两可（例如，当处理后的图像质量较差时），或参与者进入了感兴趣的区域，则可能会通知他们（重新）捕捉情况（见图 15-1）。

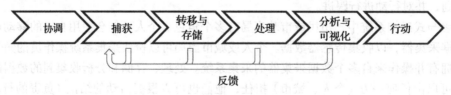

图 15-1　典型的参与式流程步骤

15.4　技术概述

参与式感知活动的主要技术之一是手机。它包括基本传感器和复杂传感器、输入和输出硬件、一个或多个处理器、一种或多种通信模式、位置感测能力以及可以潜在地允许执行第三方软件的软件执行环境。为了对参与式感知活动有用，移动电话的最低能力是允许传输和接收消息及潜在传感器数据的通信能力。活跃的参与者总是可以发送带有自己感测数据的短信（例如，主大街和第三大街拐角处的一个坑洞）。最低通信能力包括蜂窝（2G、3G、LTE、WiMAX 等）、Wi-Fi 或蓝牙收发器，供参与者潜在地接收活动开始信号（例如，电话呼叫或短消息）并发送包含捕获信息的消息。当然，如果由于成本、订阅限制或覆盖范围问题，导致参与者无法从蜂窝式收发器向互联网发送消息，则他们可以使用短距离收发器（例如 Wi-Fi）或个人局域网（PAN）收发器（例如蓝牙），其代价是受限于地理范围，当然也带来不便。随着智能手机开始占据市场主导地位，公民参与的不便及障碍也越来越少。智能手机配备了各种各样的传感器，比如可以测量光强度的高分辨率图像 / 视频传感器、加速度计、陀螺仪、指南针、位置传感器（GPS）、红外传感器，当然还有麦克风，可以测量一部分来电者的语音和周围噪声。它们还配备了一些执行器，如显示器（例如，用于接收活动消息）、振动器或扬声器（例如，用于通知活动参与者其位置非常适合拍摄）。

对于任何传感器系统，以及作为感测手段的智能手机来说，一个重要的要求是，它应该能够用一些时间和位置信息对收集到的传感器数据进行注释。否则，单个参与者收集的数据将无法与其他公共可用的城市资源（如天气报告）相关联。此外，感测到的数据丢失时间或位置信息无法与来自其他参与者的相应数据相关联，当然也不能聚合以生成有用的统计数据。

时间和位置信息没有被列为对智能手机功能的最低要求，因为参与者可以自己对收集到的数据进行注释，例如在传送感测数据的消息中写入时间和位置。但当然，不便的程度很高。幸运的是，位置传感器是大多数现代智能手机的标准配置，通常情况下，图像和视频都会自动添加位置信息，而无须用户的任何干预。大多数现代智能手机也支持带有时间戳的图像和视频。对于对活动有用的其他传感器模式（例如，通过智能手机加速度计检测坑洞），通常会设计并分发一种特殊应用程序作为活动的一部分，以便人们参与。例如，可能存在一个应用程序，该应用程序总是记录传感器数据、时间和位置，形成参与式感知消息，并在时间、成本和网络可用性条件良好时分派给数据采集系统。

由于需要在一个或多个位置收集来自移动电话的感测数据以进行进一步处理，因此需要从采集系统运营商所在地的服务器场或来自商用的集中式或分布式云提供商平台（在第 5 章中进行了描述）中获取一个或多个专用服务器。这些机器托管适当的应用程序，以支持参与式感知过程中的大多数步骤。虽然最简单的活动可能只需要一个简单的内容数据库来存储感测数据（例如，环境噪声记录或城市照片），但更复杂的活动可能包括对单个数据的预处理，例如过滤、验证所收集的数据是否有意义，信息来源的匿名化，从图像 / 视频中去除人脸等。还可以进行进一步的操作，例如基于位置信息对城市地址进行注释、压缩、存储等。

收集到必要的数据后，分析提供者负责分析数据。分析就像市民筛选数据并与其他市民讨论其结论一样简单。例如，查看数百张维护不善的社区的照片。或者，分析可以像根据街区和一天中的时间来确定城市的光照或噪声水平一样复杂和自动，用这些信息注释城市地图或者创建视频来显示城市地图上感测数据的变化。复杂程度显然取决于活动负责人的想象力。

当然，每种参与式感知场景都需要不同的传感器模式以及不同的采集处理、分析和可视化功能。该活动在软件和硬件功能方面越有条理，参与的障碍就越少，参与者的数量就越多。

15.5 早期场景

在一个现代化的发达城市里，人们为了往返于家、工作单位、学校和课外活动地点而四处走动。他们步行、驾车或乘坐私人或公共交通工具从城市的某个地点到达另一个地点，其移动性是完美的解决方案，可以确保尽可能接近完整地感测覆盖范围。在此展示的具体用例涉及在城市中移动的骑车人（例如，往返于家和工作单位之间），他们自己携带着手机[178]，可能在他们的自行车上还携带有其他几个传感器设备（见图 15-2）[179]。骑自行车的人可以使用简单的自行车，那么唯一的传感设备是他们的手机，或者使用配备了传感器的超级自行车，例如麦克风、磁力计、GPS、CO_2 计和速度表等。

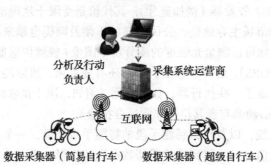

图 15-2 CycleSense / BikeNet 用例[179]

智能手机扮演着传感器和通信设备的角色。当骑自行车的人在城市中移动时，来自传感器的所有数据都被传输到专用服务器，进行存储和预处理。个人或城市当局检索匿名原始数据并进行分析，同时让自动分析工具生成有用的统计数据。原始数据被转换成统计数据，例如首选的自行车路线、交通问题、道路故障、空气质量报告、环境噪声水平和夜间照明度，并且它们可以与地图和城市基础设施信息（例如，道路交叉口）相关联。这两种类型的数据（原始数据和分析数据）都可以提交给个人或负责活动的城市当局，以解决问题或有助于（重新）规划城市基础设施。

15.6 近期趋势

最近，参与式感知的概念经历了品牌、人员参与实践、目标受众和商业模式方面的转变。今天使用的术语，例如城市感知、社会感知或市民感知[180-181]不再强调参与性，尽管人们仍然可以参与感知活动。"活动"一词本身就意味着积极参与感应阶段的设计和执行，以及积极参与市民希望看到的变化。然而，当今的市民感知更多地侧重于分析和可视化来自人们的任何数据，而不管人们是否积极地设计及参与正在进行的研究。当今的参与式感知活动主要是不协调的，它们要么是主动的，要么是被动的。这种参与实践的转变可以通过引入两种新的参与模式来表达，即自发参与或市民新闻，以及被动或无意识的参与。

15.6.1 市民记者

市民个人可以监视和记录他们自己的生活，类似于早期参与式感知模型的个人使用和思考模型，而无须进行有组织的感知活动。这意味着他们通过社交媒体（如博客、twitter feed、社交网站）来报告他们的发现，并且这些报告通常是对公众开放的，这与针对个人使用和思考的报告不同。市民记者是一种积极的感知活动，然而，感知活动的目标受众是记者自己的追随者 / 读者 / 观众。这种模型通常由个人或当局在灾害等特殊情况下使用，但不排除定期发布新闻版本的市民记者。例如，在 Facebook 上发布的有关该城市灾难现场的图像，或从个人角度对情况进行非常简洁描述的推文。这些市民记者报道的价值在于报道的新鲜度，因为在任何市政当局或新闻记者到达之前，个别目击者已经到达现场。

15.6.2 被动参与

公民的行为被捕捉、存储和分析，而实际的市民往往不知道他们的行为数据可以用于公共部门或私营部门。在这种情况下，为了保护公民的隐私，数据将被（或应该）匿名化，并且可能被聚合。例如交通摄像头、某些社区的电量计量和信用卡交易。城市当局或私营公司都可以收集人们的行为数据，并将其用于它们的目的，如城市规划或定向营销。因此，分析数据的目标受众不一定是市民或市政当局，也包括私营部门的雇员。

最新的市民感知活动更加重视使收集、分析和可视化更加自动化，以便人们收到研究成果以采取行动。人员仍然可以处于循环中，协助自动化过程更好地分析收集到的数据，当然也可以作为所生成信息的终端用户。将重点从手动处理和分析转移到更加自动化的方法的动机是数据管理、机器智能和知识管理技术的出现（所有这些都在第 5 章中介绍了），这些技术有望实现对来自流媒体源（例如，主动或被动市民）和固定来源（例如，城市的开放数据）的大量数据进行快速分析和语义解释。

然而，这些技术需要的专门知识，志愿者或城市当局不一定具备。因此，私营企业抓住机遇，从市民行为中收集数据，对数据进行分析，对数据进行语义标注并与其他来源相关联，并创造信息和知识。这些信息和知识可以在信息市场上出售。例如，分析 Twitter 消息，以发现市场趋势或消费者满意度。

15.6.3 社会感知

社会感知[182]是指人类或人类使用的设备（例如，智能手机或传感器）对物理现象的感知。在社会感知中，人类或使用的设备报告的数据是传感器收集的传感器数据、自然语言文本和用户捕获的媒体（如照片、音频和视频）的组合。社会感知的主要挑战是总体数据的可靠性和信息质量（QoI），用于基于人类报告来评估物理世界的状态[183]。主要有两类挑战：信息物理挑战以及语言和社会挑战。信息物理挑战涉及以类似于典型传感器的方式对人为报告进行建模，传感器具有明确的可靠性和准确性模型，以及明确指定的观测现象模型。人为报道代表了对一个事件的感知，而不是实际事件，因此它很容易受到有意或无意的错误、总结错误、社交网络偏见（基于朋友报告的人为报告）、夸张等的扭曲。语言和社会挑战包括人类语言在报道事件时的模糊性和歧义性，以及人类经常忽略的隐含语境，这对于人类得出正确的结论也很重要。

15.7 现代范例

参与式感知活动的最新示例集中在利用来自灾难现场的市民记者报道，以产生更丰富的信息内容，并有可能帮助接近灾区的其他人。在此描述的用例由三名市民记者组成，他们在 Oak 公园附近的 Oak 街和 Brich 街的拐角处观察到火灾（见图 15-3）。在不同的时间，每个参与者都会发布一条简短消息（Tweet），其中包含不同的描述、不同的意图，可能还有拼写和语言错误。例如，市民记者 1 将火灾的位置命名为 "Oak Park"，市民记者 2 命名为 "oak parl"，第三个 Tweeter 命名为 "Oak 及 Brich 街的拐角"，同时存在错别字或遗漏，例如是 "wins" 而不是 "winds"。由于 Twitter feeds 只允许发送短消息，因此通常会为更感兴趣的 Tweeter 关注者 / 读者提供指向更多内容的链接，例如从该位置拍摄的带有 GPS 位置注释的照片。这两个 Tweeter 在他们的推文中都包含了这样的链接，这些链接重定向到另一个存储火灾照片的位置。

在参与式感知流程方面（见图15-4），需要发现和收集市民记者的所有或大部分自发推文，这并非易事。为了确定相关报告对实际文本的分析，可能需要在异地服务器上进行元数据和链接内容的选择，以便选择相关的推文。此外，第三方公共可用的数据源，例如地图或城市当局的建筑物和地址，可用于实现将位置信息从一种格式转换为另一种格式（例如，从GPS坐标转换为道路名称或建筑物地址）。

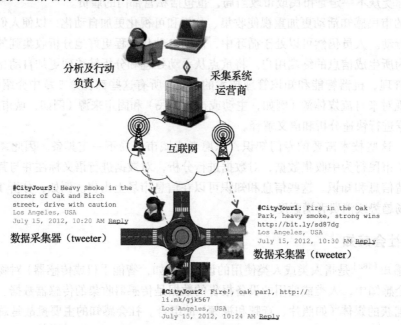

图 15-3　市民感知用例

此外，天气信息为预测火势提供了可能。在采取任何可视化和行动步骤之前，所有这些信息源都需要进行关联和分析。进一步分析的一个示例是对所有来源进行语义分析，提取主题上下文以及时间和空间上下文，并将所有这些信息融合到一个连贯的报告中。在这种情况下，报告指出，起火地点在 Oak 公园，特别是 Oak 街和 Birch 街的拐角处，并且由于该地区有强风，所以火势很大，而且有浓烟阻碍行车，特别是在十字路口。根据天气报告，该报告可以加强火灾预测，并向司机和附近居民发出警告。

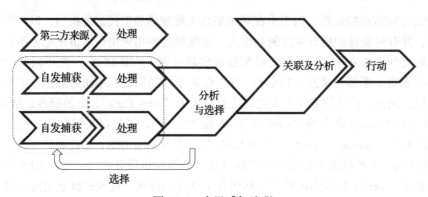

图 15-4　市民感知流程

15.8　结论

本章重点介绍了参与式、城市或市民或最近出现的社会感知的用例。尽管过去和现在使用了不同的术语，但这种感知方式假定人类在诸如智能手机和外围传感器之类设备的帮助下，监测他们的环境，并报告描述现象的传感器数据或文本。在过去，这种感知技术的研究和开发大多集中在通过活动的方式实现群体的应用和协调中。最近的研究和开发更多地集中在数据收集过程的可靠性、数据来源、数据独立性（数据不受社交网络影响）、相关背景以及从人们对一种情况或现象的书面文本评估中提取有用信息。无论如何，因为基础设施广泛可用（智能手机和附近的短距离传感器），而且人们通常报告有趣的事件而没有任何义务，这种感知还是很有趣的。

自动驾驶汽车和信息物理系统

16.1 引言

自动驾驶汽车不一定是物联网"用例"。相反,虽然自动驾驶汽车构成了相互连接的事物,但它们是传感器、执行器、控制系统、能源、通信和计算技术等持续进步的结果,并更广泛地与车辆和使能系统集成在一起。本章将描述物联网如何促进许多不断发展的互联子系统的进步,包括诸如自动驾驶汽车[184]的信息物理系统(CPS)微型实例,以及广义定义的宏观系统,就像它们所处并日益相互作用的交通网络,例如所谓的智慧城市(见第 14 章)。

下面将介绍许多自动驾驶汽车及系统的示例,从汽车行业开始,考虑到互补领域的最新进展,如无人机(UAV)和智能基础设施,以及它们的融合如何注定会形成复杂的 CPS(见7.10.6 节),其中通过近乎实时的信息交换来创造新的关系和机会,例如多模式点到点运输[85]或改进的物流(见第 17 章)。

16.2 自动驾驶汽车

在本书撰写之时,自动驾驶汽车是研究领域、工业领域、政府和整个社会的一个非常热门的话题。几家世界上最大的公司,比如谷歌(准确地说,它将其自动驾驶汽车项目分立为Waymo)、大多数汽车行业,以及许多新兴公司(如 Uber 和 Tesla)已经拥有了展示其完全自主驾驶能力的技术。如 6.6 节所述,定义了不同级别的自动驾驶能力,其中一个关键考虑因素是安全性。

16.2.1 自动驾驶汽车简史

本节将简要概述自动驾驶或自动驾驶汽车的历史和发展中的一些关键里程碑,这些里程碑可以追溯到 20 世纪 20 年代,当时无线电控制汽车在纽约进行了演示。在接下来的几十年里,使用各种技术在引导驾驶方面取得了一些显著的进步。60 年代末,斯坦福大学教授约翰·麦卡锡(John McCarthy)撰写的关于计算机控制汽车的论文⊖描绘了一种类似于当今自动驾驶汽车的愿景,但是直到 80 年代,才出现了全自动驾驶汽车的原型并进行了展示。这是由许多小组和项目牵头的,其中包括卡内基·梅隆大学的 Navlab 和 ALV 以及慕尼黑联邦国防大学的 Eureka Prometheus 项目。随后,在工业界和学术界也采取了许多类似的举措。

美国国防高级研究计划局(DARPA)的重大挑战推动了下一项重大计划,该计划首先向有能力开发一款能够在莫哈韦沙漠中行驶 140 多英里的自动驾驶汽车的研究机构提供大量现金奖励。第一次,在几小时内最多行驶 8 英里。2004 年、2005 年和 2007 年举行了三场比赛。后者是一项城市挑战,有几个参赛者成功入围,其中 6 个完成了比赛,并且 Tartan Racing 团队(由卡内基·梅隆大学和通用汽车公司合作)赢得比赛。

这些挑战表明,要实现完全自动驾驶汽车的梦想,还需要付出很多额外的努力。然而

⊖ http://www-formal.stanford.edu/jmc/progress/cars/cars.html。

在 21 世纪初，许多汽车制造商在他们的汽车上增加了一些自动驾驶功能，首先是自动泊车系统。丰田（Toyota）、雷克萨斯（Lexus）、福特（Ford）和宝马（BMW）等公司在 20 世纪末推出了这一功能。自那时起，各大制造商都推出了更多的自动驾驶功能，并且 Uber、Waymo 和 Tesla 等科技公司都为推动这一最先进的技术完全自主化做出了贡献。这导致了数个第一，其中包括内华达州向谷歌（Google）公司自动驾驶汽车颁发驾驶执照（2012 年），以及首次因自动驾驶汽车造成的死亡；2016 年，一名 Tesla 司机在汽车处于自动驾驶模式时死亡，2018 年，Uber 撞死了一名行人。后者引发了很多猜测，究竟应该归咎于激光雷达盲点还是软件故障。

16.2.2　使能技术

多亏了许多互补的工程学学科的进步，无人驾驶汽车已经问世。本地（即车载）决策利用机器学习技术和相关算法的进步，以接近实时的方式解释和响应各种传感器数据。用于解释车辆周围环境的主要传感器包括雷达、激光雷达和用于检测物体和方位[185-186]的摄像机传感器。通常会基于目的地和当前位置（例如，从车辆或乘客手机以及惯性传感器读数[187]三角测量的 GPS 坐标）、轨迹和速度从互联网上检索路线规划和位置信息。这些参数通常从车辆传回相关服务（例如，Uber）以实现对车辆的跟踪。这通常对物流应用也非常有用（见第 17 章）。

自动驾驶汽车通常需要大量的计算能力。GPU 技术的最新进展，如 NVIDIA 公司的 DRIVE-PX-AI 平台，专门设计用于实现车载深度学习，再加上对汽车电子控制单元（现在每辆汽车有数百个）的持续改进，以及改进的通信和标准，如汽车以太网[188]和 AUTOSAR[189]，它们各自正在迅速简化自动驾驶汽车的开发。或许在自动驾驶汽车方面值得一提的其他主要技术改进涉及电动汽车的电池设计和充电能力。Tesla 公司的增压器和超级充电器网络就是最好的例子。快速为电动汽车充电的能力对于确保这项技术的广泛应用至关重要。感兴趣的读者可以在参考文献［190］中找到评论。

16.2.3　法规、治理和道德规范

许多州和国家最近允许在公共道路和高速公路对自动驾驶汽车进行测试，许多尚未这样做的国家已经开始制定规定或宣布未来日期。很明显，人们渴望继续前进和测试，但是最近的死亡事故已经导致许多人开始提出更棘手的问题，即当自动驾驶汽车发生碰撞时责任应归于何处[191-193]。确定崩溃的原因可能确实非常困难，因为硬件故障、传感器或控制器故障、软件故障或算法问题，其中发生的决策（即潜在的道德问题[194]）可能是全部、部分或综合的原因。

16.2.4　其他自动驾驶乘用车

最近世界各地都有许多自动驾驶乘用车的例子，从英国 Autodrive 项目⊖下的英国米尔顿凯恩斯的低速自动驾驶汽车"豆荚"的应用，到正在中东地区进行试验的客运无人机（迪拜承诺将试飞亿航 184）。诸如自动驾驶飞行出租车等技术继续引发有趣的实际问题，比如空中客运无人机的空中交通管理（Uber 公司正在与 NASA 合作解决这一问题）以及起飞和降落的基础设施问题。

⊖　http://www.ukautodrive.com/。

16.3   其他自动驾驶系统

还有许多其他类型的自治系统，包括用于客运和货运、勘探、远程监控和检测以及工业制造和加工的系统。这些系统包括空基系统、陆基系统和海基系统。以下各节将简要概述此类自治系统的一些有趣类型，包括其主要用例。

16.3.1   自动驾驶轨道

自伦敦地下铁路系统维多利亚线的运行等级为2级以来，客运铁路系统已变得更加自动化，这意味着列车可以在车站之间自动运行，但是司机必须在驾驶室内控制车门，检测轨道上的障碍物，并处理紧急情况。另外还有两个自动化等级，即3级（例如伦敦的Docklands轻轨）和4级（例如哥本哈根地铁）。在3级，通常需要一名工作人员在车上处理紧急情况，而在4级，则不需要任何工作人员来安全地操作列车。

对于需要长距离运输的工业应用，自动驾驶铁路系统也是可行的。例如，力拓（Rio Tinto）公司预计作为其"未来矿山"计划的一部分，其首批自动驾驶列车于2018年上线，尽管在这一案例中，大部分铁路基础设施是私人运营的（约1500km）。预计列车运行在自动驾驶时将比驾驶员驾驶时更快、更安全。这是对它目前已经运营了大约10年的自动驾驶货车的补充。所有这些系统都与日益复杂的机械和加工技术结合在一起，最终使所有的操作都能被远程监控和管理。实际上，自动驾驶的汽车、机器和传感器可以对一千多千米之外由运营商控制的16处力拓公司矿山进行统一查看，并且所连接的系统每分钟产生数TB的数据。这是工业中CPS的一个很好的例子，在这个系统中，对多个异构子系统的远程监视和控制使整个采矿和加工操作成为一个更加精简和高效的宏观系统。

16.3.2   无人机系统

无人机已经在国防应用中使用了一段时间。尽管自动航空已经存在多年，例如飞机的自动驾驶系统，但在过去的十年里，无人机在军事环境中的使用显著增加，特别是在需要监视和远程空袭的地方。尽管这些系统具备一定的自主性，但大多数仍需要远程飞行员来引导飞机。

近年来，随着轻型消费级无人机的发展，复杂飞机的价格越来越低，无人驾驶航空系统已变得非常普遍。这些无人机最初的激增已经在航空摄影应用中得到了很大的发展，这使得相关创新远远超出了基于商业原因的远程检查和监控方面的图像。

在许多地区，无人机的自主运行仍然不被推荐用于工业或商业用途，因为这些地区的法规规定无人机通常不能超出视线范围（即可以从航空当局获得某些许可），以及不能超过一定的距离和高度限制。

无人机为一系列行业和应用领域的创新铺平了道路。例如，在基础设施网络无法直接连接到互联网的情况下，将其与地面传感器结合使用，可以实现一系列自动数据收集系统。这有利于在危险和偏远的地点成功实施监测应用，如采矿、民用基础设施和能源生产系统[195, 196]。

16.3.3   无人驾驶水下航行器及系统

自20世纪50年代华盛顿大学研制出第一台自主式水下航行器（AUV）以来，AUV就已经存在。AUV的发展极大地促进了勘探工作以及最近的深海采矿。最近小型水下航行器的例子包括麻省理工学院开发的 SoFi 机器鱼[197]和欧洲 SHOAL 项目，该项目旨在使用人工智能机器鱼更有效地监测污染⊖。

16.4　智能基础设施

出于监视、维护和常规安全的目的，传感技术已经开始渗透到大多数基础设施系统中。由此产生的传感器数据被不断地传送到由负责基础设施的机构维护的中央服务器，并在那里检查是否存在损坏和 / 或衰减的证据。这些例子包括民用基础设施，例如道路和桥梁[31]、水和废物的分配与管理系统[198]、智能能源系统[199]和交通管理系统[200]。

随着数据的处理和提供超出其最初的预期用途，它可能会被馈送到其他具有重要价值的系统中。例如，如果通过其监控系统识别出任何危险，则可以向车辆提供有关诸如桥梁之类的土木结构的警告数据。无论车辆是自动驾驶还是人为控制，都可以通过提前警告来提高安全性。另一个例子是，可以将来自一个部门（例如交通管理系统）的数据用于另一个部门，在这种情况下，能源基础设施管理可用于网格级的负荷管理。传统上未耦合的系统之间共享数据的好处，除了更有效地提供遗留服务外，还可能创造新的商业机会。除了可能带来的潜在好处外，它还造成了滥用的可能性，必须仔细考虑。

16.5　信息物理系统的融合及系统

显然，传感器、执行器、计算和通信技术的融合可以使任何运输方式变得自主。自动驾驶汽车及其与智能互连基础设施组成的系统是 CPS 的代表。虽然汽车或飞机是 CPS 的典型例子，其中成千上万的自动驾驶汽车在不断地相互交互，并且还有潜在的无数基于云的应用服务器交互，但是管理这些新系统是一项重大挑战。

这是一个新出现的问题，肯定会吸引大量的研究和开发工作。在考虑此类系统时，有几个驱动因素需要考虑。显然，在使用所有可用的方法（即水、陆、空）运输人员和货物时，存在提高效率、减轻环境压力，并满足社会需求的一些方法。一方面，可以认为这些系统对社会可持续性（包括安全性、可靠性和稳定性）方面的创新至关重要，但另一方面，在这些系统的开发、实施和管理中，必须考虑相同的参数。安全管理自主 CPS 扩散所需的技术还不够成熟。

如第 6 章所述，在开发和部署连接系统时，安全性可能是最重要的考虑因素。考虑到许多应用领域的性质，尤其是那些涉及关键基础设施和对安全至关重要的应用领域（如自动驾驶汽车），不可预见的依赖性和弱点出现的可能性不容忽视。

16.6　信息物理系统的挑战和机遇

本节重点介绍未来 CPS 开发中的一些关键挑战，但并不详尽。许多工程学科汇聚在一起开发复杂的 CPS，例如自动驾驶汽车。迄今为止，开发周期往往很长且成本很高。控制工程是此类系统设计中的关键学科。迄今为止，控制工程师迟迟不能容忍任何不确定性的行为，最近的发展包括为软件工程师开发形式化的方法，以便与控制工程师进行有效的交互。这导致了设计合同的制定，该合同最初指定了时序要求[201-202]。

在考虑无线通信和能量收集系统等理想技术时，这一问题尤其突出。在这两种情况下，

⊖　https://www.roboshoal.com。

都很难做出任何形式的保证，以保证系统的行为将始终如一。无线通信经常会受到随机行为的影响，导致数据包丢失，并且收集可能是短暂的，因此导致某些类型的应用出现能量不足。物理系统的数学是动态的，它还没有完全与计算机系统数学的离散性相结合，这也是研究界关注的问题。然而，这对研究团体来说是一个非常有趣的研究挑战，它们还没有为这些类型的系统找到一个系统的、有原则的设计方法；尽管基于模型的设计近年来越来越流行[203]。

　　值得重申的是，虽然安全对于确保自治系统的可信性以及社会接受度至关重要，但在设计这些系统时必须特别注意，要考虑到它们的正面和负面的外部性。部署如此众多的并行自治系统，所有这些系统都使用互联网技术相互交织，有可能给社会带来深远的变化，而并非所有这些变化都是可取的或可预测的。迄今为止，这类研究很少，只能通过研究社交媒体互联网时代的后果来进行有限的学习。例如，通过将现有技术与社会工程相结合，据称选民被操纵，核设施（在空气间隙后面）被破坏。在开发下一代互连系统时，在意外情况发生时确定责任将更加复杂，其中最简单的方法可能是确定自动驾驶汽车如何以及为什么会发生碰撞并造成伤害。

物　流

17.1　引言

　　物流是一个与有形货物或资产的移动或运输有关的概念，为了理解该术语及其相关概念，有必要研究生产实物的典型企业组织。企业的总体组织可能不同于所提供的示例，但是与零售相关的示例主要是由零售物流在物流市场中的主导地位所驱动的[204]。物流（作为物流价值）在整个企业运营（价值）中的重要性差异很大，并且主要取决于最终产品的成本。生产低成本商品的企业其物流价值大于生产高成本商品企业的物流价值。然而，这两种类型的企业都将物流作为运营的重要组成部分。还有一些其他类型的企业不涉及实物产品的生产，例如金融部门的企业，但这些企业不在本章的范围之内。

　　生产有形商品的企业通常会从供应商（也是企业本身）收集最终产品所需的所有原材料和组成部分或部件，制造产品，并可能将成品存储在本地仓库中，最终将成品进一步发送和销售给客户（见图 17-1）[205]。成品配送可能涉及多个配送中心，可能有也可能没有仓储仓库，以及最终的零售中心，在零售中心商品将呈现给最终消费者或客户。在网上购物的现代世界里，零售中心正缓慢而稳定地被带有可选仓库的网上商店所取代。

　　一个重要的观察是，物流管理（LM）和相关术语供应链管理（SCM）没有明确定义及被广泛接受的定义，因为它们是描述企业运营的通用术语，可能会因企业而异。因此，这里将首先尝试提供一些定义，这些定义将贯穿整章。

　　在这种情况下，术语供应链（SC）和 SCM 对于理解至关重要，因为 SCM 经常与术语 LM 混淆。Aitken[206] 定义的供应链是"……相互连接和相互依存的组织网络，相互协作，共同控制、管理和改善从供应商到终端用户的物料和信息流"。值得注意的是，在供应链中不仅要考虑物理材料、部件或成品的流动，而且要考虑从消费者 / 客户到制造商及其供应商的逆向信息流。第一种类型的流（物理材料 / 部件 / 成品）通常称为供应流，而第二种类型的信息流称为需求流。理想情况下，制造业企业的运营方式应该使这些流动处于平衡状态，换句话说，在适当的时间以正确的数量生产制成品，从而满足需求并优化其他参数，如成品的总成本和上市时间。由于不断变化的需求，这种均衡很难实现，这迫使企业在预测需求的时间和数量时承担风险，通常这种风险会转化为已发生的成本。

　　Christopher[205] 将供应链管理定义为"……供应商和客户之间的上下游关系的管理，以便以更低的成本为供应链整体提供卓越的客户价值"。因此，SCM 的目标是使供应链尽可能接近平衡。Christopher[205] 进一步指出，每个企业通常都是供应链的一部分，而供应链是竞争优势的来源，因为现在企业不仅仅在市场上竞争，而且与其供应链一起竞争。

　　根据 SCM 专业人员理事会（CSCMP）⊖提供的术语表[207]，物流是"……规划、实施和控制的过程，以高效、有效地运输和存储货物，包括服务和从起点到消费点的相关信息，以符合客户要求。此定义包括入站、出站、内部和外部移动。"进一步，该术语表将

⊖　http://cscmp.org。

物流管理定义为 SCM 的一部分，重要的活动是入站和出站运输管理、车队管理、仓库、物料处理、订单履行、物流网络设计、库存管理、供应 / 需求计划以及管理第三方物流（3PL）服务提供商。回顾 SCM，CSCMP 术语表的定义包括来源和采购、转换和物流管理（见图 17-2）。

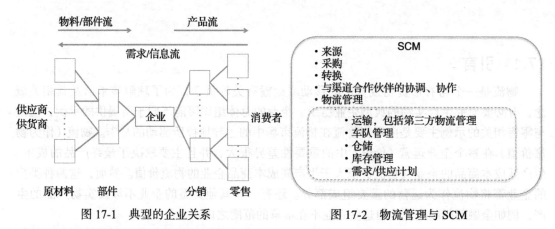

图 17-1　典型的企业关系　　　　　　图 17-2　物流管理与 SCM

根据 CSCMP 术语表，供应链管理的主要职责是"……将公司内部和公司之间的主要业务功能与业务流程连接成一个具有凝聚力和高性能的业务模型"。正如前面所述，企业的最终目标是高效的 SCM，而非独立的效率。SCM 的一些活动（如采购或转换）主要与业务相关，不涉及物联网的主题，而物流管理活动和其他 SCM 活动（如来源）则更多地与物联网监控的物理世界相关。因此，本章将重点更多地放在物流管理而不是整个 SCM 上，换句话说，即供应链的有形资产如何通过供应链从供应商流向制造企业，再流向消费者和客户。在这一过程中，还使用了其他资产来促进这一流动，如运输工具（卡车、火车、飞机、船舶）以及物料、部件和适当的成品存储手段（仓库、配送中心、零售仓库等）。

17.2　角色和参与者

参与供应链的典型角色如下：

- **原材料供应商**：这些供应商是制造成品中间部件所需的原材料供应商。通常，它们拥有用于存储原材料的仓库，并且货物流是出库的。
- **中间组件供应商**：这些供应商通常同时扮演制造实体和供应商的角色。它们通常拥有并经营入库、制造机器和出库。
- **制造企业**：与中间部件供应商类似，它们将原材料和部件组装成成品。它们拥有并经营入库和出库、制造机器和装配线。制造商可能还拥有并运营配送中心，这些配送中心执行存储和转发活动、本地仓储以及将大件货物重新包装成小件货物。
- **分销商**：这些分销商是中间产品存储空间的提供者，这些中间空间用于成品以及存储、转发和潜在的重新包装服务。根据参考文献［207］的说法，分销商大量购买商品，然后再将少量商品转售给零售商店，从而获得成品的所有权，并将少量商品出售给客户（零售商或最终客户）。它们通常拥有并经营仓库，这些仓库可能会改变成品或成品组的包装。
- **零售商**：面向客户 / 消费者的商店，负责从制造商和分销商处购买产品，存储并最终销售给最终客户。零售商可以是实体的，也可以是虚拟的（在线商店）。如果零售商规模大，并且分布在较大的地理区域，则它们可能拥有大型的配送中心，这些配送中心可能会重新包装货物。一个例子是零售配送中心，它接收装满托盘的成品集装箱，箱子里装有一定数量的特定产品，并且将装有产品箱的集装箱或托盘发送到各个零售商店。执行以下操作：(i) 接收并打开集装箱，并卸下托盘；(ii) 将托盘分类，并卸下产品箱；(iii) 每个针对目标零售店的新托盘都根据零售店订单装载了所需的产品箱；(iv) 将托盘转发至出站装货码头进行分派。

- **最终客户 / 消费者 / 用户**：将购买成品的最终客户。
- **运输提供者**：它们是负责将原材料、部件和成品运输到制造商、配送中心、零售店和最终客户的企业。

值得注意的是，在实际的供应链中，并非所有角色都存在。例如，如果制造商将所有的成品直接分发给零售店或客户，则不存在分销商。

一个观察结果是，运输、存储、仓储和库存活动可以由制造商和零售商执行，也可以外包给其他方，通常称为第三方物流（3PL）提供商。根据 CSCMP，3PL 的定义是"……将一家公司的物流业务外包给一家专门的公司"。虽然这是一个笼统的定义，但它抓住了第一方物流（1PL）和第二方物流（2PL）之间的区别，二者的定义都不是很明确。术语 1PL 是指对产品有"第一订单"利益的公司，换句话说，是制造商或零售商。2PL 涉及通常用于运输这些产品的公司，即陆运、空运或海运的不同承运人。在物流市场发展的早期，制造商或零售商通常与承运方签订专门的合同以进行产品运输，但市场的演变导致了第三方的出现，它们代表制造商或零售商管理其与承运方及仓库供应商等签订的合同。3PL 的主要特点在于它是一个不同于主要利害关系方（制造商、零售商）的法人实体。不同的运输和仓储服务的组合差异巨大，以至于除了一般意义上的 3PL 外，没有一个清晰的定义。在关于物流和供应链管理的文献中，也有其他类型的角色，如第四方物流（4PL）和第五方物流（5PL）供应商，相对于 3PL，这些的定义较不明确，因此我们不会展开讨论。

17.3 技术概述

物联网的作用是实现对现实世界中感兴趣的"事物"或资产进行有效监视和控制。物流还涉及物料、部件和成品的物理运动以及信息的逆向流动。因此，物联网至少可以使供应链中的信息逆向流动自动化，并（尽可能）影响实体资产的正常流动，有助于物流自动化。本节首先确定要监视和 / 或控制的"事物"或资产，然后概述典型物流场景中应用的主要技术。

17.3.1 物品识别

根据 Baker 等人[204] 的研究，在美国或欧洲，物流总成本的很大一部分（超过 90%）集中在三个主要活动上：货物运输（货物如何从 A 点转移到 B 点）；库存（哪些货物要有库存，何时存储，以及数量有多少）；存储 / 仓储（在途中存储货物的地点）。

潜在资产在很大程度上依赖于行业和特定行业部门，因此这些例子可能显得武断。物流场景的潜在资产如下：

- **产品相关资产**：
  - **原材料**，例如矿物、木材和水果。

- **部件**，如电子部件、汽车部件、钢部件、容器（如瓶子、罐子）和包装材料（如托盘、箱子）。
- **成品/商品**，如计算机、汽车、瓶装牛奶/瓶装水和玩具。
- **生产机械**，如装配线和包装机。
- 存储/仓库相关资产：
  - **仓库和存储设施**，包括出入库的卸货/装货区、中间存储区、拆装和重新包装区、零售存储区和零售展示区。
  - **仓库机械**，包括装卸机械，如叉车、机器人火车和重新包装机械。
- 运输相关资产：
  - **运输工具**，如货车、火车、飞机和船舶。
  - **运输媒介**，如公路、火车、空运和海运。

在某些情况下，人员可能被视为一种资产，可能需要对其进行监控，以便为人员提供安全的工作环境。例如，需要识别和跟踪化工厂的人员和危险区域，以确保在接近处理有害气体的区域时会警告他们。

17.3.2　主要技术

物流中涉及的资产类型（如运输、仓储、制造）意味着物流场景涉及其他用例中的技术和典型场景，例如车队管理、商业楼宇自动化和制造。物流用例的核心在于从供应商到制造商，再到零售商，最后到客户的货物物流（或货物缺乏流动，例如在仓库中）。换句话说，核心用例是关于将物料和部件转化为成品、商品的包装/重新包装、成品的运输和存储，使其靠近客户，以及最终的产品销售（"追踪和跟踪"）。对于退回的商品，从客户到零售商或制造商存在逆向流动，但这种情况与正常流动（制造商和客户之间）相似，并非常见情况。由于退货物流的目标与正常产品物流的目标相同，只是角色相反，因此本章将不涉及此类案例的任何具体细节。

如前所述，供应链还涉及逆向信息流。在物流时代初期，信息流也被认为是来自不同路径实体的纸质文件流。然而纸质文件不是标准化的，信息传递与产品传递一样快（或慢），并且信息流通常是单向的，即通信实体不可能进行交互。当今通信基础设施的优势在于，遵循标准化电子格式（即机器可读的格式）的电子文档，其信息流可以以更高的速度发生。

GS1[○]相关技术是实现信息逆向流动的主要技术之一，该技术可捕获从供应商到客户的材料和产品的物理流动以及跟踪成品。GS1是一家全球性组织，专注于供应链标准和大型行业（例如，零售、医疗保健、运输和物流等）的企业对企业信息交换。例如，GS1标准化了产品条形码或电子产品代码（EPC）。

GS1系列标准侧重于：①以标准化的方式**识别**待运输的产品，并标准化承载此类标识（例如条形码和RFID标签）的技术；②在产品单独或成组流入供应链时**捕获**标识信息（例如，货物托盘），并将位置、时间和单个产品标识与业务环境（例如，从订购到运送到客户的产品转移）相关联；③最终在相关物流方之间**共享**从供应商到制造商再到客户的产品流的结果信息。

一方面，其余的物联网技术主要集中在监视几种传感器模式和对适用及相关模式的控制

　　　○　https://www.gs1.org。

中。换言之，与GS1（主要专注于跟踪和追踪产品流）主要技术相比，其他物联网技术都是关于监视和潜在控制可能资产的超集。然而，由于物流管理（见17.3.1节）中确定的资产或"事物"集合更大，因此非GS1的物联网技术可用于丰富简单的跟踪和追踪用例。物流中确定的资产分为两大类：

1）产品、物品、商品本身可以通过各种传感器技术进行监视，以确保产品规格质量（例如，牛奶不应暴露在特定范围之外的温度下）或管理。对此类资产的监控主要有助于最终客户的满意度。对此类资产的驱动使用是有限的，但也不排除在其中（例如，冷藏集装箱）。因此，引入传感器技术以增强和丰富货物监测是结合GS1和非GS1物联网技术的主要关注领域。

2）17.3.1节中确定的与产品运输和存储相关及涉及的资产，此类资产的最佳及有效利用有助于供应链的成本效益和可持续性，进而影响客户和相关的供应链合作伙伴。监视和驱动的使用同样重要，并且适用于监视和控制此类资产。

本章后面的用例试图捕捉这两类资产的使用情况，因为对整个供应链的联合监控通常比仅优化部分供应链能够更好地实现可视化和控制。因此，诸如分析和机器学习等技术至少在监视和分析供应链端到端性能方面非常有用。例如，传感器数据可以显示某种类型的食物在超出正常范围之外的温度下暴露了一段时间，结果可能需要动态更新过期日期。如果产品包装允许（例如，可远程配置产品详细信息），这可能会导致某些促动，但对此类产品有效利用的影响是有限的。更大的影响可能来自更激进的行动，例如重新配置供应链，以更快地将产品推向最终客户。例如，通过航空运输运输产品，而不是保持原计划通过陆运运输。典型的企业供应链由固定且变化缓慢的合同组成，因此直到最近引入智能合约和区块链技术，才有可能进行这种重新配置（见5.7节）。

17.4　示例场景——食品运输

相关文献中有大量的物流用例，这些用例或多或少都有详细描述。因此，最好描述一个包含主要物流和物联网有用概念的用例，以便展示两者的优点。该用例侧重于实物运输，更重要的是全球范围内的食品运输。其动机是展示多种运输方式，物品、箱子、托盘、容器等的聚合 / 分解，以及原材料到食品的转化。

一般情况下，A国的速食食品公司使用本地生产的和从其他国家进口的原料，准备特色食品，将其包装、冷藏，然后配送到当地或国外的超市和餐馆。用例集中于这些特殊食品的制造、运输和分销。

供应链从被运输到食品企业的原材料（食品成分和包装）开始（见图17-3）。蔬菜是通过货车从当地生产商和附近国家运输的，而蛋白质成分、油脂和包装则是通过火车从更远的地方运输而来的。原材料用大的食品容器运输，容器上标明原料的类型和数量（例如，橄榄油，100kg），而包装则成捆运输，每捆100件大小不同的物品。重要的是，原材料和准备好的食品要用冷藏集装箱、货车或火车车厢运输，并使用相关的物联网传感基础设施来监测其暴露在环境条件下的情况。原材料封装在装有湿度传感器、温度传感器和振动传感器的冷藏容器中，必要时这些传感器会触发容器的冷藏或冷冻部件。当原材料交付给食品生产企业时，有关从供应商向制造商的交付类型、数量和状态历史（主要是历史传感器数据）的信息也会交付给制造商。原材料（如包装）从装卸平台移至存储区（A），如图17-4所示。物流链这一部分使用的技术如下：

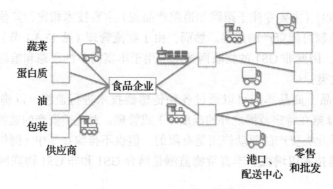

图 17-3   食品生产和分销用例

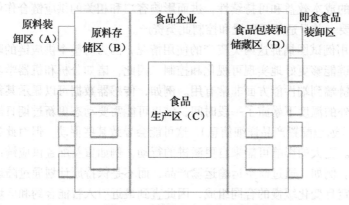

图 17-4   食品生产企业内部

- **订购**：制造商从不同供应商处订购所需类型和数量的原材料，并规定运输所需的环境条件。换言之，制造商规定了原材料运输所需的温度、湿度和振动值范围。
- **运输期间**：每 10 分钟从原料容器和冷藏容器（更大的容器、货车或冷藏车厢）中收集温度传感器、湿度传感器和振动传感器数据。数据存储在本地原料容器中，并远程存储在供应商的 IT 系统中。存储在供应商系统中的数据是使用有线和无线通信技术（见第 5 章）收集的。还有本地或远程计算逻辑，如边缘计算（见第 5 章）或云计算，这些逻辑允许对原料状况进行持续监控，如果这些状况偏离制造商的要求，则向供应商发送潜在警报。
- **交货**：制造商通过特定的 API 从供应商 IT 系统中检索传感器数据，并检查所运输原材料的整体状况。如果状况与订购时的要求相符，则制造商会指示运输负责人开始转移所有权。运输负责人将集装箱运输至制造商的装卸区（A），并使用条形码阅读器或 RFID 阅读器（取决于集装箱具有的识别载体的类型）对集装箱进行扫描，并将 EPCIS 事件数据传输至供应商 EPCIS 存储库。EPCIS 数据还通过企业对企业（B2B）EPCIS 接口被推送到制造商的 EPCIS 存储库。制造商的 EPCIS 存储库指示预期交付货物的位置为 A 区。原材料包装的传感器现在被指示将数据推送到制造商网关和 IT 系统，并继续在本地存储数据。
- **运输至 B 区**：制造商将原材料移至存储区（B），并扫描包装的条形码或 RFID 标签。EPCIS 存储库假设原材料位于 B 区。如果原料需要冷藏，则将其运输并存储在冷藏存储区。原材料的包装（例如，集装箱）继续监视温度、湿度和振动条件，并将本地数据推送到制造商的 IT 系统。制造商还包括检测环境条件偏差和向人员发出警报的逻辑。

在制造过程中，原材料被运送到生产区 C，并且 EPCIS 存储库更新原料的位置。如果生产过程意外停止或计划停止（例如，工厂停产一天），则原材料将返回至存储区（B），相关事件将被推送到 EPCIS 存储库。一个示例事件是，一个装有蔬菜的容器返回到 B 区的冰箱，其中的蔬菜比原始容量少了 50kg。

生产过程的结果是生产的食品每包 0.5kg，其中包含条形码或 RFID 标签，其中包含有关该物品的信息。每个单独包装的物品被运送到包装和储藏区（D）。在 D 区中，单个的物品被聚集在更大的盒子里，盒子装有的 RFID 标签记录了这种聚集情况。EPCIS 聚合事件也存储在 EPCIS 存储库中。现在假设物品和盒子位于 D 区。由于食品在国内和国际市场上都有消费，因此这些盒子被进一步聚集成托盘（用于本地交付），并将多个托盘组装成大集装箱，再通过火车或轮船运往其他国家。假定托盘和大集装箱装有温度、湿度和振动传感器，以监测即食食品的状况。有关多个箱子到托盘、多个托盘到集装箱以及将多个集装箱装载到轮船或火车上的聚合事件的相关信息被记录到 EPCIS 存储库中。有些托盘可以通过冷藏货车或冷藏火车车厢进行短距离运输，并交付给零售或批发企业。大型集装箱被运送到区域配送中心（例如，通过火车），然后在那里进行分类，即将托盘从集装箱中取出并存储在本地。在后期，托盘被运送到零售或批发企业，在那里进一步分类，最终出售给零售或批发客户。物品、盒子、托盘和集装箱的分类及运输将生成相关事件，这些事件将存储到运输公司、配送中心和零售 / 批发企业的相关 EPCIS 存储库中，并通过 B2B 接口将其中一些数据发送给制造商。零售和批发企业还可以访问每个项目的传感器数据，因为它们是从盒子、托盘或集装箱中分解出来的。根据这些数据，它们可以决定将商品退回给制造商，或者通知最终消费者，让他们做出决定。

17.5　结论

本章概述了物流和 SCM 的概念，描述了常规设置中的主要角色和参与者，介绍了物流场景中使用的主要技术，最后给出了一个简单的用例，该用例结合了典型的产品跟踪技术，例如 RFID 和条形码以及物联网监视和驱动技术。条形码和 RFID 标签是有关产品以及多个级别的产品组（盒子、托盘、集装箱等）的标识信息载体。GS1 EPCIS 有助于企业内部和企业之间运输和转换事件（例如，将托盘分解为一箱箱产品）的传播。但是，GS1 技术仅用于监视产品的移动而不能监视产品的状态。物联网技术，如产品、盒子、托盘、集装箱等上的传感器，有可能对食品等敏感产品进行更精细的状态监测。如果可行，还可以采取局部行动（例如，启动制冷）或向人员发送本地预警，以便采取进一步行动。然而，这两种类型的技术（识别 / 跟踪和物联网传感与驱动）并未集成在系统的低级别，但在业务流程级别上集成度较高。预计随着诸如食品运输等用例的激增，将这两种技术结合起来的标准化解决方案的需求将推动它们在统一标准中更紧密地集成。

Internet of Things: Technologies and Applications for a New Age of Intelligence, Second Edition

结论与展望

物联网解决方案能解决各种不同的问题和目标，由于技术的成熟和市场的不断扩展，其在过去的几年里迅速兴起。例如，十年前在实验室中研究 WSN 技术，如今即使是在消费者层面的成本也可以负担得起，因此 WSN 越来越多地被嵌入到一些大规模的低成本解决方案中。物联网也正在蓬勃发展，因为它越来越多地与各种环境，涉及行业、企业、消费者和整个社会的系统、技术和人员进行集成和交互。如今，人们正在迅速超越针对特定问题量身定制专有解决方案的方法，并且已经建立在可重用和更通用的基础设施和工具的基础之上，将其称为物联网、IIoT、CPS 等。

正如个人计算机革命和普及计算，这些工具现在可以被业余爱好者用于实际部署，不仅可以将传感器连接到互联网和网络，而且还可以利用复杂的软件，例如在低成本的树莓派软件上进行计算机视觉或机器人控制。除了这种创客文化，一个又一个行业已经开始了第四次工业革命[208]，以利用未来的物联网机遇，见第 1 章。

现在人们见证了物联网的显著加速和范式转变，如图 18-1 所示。技术进化主要是从创新和规模两个角度来驱动的。现在创新意味着新技术能够实现新的能力，例如用于实现自动化操作的 AI 算法。规模意味着经济高效的大规模部署和广泛采用，例如廉价的传感器和低成本的移动网络无处不在的连接。可以看出，最初的努力集中在将连接设备作为技术基础。它包括传感器、执行器设备以及开发和部署网络技术和基础设施所需的硬件和软件，从而将设备连接到后端托管应用程序。这使得数据收集和可视化成为可能，以便在细粒度级别上获得真实流程的可见性。它允许对家庭用电量进行远程测量，并对工业机器的状态进行监视。诸如网络和设备协议等技术得到了快速整合，并且随着各行业的共同选择，包括 IP 和 Web 的使用，以前高度分散的情况正在减少。技术发展显然将继续以越来越快的速度增长。嵌入式计算和传感将进一步小型化并降低成本，我们将在周围的环境、拥有和日常使用的物体与商品中看到这些嵌入式技术应用到规模化和不断增长的仪器。

随着以设备为中心的物联网日趋成熟，下一步已经在进行中。这里的重点是利用可以提高不同类型物联网数据可用性的更高级应用。解决方案专注于分析的各个方面，例如异常检测和预测以及 AI 的某些功能。示例应用包括基于状态的监视和预测性维护。此外，还探索和开发了分散式和分布式系统的各种类型的自治操作。在这里，人们看到了不断发展的工业机器人、自动化过程工业控制，以及不同程度的自动驾驶汽车。特色仍然是 IT 和 OT 的特定集成系统，这些特定系统在诸如离散制造之类的特定环境中涉及有限的一组任务。

然而，就技术而言，仍处于起步阶段，还没有成熟。随着机器智能实际应用的增加，例如控制系统逻辑与机器学习和其他 AI 技术的集成，新的机遇就在眼前。随着不同的物联网系统越来越广泛地部署，这些系统将形成系统体系来进行协作。跨系统和跨领域的信息共享将越来越多，为此语义技术以及信息的来源和质量将至关重要。自动化将需要不同机器智能驱动系统之间的协作，但也越来越需要无缝的人机协作。这也将使智能基础设施能够适应环境、自我学习和自我优化。

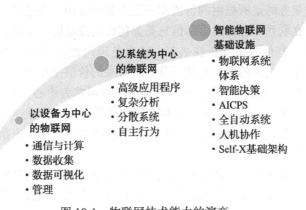

图 18-1 物联网技术能力的演变

总的来说，重要的创新来自不同机器及其环境之间的大规模交互，例如智慧城市层面或全球商业网络。此外，随着物联网技术能力的不断扩展和在多个行业中的应用，这将带来业务流程和业务模式的变革，见图 18-2。

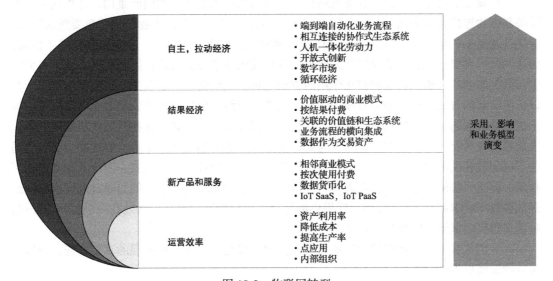

图 18-2 物联网转型

一些行业已经在使用物联网来提高组织内部的运营效率，例如降低成本、提高生产率以及更好地利用昂贵的机械。今天，重点是点问题和孤立的商业案例逐渐发展为价值创造和创新，这将越来越多地涉及人员、消费者和企业。公司越来越多地探索新产品和新服务，很多时候通过改进现有产品而成为一种相邻的商业模式。现有产品的新业务模式的一个示例是出售产品的使用权，而不是产品本身。然后客户按次付费，但产品（例如，家用电器）不属于用户所有，而是由可能是产品制造商的第三方拥有。这个模型是由物联网实现的，它可以监视使用情况，并确保设备在任何时候都处于运行状态。物联网解决方案本身也经历了这一转变，即不必为物联网应用销售硬件和软件，而是以各种"X 即服务"（XaaS）模型来交付，例如物联网 SaaS 或物联网 PaaS。

下一步是走向结果经济（见参考文献［3］），其中商业模式已经从按使用付费转变为按结果付费，即推动业务的是所提供的价值而不是产品的使用。在这里，还可以看到参与者如何在价值链之间建立联系，包括数据和信息是如何横向流动的，以及业务流程是如何跨组织集成的。已经看到一些信息市场正在兴起，这也是迈向物联网和基于结果经济体的重要一步，在这些经济体中，交付的可测量结果及其所带来的价值是驱动力。下一步是建立一个完全自主经营的经济体。目前的产业模式是以预测市场需求为中心，并据此进行规划和执行，有时被称为"推动经济"。在所有参与者和市场都在线、业务流程连网及自动化的完全数字化经济中，人们可以谈论"拉动经济"[209]，在这种经济中，可以根据个人需求全面、灵活地定制和组装产品和服务。

从技术和商业的角度来看，随着全球问题的日益紧迫，基于物联网的需求和创新不会减少，反而其重要性和规模会变得越来越大。通过智慧城市建设来解决自然资源短缺、减少对气候和环境的影响以及改善城市化所带来的生活状况，这是一个大问题，但是现在可以应用技术在人员和企业的参与下妥善处理这些问题。解决这些更大问题的一个前景是循环经济，见参考文献［210］。循环经济是一种再生系统，可以最大限度地减少对有限资源和废物的消耗。

上面概述的技术和业务的双重发展将推动部署的嵌入式技术的横向重用，并将众多小型设备和事物连接到互联网上。结合数据和云的趋势，AI 技术是未来物联网的重要组成部分。管理日益复杂的信息，以及自动化操作和控制现实世界资产的需求，将需要新的技术发展，而这些技术发展已经超出了我们今天所说的分析或机器学习。因此我们坚定不移地朝着大型生态系统的创建、相互联系和相互作用的方向前进，他们将通过物联网与现实世界交互，并以价值驱动的方式在利益相关者和物联网之间进行调解，使所有相关方受益。然而，这一进步也将带来新的挑战，特别是在隐私、安全和道德方面，因为如今这些机器将从被动的数据生成器转变为商业和社会中的主动参与者，变得与人类不相上下。这种全球性的高影响力需要不同利益相关者之间的合作，因为物联网应被视为一种社会技术现象，因此其含义避开了技术、社会、法律和道德。企业需要培训员工学习新的物联网技术，例如通过大规模的在线开放课程（MOOC）[211]，以利用所提供的好处。可以断言，现在仍然处在一个时代的开端，特别是当我们试图掌握社会技术含义时。

对我们来说，当前物联网部署的发展和步骤仅仅是未来十年将出现的真正互连、智能和可持续发展世界的开端。

ETSI 的 M2M 规范

本附录包含 ETSI M2M 的架构和接口的简介。自 2012 年 ETSI 工作结束以来，由于架构和接口规范已合并到 oneM2M 规范中并不断发展，因此本附录的内容仅具有历史意义。

A.1 引言

ETSI 于 2009 年成立了一个有关 M2M 主题的技术委员会（TC），旨在从端到端的角度为机器之间的通信制定一套标准。技术委员会由电信网络运营商、设备供应商、主管部门、研究机构和专业公司的代表组成。ETSI M2M 规范基于 ETSI 以及其他标准化机构（例如互联网工程任务组（IETF）、第三代合作伙伴计划（3GPP）、开放移动联盟（OMA）和宽带论坛（BBF））的规范。ETSI M2M 在 2012 年年初发布了 M2M 标准的第一个版本，而在 2012 年中，7 个领先的信息和通信技术（ICT）标准组织（ARIB、TTC、ATIS、TIA、CCA、ETSI 和 TTA）成立了全球组织，称为 oneM2M 合作伙伴计划（oneM2M），目的是开发 M2M 规范、促进 M2M 业务并确保 M2M 系统的全球功能。ETSI M2M 工作是在 oneM2M 形成之后结束的，因此本附录中的内容仅是出于完整性考虑才加入本书中的。

A.1.1 ETSI M2M 高级架构

图 A-1 显示了 ETSI M2M 高级架构。此高级架构是功能视图和拓扑视图的组合，显示了

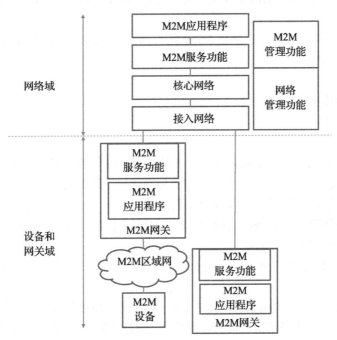

图 A-1　ETSI M2M 高级架构（根据 ETSI[32] 重绘）。欧洲电信标准协会版权所有 2013。严格禁止进一步使用、修改、复制和 / 或分发

一些功能组与物理基础设施（例如，M2M 设备、网关）明确相关，而其他功能组则缺少特定的拓扑布局。该架构包含两个主要域：一个网络域以及一个设备和网关域。这些在概念上分离的域之间的边界是物理设备和网关与物理通信基础结构（访问网络）之间的拓扑边界。

设备和网关域包含以下功能或拓扑实体：

- **M2M 设备**：这是 M2M 场景中关注的设备，例如带有温度传感器的设备。M2M 设备包含 M2M 应用程序和 M2M 服务功能。M2M 设备直接或通过 M2M 网关连接到网络域：
  - 直接连接：M2M 设备能够执行注册、身份验证、授权、管理和供给到网络域。直接连接还意味着 M2M 设备包含适当的物理层，以便能够与接入网进行通信。
  - 通过一个或多个 M2M 网关连接：当 M2M 设备没有与接入网络技术兼容的适当的物理层，因此需要网络域代理时，就是这种情况。而且许多 M2M 设备可以形成它们自己的本地 M2M 区域网络，其通常采用与接入网不同的连网技术。M2M 网关充当网络域的代理，并执行身份验证、授权、管理和供应的过程。一个 M2M 设备可以通过多个 M2M 网关进行连接。
- **M2M 区域网**：这通常是局域网（LAN）或个域网（PAN），提供 M2M 设备和 M2M 网关之间的连接功能。典型的连网技术是 IEEE 802.15.1（蓝牙）、IEEE 802.15.4（ZigBee，IETF 6LoWPAN / RoLL / CoRE）、MBUS、KNX（有线或无线）、PLC 等。
- **M2M 网关**：为 M2M 区域网中的 M2M 设备提供连接网络域功能的设备。M2M 网关包含 M2M 应用程序和 M2M 服务功能。M2M 网关还可以向网络域不可见的其他传统设备提供服务。

网络域包含下面的功能或拓扑实体：

- **接入网**：这是允许设备和网关域中的设备与核心网络进行通信的网络。示例接入网技术是固定的（xDSL、HFC）和无线的（卫星、GERAN、UTRAN、E-UTRAN WLAN、WiMAX）。
- **核心网络**：核心网络的示例是 3GPP 核心网络和 ETSI TISPAN 核心网络。核心网络提供以下功能：
  - IP 连接。
  - 服务和网络控制。
  - 与其他网络的互连。
  - 漫游。
- **M2M 服务功能**：这些功能通过一组开放的接口提供给不同的 M2M 应用程序。这些功能使用底层的核心网络功能，其目的是简化应用程序而抽象网络功能。本附录稍后将提供有关特定服务功能的更多详细信息。
- **M2M 应用程序**：这些是特定的 M2M 应用程序（例如，智能计量），它们通过开放的接口利用 M2M 服务功能。
- **网络管理功能**：这些是管理访问和核心网络的所有必需功能（例如，供给、故障管理等）。
- **M2M 管理功能**：这些是特定 M2M 服务功能执行 M2M 设备或网关管理功能时，管理网络域上 M2M 服务功能所需的必要功能，M2M 管理功能包括以下两个：
  - M2M 服务引导功能（MSBF）：MSBF 有助于引导 M2M 设备或网关中的永久 M2M 服务层安全凭证以及网络域中的 M2M 服务功能。在网络服务功能层中，引导过程在其他过程直接执行，旨在向 M2M 设备或网关以及 M2M 身份验证服务器（MAS）提供 M2M 根密钥（秘密密钥）。

- MAS：这是安全的执行环境，其中存储了永久的安全凭证（例如，M2M 根密钥）。在 M2M 设备或网关上建立的任何安全凭证都存储在安全环境中，例如可信平台模块。

关于 ETSI M2M 功能架构的一个重要发现是，它着重于 M2M 服务功能功能组内功能的高级规范以及最相关实体之间的开放接口，同时避免了 M2M 服务功能的内部细节说明。但是，从抽象到接口的特定映射，再到特定协议（例如，HTTP[212]、IETF CoAP[213]），需要以不同的详细级别来指定接口。ETSI M2M 架构中最相关的实体是 M2M 节点和 M2M 应用程序。M2M 节点可以是设备 M2M、网关 M2M 或网络 M2M 节点（见图 A-2）。M2M 节点是 M2M 设备、网关和网络上的功能的逻辑表示，这些功能应至少包括服务能力层（SCL）功能组。

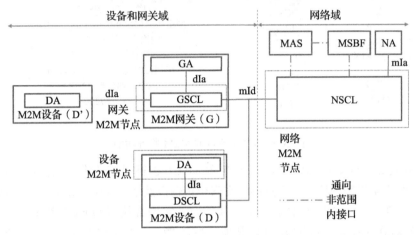

图 A-2　M2M 服务功能、M2M 节点和开发接口[32]

M2M 应用程序是使用服务功能来满足 M2M 系统要求的主要应用程序逻辑。可以在设备［设备应用程序（DA）］、网关［网关应用程序（GA）］或网络［网络应用程序（NA）］上部署应用程序逻辑。SCL 是通过开放接口或参考点 mIa、dIa 和 mId 公开的功能的集合[214]。因为可以在其上部署 SCL 的主要拓扑实体是设备、网关和网络域，所以存在 3 种类型的 SCL：DSCL（设备服务功能层）、GSCL（网关服务功能层）和 NSCL（网络服务功能层）。SCL 功能通过特定技术的接口利用基础网络功能。例如，使用 3GPP 类型的接入网络的 NSCL 使用 3GPP 通信服务接口。ETSI M2M 服务功能是功能组用于构建 SCL 的建议，其实现不是强制性的，而接口 mIa、dIa 和 mId 的实现对于兼容系统是必需的。值得重复的是，从 ETSI M2M 架构的角度来看，M2M 设备可以支持 mId 接口（朝向 NSCL）或 dIa 接口（朝向 GSCL）。该规范实际上区分了这两种类型的设备，即设备 D 和设备 D'（D+）。

A.1.2　ETSI M2M 服务功能

图 A-3 中显示了所有可能的服务功能（其中"x"是指网络、网关和设备）。

1）应用程序启用（xAE）。xAE 服务功能是面向应用程序的功能，通常提供相应接口的实现：NAE 实现 mIa 接口，而 GAE 和 DAE 实现 dIa 接口。xAE 包括将应用程序（xA）注册到相应的 xSCL，例如面向 NSCL 的网络应用程序。在某些配置中，xAE 使 xA 能够彼此交换消息，例如与同一个 M2M 网关关联的多个设备应用程序可以通过 GAE 交换消息。在某些配置中，安全性操作（例如应用程序的身份验证和授权）也由 xAE 执行。

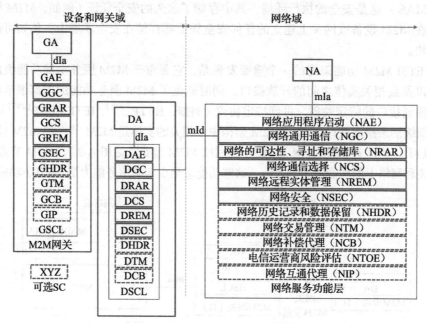

图 A-3   M2M 节点的 M2M 服务功能

2）通用通信（xGC）。NGC 是与 GSCL 和 DSCL 进行通信的唯一通信点，它提供传输会话的建立和安全机制的协商、消息的潜在安全传输以及诸如传输错误之类的错误的报告等功能。GSC / DSC 是与 NSCL 通信的单一通信点，它们都执行与 NGC 类似的操作（例如，安全消息传输到 NSCL）。GSC 还执行其他一些功能，例如 GSCL 中的 NSCL 中继消息在 NSCL 和其他 SC 之间互传，并处理 M2M 区域网络中的请求名称解析问题。

3）可达性、寻址和存储库（xRAR）。这是 ETSI M2M 架构的主要服务功能之一。NRAR 主要负责 M2M 设备和网关名称到可达性信息（可路由地址信息，如 IP 地址；设备的可达性状态，如上传或下载）的映射，并实现与可达性有关的信息调度，例如 10～11 点 M2M 设备是否可达。它为 M2M 设备和网关的组提供组管理（创建/更新/删除）、存储应用程序（DA、GA、NA）数据、管理对这些数据的订阅、存储 NA、GSCL 和 DSCL 的注册信息，并管理事件（订阅通知）。GRAR 提供了与 NRAR 类似的功能，例如维护 M2M 设备或组的名称到可达性信息（可路由地址、可达性状态和可达性调度）的映射，存储 DA、GA、NSCL 注册信息，存储 DA、GA、NA、GSCL、NSCL 数据和管理有关它们的订阅，管理 M2M 设备组以及管理事件。与 NRAR 和 GRAR 相似，DRAR 存储 DA、GA、NA、DSCL 和 NSCL 数据，并管理有关这些数据的订阅、存储 DA 注册和 NSCL 信息并提供 M2M 设备组的组管理和事件管理。

4）通信选择（xCS）：当存在多个选择或由于通信错误导致当前选择不可用时，此功能允许每个 xSCL 选择最佳的通信网络。NCS 基于到达 M2M 设备或网关的策略提供了这样的选择机制，而 GCS / DCS 提供了类似的到达 NSCL 的选择机制。

5）远程实体管理（xREM）。NREM 提供诸如 M2M 设备和网关的配置管理（CM）等管理功能（例如，在设备和网关中安装管理对象）、收集性能管理（PM）和故障管理（FM）数据并将其提供给 NA 或 M2M 管理功能、对 M2M 设备和网关执行例如固件和软件（应用程序、SCL 软件）更新的设备管理功能、设备配置和 M2M 区域网络配置。GREM 充当管理客户端，用于使用 DREM 对设备执行管理操作，并充当 NREM 的远程代理，以对 M2M 区域网络中的 M2M 设备执行管理操作。代理操作的示例是作为 NREM 启动的软件更新的中介，并且处理从 NREM 到休眠 M2M 设备的管理数据流。DREM 在设备上提供 CM、PM 和 FM 对应对象（例如，开始收集无线电链路性能数据），并提供设备端软件和固件更新支持。

6）安全（xSEC）。这些功能提供了安全机制，例如 M2M 服务引导程序、密钥管理、交互认证、密钥协议（GSEC 和 DESC 启动的同时，NSEC 执行交互认证和密钥协议）以及潜在的平台完整性机制。

7）历史记录和数据保留（xHDR）。xHDR 功能是可选功能，换句话说，它们是在操作员策略要求时部署的。这些功能为其他 xSCL 功能（保留哪些数据）以及在各个参考点上交换的消息提供了数据保留支持。

8）交易管理（xTM）。这套功能是可选的，主要为多操作的原子交易提供支持。原子交易包括 3 个步骤：将请求传播到多个接收者，收集响应，承诺或回滚所有交易是否成功完成。

9）补偿代理（xCB）。此功能是可选的，为代理 M2M 相关请求和客户与服务提供商之间的补偿提供支持。在这种情况下，客户和服务提供商是 M2M 应用程序。

10）电信运营商风险评估（NTOE）。这也是一项可选功能，可提供电信网络运营商提供的核心网络服务的风险评估。

11）互通代理（xIP）。此功能是一项可选功能，它提供了将非 ETSI M2M 设备和网关连接到 ETSI SCL 的机制。NIP 为非 ETSI M2M 设备和网关提供了连接到 NSCL 的机制，GIP 为非兼容 M2M 设备提供了通过参考点 dIa 接口连接到 GSCL 的功能，而 DIP 提供了通过 dIa 接口参考点将不兼容的设备连接到 DSCL 的必要机制。

A.1.3　ETSI M2M 接口

主要接口 mIa、dIa 和 mId[214] 的简要描述如下：

- mIa 接口：这是网络应用程序和网络服务功能层（NSCL）之间的接口。该接口支持的过程包括（其中包括）向 NSCL 注册网络应用程序，请求向 NSCL、GSCL 或 DSCL 读取 / 写入信息，请求设备管理操作（如软件更新）以及特定事件的订阅和通知。
- dIa 接口：这是设备应用程序与设备服务功能层（DSCL）或网关服务功能层（GSCL）之间或网关应用程序与 GSCL 之间的接口。该接口支持的过程包括（其中包括）将设备 / 网关应用程序注册到 GSCL，将设备应用程序注册到 DSCL，请求向 NSCL、GSCL 或 DSCL 读取 / 写入信息以及订阅和通知特定事件。
- mId 接口：这是 GSCL 或 NSCL 与 DSCL 之间的接口。该接口支持的过程包括（其中包括）将设备 / 网关 SCL 注册到 NSCL，请求向 NSCL、GSCL 或 DSCL 读取 / 写入信息以及订阅和通知特定事件。

A.1.4　ETSI M2M 资源管理

ETSI M2M 架构假定应用程序（DA、GA、NA）通过遵循 RESTful（表征状态转移）架构范式[212]对许多资源执行创建 / 读取 / 更新 / 删除（CRUD）操作来与各服务功能层进行信息交换。RESTful 架构范式的原理之一是，将唯一寻址资源的表示形式从承载这些资源的实体转移到请求实体。在 ETSI M2M 架构中，将 SCL 中维护的所有状态信息建模为架构实体在其上操作的资源结构。资源结构可简单描述为遵循唯一命名结构的相应层次结构以分层方式构造的信息容器的集合。除了 CRUD 操作，ETSI M2M 还定义了另外两个操作：通知（NOTIFY）和执行（EXECUTE）。NOTIFY 操作在资源表示形式发生更改时触发，并导致向原始订阅的实体发送通知以监视相关资源的更改。该操作不是与 CRUD 集正交的操作，而是可以通过从资源主机到请求实体的 UPDATE 操作来实现的。EXECUTE 操作也不是正交的，而是无须从请求实体到特定资源的任何参数就能够通过 UPDATE 操作实现。当请求实体对特定资源发出 EXECUTE 操作时，特定资源将执行特定任务。

图 A-4 中的示例演示了 ETSI M2M 实体如何使用 CRUD 和 NOTIFY 操作与另一个实体进行通信。假定已对设备应用程序（DA）进行编程将传感器测量结果发送到网络应用程序（NA）。使用 DSCL 的 DA 更新驻留在 NSCL 上的特定资源（Ra）的表示（见图 A-4 中的步骤 1 和步骤 2）。当特定资源更新时，NA 已配置要通知 NSCL，在这种情况下，NA 会读取更新的表示（见图 A-4 的步骤 4 和步骤 5）。

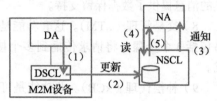

图 A-4　使用各 SCL 在 DA 和 NA 之间通信

分层资源树的根是 <sclBase> 资源，该树包含各服务功能层托管的所有其他资源。根具有唯一的标识符。如果 RESTful 架构是通过使用 Web 资源在真实系统中实现的，则 <sclBase> 具有绝对的通用资源标识符（URI），例如 "http://m2m.operator1.com/some/path/to/base"。<sclBase> 资源的顶层结构如图 A-5 所示。

图 A-5 中使用的不同字体表示不同的信息语义。符号 "<" 和 ">" 之间的术语表示任意资源名称，例如图 A-5 中的 <sclBase>。引号（""）内的术语表示一个或多个特定名称的占位符。在这种特定情况下，"attribute" 表示资源 <sclBase> 的固定属性列表的成员。用 Courier New 字体注释的术语（例如 scls）表示规范使用的原意资源名称。<sclBase> 被构造为具有不同分支的树，每个分支都带有其基数的标记。例如，<sclBase> 包含 *n* 个属性、一个 scls 资源、一个 applications 资源等。有关 ETSI M2M 资源结构的更多信息，请参见文献 [32]。

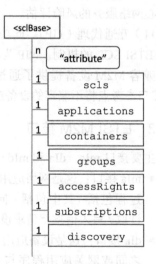

图 A-5　sclBase 资源的顶层结构（根据 ETSI[32] 重绘）。欧洲电信标准协会版权所有 2013，严格禁止进一步使用、修改、复制和 / 或分发

ETSI M2M 规范还描述了 HTTP 和 CoAP[212-213] 的绑定，这些绑定用于存储在 SCL 中的 RESTful 资源以及 mId 接口的实现。

参 考 文 献

[1] Höller J, Tsiatsis V, Mulligan C, Karnouskos S, Avesand S, Boyle D. From machine-to-machine to the internet of things: introduction to a new age of intelligence. Elsevier. ISBN 978-0-12-407684-6, 2014. Available from: http://www.amazon.com/From-Machine---Machine-Internet-Things/dp/012407684X/.

[2] The Ericsson mobility report. Available from: https://www.ericsson.com/en/mobility-report.

[3] Industrial internet of things: unleashing the potential of connected products and services. Tech. rep.; 2015. Available from: http://www3.weforum.org/docs/WEFUSA_IndustrialInternet_Report2015.pdf.

[4] Manyika J, Chui M, Bisson P, Woetzel J, Dobbs R, Bughin J, et al. The internet of things: mapping the value beyond the hype. Tech. rep.; 2015. Available from: https://goo.gl/V2fnJm.

[5] Presser M, Barnaghi P, Eurich M, Villalonga C. The SENSEI project: integrating the physical world with the digital world of the network of the future. IEEE Communications Magazine 2009;47(4):1–4. https://doi.org/10.1109/mcom.2009.4907403.

[6] Plantagon. Available from: http://www.plantagon.com/.

[7] US Food & Drug Administration. FDA Food Safety Modernization Act (FSMA). Available from: https://www.fda.gov/Food/GuidanceRegulation/FSMA/default.htm.

[8] National Intelligence Council. Global trends. Available from: https://www.dni.gov/index.php/global-trends-home.

[9] European Internet Forum. The digital world in 2030. Available from: http://www.eifonline.org/digitalworld2030.

[10] Singh S. New mega trends. UK: Palgrave Macmillan; 2012.

[11] Manyika J, Chui M, Bisson P, Dobbs R, Bughin J, Marrs A. Disruptive technologies: advances that will transform life, business, and the global economy. Tech. rep.; 2013. Available from: https://www.mckinsey.com/business-functions/digital-mckinsey/our-insights/disruptive-technologies.

[12] Mulligan C. The communications industries in the era of convergence. Abingdon, Oxon New York: Routledge. ISBN 9780415584845, 2012.

[13] Nester Research. Internet of Things (IoT) market: global demand, growth analysis & opportunity outlook 2023; 2018.

[14] Mulligan CEA. The communications industries in the era of convergence. Routledge. ISBN 978-1138686960, 2011.

[15] Gereffi G. A commodity chains framework for analyzing global industries; 1999. http://www.ids.ac.uk/ids/global/conf/pdfs/gereffi.pdf.

[16] Global Value Chains. Available from: http://www.globalvaluechains.org, 2011.

[17] Moore JF. The death of competition: leadership and strategy in the age of business ecosystems. Harper Business. ISBN 0-88730-850-3, 1996.

[18] Rozanski N, Woods E. Software systems architecture: working with stakeholders using viewpoints and perspectives. 2nd edition. Addison-Wesley Professional. ISBN 032171833X, 2011.

[19] Carrez F, Bauer M, Boussard M, Bui N, Jardak C, Loof JD, et al. SENSEI deliverable D1.5 – final architectural reference model for the IoT v3.0, Internet of Things Architecture IoT-A. EC research project. Available from: http://www.meet-iot.eu/deliverables-IOTA/D1_5.pdf, 2013.

[20] SENSEI project. Integrating the physical with the digital world of the network of the future. FP7-ICT. European Commission, Project ID: 215923. Available from: https://cordis.europa.eu/project/rcn/85429_en.html, 2010.

[21] Pastor A, Ho E, Magerkurth C, Martín G, Sáinz I, et al. IoT-A deliverable D6.2 – updated requirements list, Internet of Things Architecture IoT-A. EC Research Project. Available from: http://www.meet-iot.eu/deliverables-IOTA/D6_2.pdf, 2011.

[22] Magerkurth C, Segura AS, Vicari N, Boussard M, Meyer S. IoT-A deliverable D6.3 – final requirements list, Internet of Things Architecture IoT-A. EC Research Project. Available from: http://www.meet-iot.eu/deliverables-IOTA/D6_3.pdf, 2013.

[23] European Telecommunications Standards Institute Machine to Machine Technical Committee (ETSI M2M TC). ETSI TS 102 689 Machine to Machine communications (M2M); M2M service requirements. Available from: http://www.etsi.org/deliver/etsi_ts/102600_102699/102689/01.01.01_60/ts_102689v010101p.pdf, 2010.

[24] European Telecommunications Standards Institute. ETSI TR 103 375 v1.1.1 (2016–19) SmartM2M: IoT standards landscape and future evolutions. Available from: http://www.etsi.org/deliver/etsi_tr/103300_103399/103375/01.01.01_60/tr_103375v010101p.pdf, 2016.

[25] European Commission. Smart Grid Mandate 490 – standardization mandate to European Standardisation Organisations (ESOs) to support European smart grid deployment. Tech. rep.; 2011. Available from: http://ec.europa.eu/growth/tools-databases/mandates/index.cfm?fuseaction=search.detail&id=475#.

[26] Paradiso JA, Starner T. Energy scavenging for mobile and wireless electronics. IEEE Pervasive Computing 2005;4(1):18–27. https://doi.org/10.1109/MPRV.2005.9.

[27] Mitcheson PD, Yeatman EM, Rao GK, Holmes AS, Green TC. Energy harvesting from human and machine motion for wireless electronic devices. Proceedings of the IEEE 2008;96(9):1457–86. https://doi.org/10.1109/JPROC.2008.927494.

[28] Magno M, Boyle D, Brunelli D, O'Flynn B, Popovici E, Benini L. Extended wireless monitoring through intelligent hybrid energy supply. IEEE Transactions on Industrial Electronics 2014;61(4):1871–81. https://doi.org/10.1109/TIE.2013. 2267694.

[29] Boyle DE, Newe T. On the implementation and evaluation of an elliptic curve based cryptosystem for Java enabled wireless sensor networks. Sensors and Actuators A: Physical 2009;156(2):394–405. https://doi.org/10.1016/j.sna.2009. 10.012. Available from: http://www.sciencedirect.com/science/article/pii/S0924424709004361.

[30] Shi W, Cao J, Zhang Q, Li Y, Xu L. Edge computing: vision and challenges. IEEE Internet of Things Journal 2016;3(5):637–46. https://doi.org/10.1109/JIOT.2016.2579198.

[31] Boyle D, Magno M, O'Flynn B, Brunelli D, Popovici E, Benini L. Towards persistent structural health monitoring through sustainable wireless sensor networks. In: 2011 seventh international conference on intelligent sensors, sensor networks and information processing; 2011. p. 323–8.

[32] European Telecommunications Standards Institute Machine to Machine Technical Committee (ETSI M2M TC). ETSI TS 102 690 Machine to Machine communications (M2M) functional architecture. Available from: http://www.etsi.org/ deliver/etsi_ts/102600_102699/102690/01.02.01_60/ts_102690v010201p.pdf, 2013.

[33] Jain P, Hedman P, Zisimopoulos H. Machine type communications in 3GPP systems. IEEE Communications Magazine 2012;50(11).

[34] Liberg O, Sundberg M, Wang E, Bergman J, Sachs J. Cellular Internet of Things: technologies, standards, and performance. Academic Press; 2017.

[35] Raza U, Kulkarni P, Sooriyabandara M. Low power wide area networks: an overview. IEEE Communications Surveys Tutorials 2017;19(2):855–73. https://doi.org/10.1109/COMST.2017.2652320.

[36] Vlasios T, Alexander G, Tim B, Frederic M, Jesus B, Martin B, et al. The sensei real world internet architecture. Stand Alone. Towards the future internet; 2010. p. 247–56.

[37] European Commission. European legislation on re-use of public sector information. Available from: https://ec.europa.eu/ digital-single-market/en/european-legislation-reuse-public-sector-information, 2017.

[38] Russell S, Norvig P. Artificial intelligence: a modern approach. 3rd edition. Upper Saddle River, NJ, USA: Prentice Hall Press; 2009. ISBN 0136042597, 9780136042594.

[39] Cheng B, Zhang J, Hancke GP, Karnouskos S, Colombo AW. Industrial cyberphysical systems: realizing cloud-based big data infrastructures. IEEE Industrial Electronics Magazine 2018;12(1):25–35. https://doi.org/10.1109/mie.2017.2788850.

[40] Allemang D, Hendler J. Semantic web for the working ontologist: effective modeling in RDFS and OWL. Waltham, MA: Morgan Kaufmann/Elsevier. ISBN 978-0123859655, 2011.

[41] Holler J, Tsiatsis V, Mulligan C. Toward a machine intelligence layer for diverse industrial IoT use cases. IEEE Intelligent Systems 2017;32(4):64–71. https://doi.org/10.1109/mis.2017.3121543.

[42] Fowler M. Microservices: a definition of this new architectural term. Available from: https://martinfowler.com/articles/ microservices.html, 2014.

[43] IERC. IoT semantic interoperability: research challenges, best practices, recommendations and next steps. Tech. rep.; 2015. Available from: http://www.internet-of-things-research.eu/pdf/IERC_Position_Paper_IoT_Semantic_ Interoperability_Final.pdf.

[44] Cho JH, Wang Y, Chen IR, Chan KS, Swami A. A survey on modeling and optimizing multi-objective systems. IEEE Communications Surveys & Tutorials 2017;19(3):1867–901. https://doi.org/10.1109/comst.2017.2698366.

[45] Anderson N, Diab WW, French T, Harper KE, Lin SW, Nair D, et al. Industrial internet of things analytics framework. Tech. rep. IIC:PUB:T3:V1.00:PB:20171023; 2017. Available from: http://www.iiconsortium.org/industrial-analytics.htm.

[46] Kreutz D, Ramos FMV, Verissimo PE, Rothenberg CE, Azodolmolky S, Uhlig S. Software-defined networking: a comprehensive survey. Proceedings of the IEEE 2015;103(1):14–76. https://doi.org/10.1109/jproc.2014.2371999.

[47] Mijumbi R, Serrat J, Gorricho JL, Bouten N, Turck FD, Boutaba R. Network function virtualization: state-of-the-art and research challenges. IEEE Communications Surveys & Tutorials 2016;18(1):236–62. https://doi.org/10.1109/comst.2015. 2477041.

[48] Mell P, Grance T. The NIST definition of cloud computing. Special Publication. Available from: http://csrc.nist.gov/ publications/nistpubs/800-145/SP800-145.pdf, 2011.

[49] Roberts M. Serverless architectures. Available from: https://martinfowler.com/articles/serverless.html, 2016.

[50] Lynn T, Rosati P, Lejeune A, Emeakaroha V. A preliminary review of enterprise serverless cloud computing (function-as-a-service) platforms. In: 2017 IEEE international conference on cloud computing technology and science (CloudCom). IEEE; 2017. p. 162–9.

[51] Iorga M, Feldman L, Barton R, Martin MJ, Goren N, Mahmoudi C. Fog computing conceptual model. Tech. rep.; 2018.

[52] Reznik A, Arora R, Cannon M, Cominardi L, Featherstone W, Frazao R, et al. Developing software for multi-access edge computing. White Paper. Available from: http://www.etsi.org/images/files/ETSIWhitePapers/etsi_wp20_ MEC_SoftwareDevelopment_FINAL.pdf, 2017.

[53] Consortium O. OpenFog reference architecture for fog computing. Tech. rep.; 2017. OpenFog Consortium publication No. OPFRA001.020817. Available from: https://www.openfogconsortium.org/ra/.

[54] Persson P, Angelsmark O. Kappa: serverless IoT deployment. In: Proceedings of the 2nd international Workshop on Serverless Computing – WoSC '17, WoSC '17. New York, NY, USA: ACM. ISBN 978-1-4503-5434-9, 2017. p. 16–21.

[55] Karnouskos S. Efficient sensor data inclusion in enterprise services. Datenbank-Spektrum 2009;9(28):5–10.

[56] Karnouskos S, Vilaseñor V, Handte M, Marrón PJ. Ubiquitous integration of cooperating objects. International Journal of Next-Generation Computing (IJNGC) 2011;2(3).

[57] Karnouskos S. Stuxnet worm impact on industrial cyber-physical system security. In: 37th annual conference of the IEEE industrial electronics society (IECON 2011); 2011. p. 4490–4.

[58] Marrón PJ, Karnouskos S, Minder D, Ollero A, editors. The emerging domain of cooperating objects. Springer; 2011. 271 pp.

[59] Karnouskos S, Marrón PJ, Fortino G, Mottola L, Martínez-de Dios JR. Applications and markets for cooperating objects. SpringerBriefs in electrical and computer engineering. Springer. ISBN 978-3-642-45400-4, 2014.

[60] Sfar AR, Natalizio E, Challal Y, Chtourou Z. A roadmap for security challenges in internet of things. Digital Communications and Networks 2017. https://doi.org/10.1016/j.dcan.2017.04.003.

[61] Karnouskos S, Kerschbaum F. Privacy and integrity considerations in hyperconnected autonomous vehicles. Proceedings of the IEEE 2018;106(1):160–70. https://doi.org/10.1109/jproc.2017.2725339.

[62] Business Process Model and Notation (BPMN). Available from: http://www.bpmn.org/.

[63] Tranquillini S, Spiess P, Daniel F, Karnouskos S, Casati F, Oertel N, et al. Process-based design and integration of wireless sensor network applications. In: 10th international conference on Business Process Management (BPM). Springer Berlin Heidelberg; 2012. p. 134–49.

[64] Daniel F, Eriksson J, Finne N, Fuchs H, Gaglione A, Karnouskos S, et al. makesense: real-world business processes through wireless sensor networks. In: 4th international workshop on networks of cooperating objects for smart cities 2013 (CONET/UBICITEC 2013). CEUR-WS.org; 2013. p. 58–72. Available from: http://ceur-ws.org/Vol-1002/paper6.pdf.

[65] Spiess P, Karnouskos S. Maximizing the business value of networked embedded systems through process-level integration into enterprise software. In: Second International Conference on Pervasive Computing and Applications (ICPCA 2007); 2007. p. 536–41.

[66] Vasseur JP, Dunkels A. Interconnecting smart objects with IP: the next internet. San Francisco, CA, USA: Morgan Kaufmann Publishers Inc.; 2010. ISBN 0123751659, 9780123751652.

[67] Karnouskos S, Somlev V. Performance assessment of integration in the cloud of things via web services. In: IEEE International Conference on Industrial Technology (ICIT 2013); 2013. p. 1988–93.

[68] Mottola L, Picco GP, Opperman FJ, Eriksson J, Finne N, Fuchs H, et al. makeSense: simplifying the integration of wireless sensor networks into business processes. IEEE Transactions on Software Engineering 2018:1. https://doi.org/10.1109/tse.2017.2787585.

[69] Spiess P, Karnouskos S, de Souza LMS, Savio D, Guinard D, Trifa V, et al. Reliable execution of business processes on dynamic networks of service-enabled devices. In: 7th IEEE international conference on industrial informatics INDIN 2009; 2009. p. 533–8.

[70] Schneier B. Applied cryptography: protocols, algorithms, and source code in C. John Wiley & Sons; 2007.

[71] Law YW, Doumen J, Hartel P. Survey and benchmark of block ciphers for wireless sensor networks. ACM Transactions on Sensor Networks (TOSN) 2006;2(1):65–93.

[72] Cheung RC, Luk W, Cheung PY. Reconfigurable elliptic curve cryptosystems on a chip. In: Proceedings of the conference on design, automation and test in Europe-volume 1. IEEE Computer Society; 2005. p. 24–9.

[73] Wander AS, Gura N, Eberle H, Gupta V, Shantz SC. Energy analysis of public-key cryptography for wireless sensor networks. In: Pervasive computing and communications, 2005. PerCom 2005. Third IEEE international conference on. IEEE; 2005. p. 324–8.

[74] Amish P, Vaghela V. Detection and prevention of wormhole attack in wireless sensor network using AOMDV protocol. Procedia Computer Science 2016;79:700–7.

[75] Adat V, Gupta B. Security in internet of things: issues, challenges, taxonomy, and architecture. Telecommunication Systems 2018;67(3):423–41.

[76] Karlof C, Wagner D. Secure routing in wireless sensor networks: attacks and countermeasures. Ad Hoc Networks 2003;1(2–3):293–315.

[77] Antonakakis M, April T, Bailey M, Bernhard M, Bursztein E, Cochran J, et al. Understanding the mirai botnet. In: 26th USENIX security symposium (USENIX security 17). Vancouver, BC: USENIX Association. ISBN 978-1-931971-40-9, 2017. p. 1093–110. Available from: https://www.usenix.org/conference/usenixsecurity17/technical-sessions/presentation/antonakakis.

[78] Schneier B. Lessons from the dyn ddos attack. Schneier on Security Blog 2016;8.

[79] Schaad J. CBOR Object Signing and Encryption (COSE). RFC 8152 (proposed standard); 2017. Available from: https://www.rfc-editor.org/rfc/rfc8152.txt.

[80] Winter T, editor, Thubert P, editor, Brandt A, Hui J, Kelsey R, Levis P, et al. RPL: IPv6 routing protocol for low-power and lossy networks. RFC 6550 (proposed standard); 2012. Available from: https://www.rfc-editor.org/rfc/rfc6550.txt.

[81] Alliance L. Lorawan specification. LoRa Alliance 2015.

[82] Lasota PA, Fong T, Shah JA, et al. A survey of methods for safe human–robot interaction. Foundations and Trends® in Robotics 2017;5(4):261–349.

[83] Iso I. Iso 10218-1: 2011: robots and robotic devices—safety requirements for industrial robots—part 1: robots. Geneva, Switzerland: International Organization for Standardization; 2011.

[84] Committee SORAVS, et al. Taxonomy and definitions for terms related to on-road motor vehicle automated driving systems. SAE International; 2014.

[85] Boyle DE, Yates DC, Yeatman EM. Urban sensor data streams: London 2013. IEEE Internet Computing 2013;17(6):12–20.

[86] Miller B, Rowe D. A survey scada of and critical infrastructure incidents. In: Proceedings of the 1st annual conference on research in information technology. ACM; 2012. p. 51–6.

[87] Nicol DM. Hacking the lights out. Scientific American 2011;305(1):70–5.

[88] Sicari S, Rizzardi A, Grieco LA, Coen-Porisini A. Security, privacy and trust in internet of things: the road ahead. Computer Networks 2015;76:146–64.

[89] Sadeghi AR, Wachsmann C, Waidner M. Security and privacy challenges in industrial internet of things. In: Proceedings of the 52nd annual design automation conference. ACM; 2015. p. 54.

[90] Roman R, Zhou J, Lopez J. On the features and challenges of security and privacy in distributed internet of things. Computer Networks 2013;57(10):2266–79.

[91] Smart NP, Rijmen V, Gierlichs B, Paterson K, Stam M, Warinschi B, et al. Algorithms, key size and parameters report. European Union Agency for Network and Information Security; 2014. p. 1–95. Available from: https://www.enisa.europa. eu/publications/algorithms-key-sizes-and-parameters-report/at_download/fullReport.

[92] Covington MJ, Fogla P, Zhan Z, Ahamad M. A context-aware security architecture for emerging applications. In: Computer security applications conference, 2002. Proceedings. 18th annual. IEEE; 2002. p. 249–58.

[93] Chen D, Chang G, Sun D, Li J, Jia J, Wang X. TRM-IoT: a trust management model based on fuzzy reputation for internet of things. Computer Science and Information Systems 2011;8(4):1207–28.

[94] Vermesan O, Friess P. Internet of things: converging technologies for smart environments and integrated ecosystems. Rover Publishers. ISBN 978-87-92982-73-5, 2013. Available from: http://www.internet-of-things-research.eu/pdf/Converging_ Technologies_for_Smart_Environments_and_Integrated_Ecosystems_IERC_Book_Open_Access_2013.pdf.

[95] Internet Protocol for Smart Objects (IPSO) Alliance, IPSO Smart Object Committee. IPSO SmartObject guideline, smart objects starter pack 1.0; 2014. Available from: https://www.ipso-alliance.org/so-starter-pack/.

[96] Internet Protocol for Smart Objects (IPSO) Alliance, IPSO Smart Object Committee. IPSO SmartObject guideline, smart objects expansion pack; 2015. Available from: https://www.ipso-alliance.org/so-expansion-pack/.

[97] Open Mobile Alliance (OMA). Lightweight machine to machine technical specification V1.0.2. Available from: http://www.openmobilealliance.org/release/LightweightM2M/V1_0_2-20180209-A/OMA-TS-LightweightM2M-V1_0_2-20180209-A.pdf, 2018.

[98] Shelby Z, Vial M, Koster M, Groves C, Zhu J, Silverajan B. Reusable interface definitions for constrained RESTful environments draft-ietf-core-interfaces-10. Tech. rep.; 2017. Available from: https://datatracker.ietf.org/doc/html/draft-ietf-core-interfaces-10.

[99] Veillette M, der Stok PV, Pelov A, Bierman A. CoAP management interface draft-ietf-core-comi-01. Tech. rep.; 2017. Available from: https://datatracker.ietf.org/doc/html/draft-ietf-core-comi-01.

[100] Jennings C, Shelby Z, Arkko J, Keränen A, Bormann C. Media types for sensor measurement lists (SenML) draft-ietf-core-senml-11. Tech. rep.; 2017. Available from: https://datatracker.ietf.org/doc/html/draft-ietf-core-senml-11.

[101] Shelby Z, Koster M, Bormann C, der Stok PV, Amsüss C. CoRE resource directory draft-ietf-core-resource-directory-12. Tech. rep.; 2017. Available from: https://tools.ietf.org/html/draft-ietf-core-resource-directory-12.

[102] Vial M. CCoRE mirror server draft-vial-core-mirror-server-01. Tech. rep.; 2013. Available from: https://tools.ietf.org/ html/draft-vial-core-mirror-server-01.

[103] Adolphs P, Bedenbender H, Dirzus D, Ehlich M, Epple U, Hankel M, et al. Reference architecture model industrie 4.0 (RAMI4.0). Tech. rep.; 2015. Available from: https://goo.gl/3DcvkQ.

[104] Cooperation among two key leaders in the industrial internet. Available from: https://goo.gl/d9m643, 2016.

[105] Pai M. Interoperability between IIC architecture & industry 4.0 reference architecture for industrial assets. Tech. rep.; 2016. Available from: https://www.infosys.com/engineering-services/white-papers/Documents/industrial-internet-consortium-architecture.pdf.

[106] ISO/IEC/IEEE systems and software engineering – architecture description; 2011.

[107] ISO/IEC/IEEE international standard – systems and software engineering – system life cycle processes; 2015.

[108] Industrial Internet Consortium. The industrial internet of things volume G1: reference architecture V1.8. Tech. rep.; 2017. Available from: http://www.iiconsortium.org/IIRA.htm.

[109] Kruchten P. The 4+1 view model of architecture. IEEE Software 1995;12(6):42–50. https://doi.org/10.1109/52.469759.

[110] Rowley J. The wisdom hierarchy: representations of the DIKW hierarchy. Journal of Information Science 2007;33(2):163–80. https://doi.org/10.1177/0165551506070706.

[111] NASA Jet Propulsion Laboratory. Semantic Web for Earth and Environmental Terminology (SWEET) ontologies. Available from: http://sweet.jpl.nasa.gov/ontology.

[112] De S, Barnaghi P, Bauer M, Meissner S. Service modelling for the internet of things. In: 2011 Federated Conference on Computer Science and Information Systems (FedCSIS); 2011. p. 949–55.

[113] Martín G, Meissner S, Dobre D, Thoma M. IoT-A deliverable D2.1 – resource description specification, Internet of Things Architecture IoT-A. EC Research Project. Available from: http://www.meet-iot.eu/deliverables-IOTA/D2_1.pdf, 2012.

[114] Gruschka N, Gessner D, Serbanati A, Segura AS, Olivereau A, Saied YB, et al. SENSEI deliverable D4.2 – concepts and solutions for privacy and security in the resolution infrastructure, Internet of Things Architecture IoT-A. EC Research Project. Available from: http://www.meet-iot.eu/deliverables-IOTA/D4_2.pdf, 2012.

[115] Shirey R. Internet security glossary, version 2. Tech. rep.; 2007.

[116] Moskowitz R, Nikander P. Host Identity Protocol (HIP) architecture. Tech. rep.; 2006.

[117] Industrial Internet Consortium. The industrial internet of things volume G5: connectivity framework V1.0. Tech. rep.; 2017. Available from: http://www.iiconsortium.org/IICF.htm.

[118] Industrial Internet Consortium. Industrial internet of things volume G4: security framework V1.0. Tech. rep.; 2016. Available from: http://www.iiconsortium.org/IISF.htm.

[119] Industrial Internet Consortium. The industrial internet of things volume G8: vocabulary V2.0. Tech. rep.; 2017. Available from: http://www.iiconsortium.org/vocab/index.htm.

[120] Ogata K. Modern control engineering. Pearson. 5th edition. ISBN 0136156738, 2010.

[121] Yiğitler H, Jäntti R, Kaltiokallio O, Patwari N. Detector based radio tomographic imaging. Available from: https://arxiv.org/abs/1604.03083, 2016.

[122] Boyle DE, Kiziroglou ME, Mitcheson PD, Yeatman EM. Energy provision and storage for pervasive computing. IEEE Pervasive Computing 2016;15(4):28–35. https://doi.org/10.1109/MPRV.2016.65.

[123] Jammes F, Karnouskos S, Bony B, Nappey P, Colombo AW, Delsing J, et al. Promising technologies for soa-based industrial automation systems. In: Industrial cloud-based cyber-physical systems: the IMC-AESOP approach. Springer; 2014. p. 89–109.

[124] Márquez AC, Díaz VGP, Fernández JFG, editors. Advanced maintenance modelling for asset management. Springer International Publishing; 2018.

[125] Heng FL, Zhang K, Goyal A, Chaudhary H, Hirsch S, Kim Y, et al. Integrated analytics system for electric industry asset management. IBM Journal of Research and Development 2016;60(1):2:1–2:12. https://doi.org/10.1147/jrd.2015.2475955.

[126] Muller A, Marquez AC, Iung B. On the concept of e-maintenance: review and current research. Reliability Engineering & System Safety 2008;93(8):1165–87. https://doi.org/10.1016/j.ress.2007.08.006.

[127] Cannata A, Karnouskos S, Taisch M. Dynamic e-maintenance in the era of SOA-ready device dominated industrial environments. In: IMS – manufacturing technology platform (M4SM). London: Springer; 2009. p. 411–9.

[128] Macchi M, Martínez LB, Márquez AC, Fumagalli L, Granados MH. Value assessment of e-maintenance platforms. In: Advanced maintenance modelling for asset management. Springer International Publishing; 2017. p. 371–85.

[129] Haller S, Karnouskos S. CoBIs: collaborative business items. In: Rabe M, Mihók P, editors. New technologies for the intelligent design and operation of manufacturing networks, chap. CoBIs: collaborative business items. Fraunhofer IRB Verlag. ISBN 978-3-8167-7520-1, 2007. p. 201–2.

[130] Decker C, Spiess P, de Souza LMs, Beigl M, Nochta Z. Coupling enterprise systems with wireless sensor nodes: analysis, implementation, experiences and guidelines. In: Workshop on Pervasive Technology Applied (PTA) at the international conference on pervasive computing. ISBN 978-3-00-018411-6, 2006. p. 393–400. Available from: http://www.ibr.cs.tu-bs.de/dus/publications/pta2006.pdf.

[131] Karnouskos S, Spiess P. Towards enterprise applications using wireless sensor networks. In: Cardoso J, Cordeiro J, Filipe J, editors. 9th International Conference on Enterprise Information Systems (ICEIS). ISBN 978-972-8865-90-0, 2007. p. 230–6.

[132] Karnouskos S, Guinard D, Savio D, Spiess P, Baecker O, Trifa V, et al. Towards the real-time enterprise: service-based integration of heterogeneous SOA-ready industrial devices with enterprise applications. IFAC Proceedings Volumes 2009;42(4):2131–6. https://doi.org/10.3182/20090603-3-ru-2001.0551.

[133] Colombo AW, Karnouskos S. Towards the factory of the future: a service-oriented cross-layer infrastructure. In: ICT shaping the world: a scientific view. European Telecommunications Standards Institute (ETSI), John Wiley and Sons. ISBN 9780470741306, 2009. p. 65–81.

[134] Boyd A, Noller D, Peters P, Salkeld D, Thomasma T, Gifford C, et al. SOA in manufacturing – guidebook. Tech. rep.; 2008. Available from: ftp://public.dhe.ibm.com/software/plm/pdif/MESA_SOAinManufacturingGuidebook.pdf.

[135] Karnouskos S, Bangemann T, Diedrich C. Integration of legacy devices in the future SOA-based factory. IFAC Proceedings Volumes 2009;42(4):2113–8. https://doi.org/10.3182/20090603-3-ru-2001.0487.

[136] Leitão P, Colombo AW, Karnouskos S. Industrial automation based on cyber-physical systems technologies: prototype implementations and challenges. Computers in Industry 2016;81:11–25. https://doi.org/10.1016/j.compind.2015.08.004.

[137] Hohpe G, Woolf B. Enterprise integration patterns: designing, building, and deploying messaging solutions. Boston, MA, USA: Addison-Wesley Longman Publishing Co., Inc.. ISBN 0321200683, 2003.

[138] Cannata A, Karnouskos S, Taisch M. Evaluating the potential of a service oriented infrastructure for the factory of the future. In: 8th international conference on industrial informatics (INDIN); 2010. p. 592–7.

[139] Trappey AJC, Trappey CV, Govindarajan UH, Sun JJ, Chuang AC. A review of technology standards and patent portfolios for enabling cyber-physical systems in advanced manufacturing. IEEE Access 2016;4:7356–82. https://doi.org/10.1109/access.2016.2619360.

[140] Taisch M, Colombo AW, Karnouskos S, Cannata A. SOCRADES roadmap: the future of SOA-based factory automation. Tech. rep.; 2009. Available from: http://www.socrades.net/Documents/objects/file1274836528.pdf.

[141] Colombo AW, Karnouskos S, Mendes JM. Factory of the future: a service-oriented system of modular, dynamic recon-figurable and collaborative systems. In: Benyoucef L, Grabot B, editors. Artificial intelligence techniques for networked manufacturing enterprises management. Springer. ISBN 978-1-84996-118-9, 2010. p. 459–81.

[142] Karnouskos S, Savio D, Spiess P, Guinard D, Trifa V, Baecker O. Real world service interaction with enterprise systems in dynamic manufacturing environments. In: Benyoucef L, Grabot B, editors. Artificial intelligence techniques for networked manufacturing enterprises management. Springer. ISBN 978-1-84996-118-9, 2010. p. 423–57.

[143] SAP Manufacturing Integration and Intelligence (SAP MII). Available from: https://www.sap.com/germany/products/manufacturing-intelligence-integration.html.

[144] Colombo AW, Bangemann T, Karnouskos S, Delsing J, Stluka P, Harrison R, et al., editors. Industrial cloud-based cyber-physical systems: the IMC-AESOP approach. Springer. ISBN 978-3-319-05623-4, 2014. Available from: http://www.springer.com/engineering/production+engineering/book/978-3-319-05623-4.

[145] Delsing J. IoT automation: arrowhead framework. CRC Press. ISBN 9781315350868, 2017.

[146] Karnouskos S, Colombo AW, Bangemann T. Trends and challenges for cloud-based industrial cyber-physical systems. In: Industrial cloud-based cyber-physical systems: the IMC-AESOP approach. Springer; 2014. p. 231–40.

[147] Karnouskos S, Colombo AW. Architecting the next generation of service-based SCADA/DCS system of systems. In: 37th annual conference of the IEEE industrial electronics society (IECON 2011); 2011. p. 359–64.

[148] Bangemann T, Karnouskos S, Camp R, Carlsson O, Riedl M, McLeod S, et al. State of the art in industrial automation. In: Industrial cloud-based cyber-physical systems: the IMC-AESOP approach. Springer; 2014. p. 23–47.

[149] Colombo AW, Karnouskos S, Kaynak O, Shi Y, Yin S. Industrial cyberphysical systems: a backbone of the fourth industrial revolution. IEEE Industrial Electronics Magazine 2017;11(1):6–16. https://doi.org/10.1109/mie.2017.2648857.

[150] Karnouskos S, Colombo AW, Bangemann T, Manninen K, Camp R, Tilly M, et al. A SOA-based architecture for empow-ering future collaborative cloud-based industrial automation. In: 38th annual conference of the IEEE industrial electronics society (IECON 2012); 2012. p. 5766–72.

[151] Karnouskos S, Colombo AW, Bangemann T, Manninen K, Camp R, Tilly M, et al. The IMC-AESOP architecture for cloud-based industrial CPS. In: Industrial cloud-based cyber-physical systems: the IMC-AESOP approach. Springer; 2014. p. 49–88.

[152] BDI. Internet of energy: ICT for energy markets of the future. Tech. rep.; 2010. BDI publication No. 439. Available from: https://www.iese.fraunhofer.de/content/dam/iese/en/mediacenter/documents/BDI_initiative_IoE_us-IdE-Broschuere_tcm27-45653.pdf.

[153] Appelrath HJ, Kagermann H, Mayer C, editors. Future energy grid: migration to the internet of energy. Germany: acatech – National Academy of Science and Engineering. ISBN 978-91-87253-06-5, 2012. Avail-able from: http://www.acatech.de/fileadmin/user_upload/Baumstruktur_nach_Website/Acatech/root/de/Publikationen/Projektberichte/EIT-ICT-Labs_final_acatech-Study_AS_121106_Einzelseiten_final.pdf.

[154] Greer C, Wollman DA, Prochaska DE, Boynton PA, Mazer JA, Nguyen CT, et al. NIST framework and roadmap for smart grid interoperability standards, release 3.0. Tech. rep.; 2014. Available from: http://www.nist.gov/smartgrid/upload/NIST-SP-1108r3.pdf.

[155] Vingerhoets P, Chebbo M, Hatziargyriou N. The digital energy system 4.0. Tech. rep.; 2016. Available from: http://www.etip-snet.eu/wp-content/uploads/2017/04/ETP-SG-Digital-Energy-System-4.0-2016.pdf.

[156] Gangale F, Vasiljevska J, Covrig CF, Mengolini A, Fulli G. Smart grid projects outlook 2017: facts, figures and trends in Europe. Tech. rep.; 2017. Available from: https://ses.jrc.ec.europa.eu/sites/ses.jrc.ec.europa.eu/files/publications/sgp_outlook_2017-online.pdf.

[157] Karnouskos S. Future smart grid prosumer services. In: IEEE international conference on Innovative Smart Grid Tech-nologies (ISGT 2011); 2011. p. 1–2.

[158] Karnouskos S, Terzidis O. Towards an information infrastructure for the future internet of energy. In: Kommunikation in Verteilten Systemen (KiVS 2007) conference. VDE Verlag. ISBN 978-3-8007-2980-7, 2007. p. 55–60.

[159] SmartGrids SRA 2035: strategic research agenda update of the SmartGrids SRA 2007 for the needs by the year 2035. Tech. rep.; 2012. Available from: http://www.etip-snet.eu/wp-content/uploads/2017/04/sra2035.pdf.

[160] Karnouskos S. The cooperative internet of things enabled smart grid. In: 14th IEEE International Symposium on Consumer Electronics (ISCE2010); 2010. p. 1–6.

[161] Karnouskos S. Demand side management via prosumer interactions in a smart city energy marketplace. In: IEEE interna-tional conference on Innovative Smart Grid Technologies (ISGT 2011); 2011. p. 1–7.

[162] Goncalves Da Silva P, Ilić D, Karnouskos S. The impact of smart grid prosumer grouping on forecasting accuracy and its benefits for local electricity market trading. Smart Grid, IEEE Transactions on 2014;5(1):402–10. https://doi.org/10.1109/tsg.2013.2278868.

[163] Zhang K, Mao Y, Leng S, Maharjan S, Zhang Y, Vinel A, et al. Incentive-driven energy trading in the smart grid. IEEE Access 2016;4:1243–57. https://doi.org/10.1109/access.2016.2543841.

[164] Borenstein S. Effective and equitable adoption of opt-in residential dynamic electricity pricing. Review of Industrial Organization 2012;42(2):127–60. https://doi.org/10.1007/s11151-012-9367-3.

[165] Karnouskos S, Goncalves Da Silva P, Ilić D. Assessment of high-performance smart metering for the web service enabled smart grid. In: Proceeding of the second joint WOSP/SIPEW international conference on performance engineering – ICPE

'11. ACM Press; 2011. p. 133–44.

[166] Ilić D, Karnouskos S, Wilhelm M. A comparative analysis of smart metering data aggregation performance. In: IEEE 11th International Conference on Industrial Informatics (INDIN); 2013. p. 434–9.

[167] European Commission. Smart grids and meters. Available from: https://ec.europa.eu/energy/en/topics/markets-and-consumers/smart-grids-and-meters.

[168] Karnouskos S, Weidlich A, Kok K, Warmer C, Ringelstein J, Selzam P, et al. Field trials towards integrating smart houses with the smart grid. In: 1st international ICST conference on E-energy. Springer; 2010. p. 114–23.

[169] Dimeas A, Drenkard S, Hatziargyriou N, Karnouskos S, Kok K, Ringelstein J, et al. Smart houses in the smart grid: developing an interactive network. IEEE Electrification Magazine 2014;2(1):81–93. https://doi.org/10.1109/mele.2013.2297032.

[170] Marqués A, Serrano M, Karnouskos S, Marrón PJ, Sauter R, Bekiaris E, et al. NOBEL – a Neighborhood Oriented Brokerage ELectricity and monitoring system. In: 1st international ICST conference on E-energy. Springer; 2010. p. 187–96.

[171] Karnouskos S, Ilić D, Goncalves Da Silva P. Assessment of an enterprise energy service platform in a smart grid city pilot. In: IEEE 11th international conference on industrial informatics (INDIN); 2013. p. 24–9.

[172] Ilić D, Goncalves Da Silva P, Karnouskos S, Griesemer M. An energy market for trading electricity in smart grid neighbourhoods. In: 6th IEEE international conference on digital ecosystem technologies – complex environment engineering (IEEE DEST-CEE); 2012. p. 1–6.

[173] Ilić D, Karnouskos S, Goncalves Da Silva P. Sensing in power distribution networks via large numbers of smart meters. In: The third IEEE PES Innovative Smart Grid Technologies (ISGT) Europe; 2012. p. 1–6.

[174] Höglund J, Ilić D, Karnouskos S, Sauter R, Goncalves Da Silva P. Using a 6LoWPAN smart meter mesh network for event-driven monitoring of power quality. In: Third IEEE international conference on smart grid communications (SmartGridComm); 2012. p. 448–53.

[175] Karnouskos S, Goncalves Da Silva P, Ilić D. Developing a web application for monitoring and management of smart grid neighborhoods. In: IEEE 11th international conference on industrial informatics (INDIN); 2013. p. 408–13.

[176] Karnouskos S. Query-driven smart grid city management. ERCIM News 2014;98:33–4. Available from: http://ercim-news.ercim.eu/en98/special/query-driven-smart-grid-city-management.

[177] Garcia JJ, Cardenas JJ, Enrich R, Ilić D, Karnouskos S, Sauter R. Smart city energy management via monitoring of key performance indicators. In: Challenges of implementing active distribution system management, CIRED workshop 2014; 2014. p. 1–15. Paper 0263. Available from: http://www.cired.net/publications/workshop2014/papers/CIRED2014WS_0263_final.pdf.

[178] Goldman J, Shilton K, Burke J, Estrin D, Hansen M, Ramanathan N, et al. Participatory sensing: a citizen-powered approach to illuminating the patterns that shape our world. White Paper. Available from: https://www.wilsoncenter.org/sites/default/files/participatory_sensing.pdf, 2009.

[179] Eisenman SB, Miluzzo E, Lane ND, Peterson RA, Ahn GS, Campbell AT. Bikenet: a mobile sensing system for cyclist experience mapping. ACM Transactions on Sensor Networks 2009;6(1):1–39. https://doi.org/10.1145/1653760.1653766.

[180] Sheth A. Citizen sensing, social signals, and enriching human experience. IEEE Internet Computing 2009;13(4):87–92. https://doi.org/10.1109/mic.2009.77.

[181] Sheth A, Jadhav A, Kapanipathi P, Lu C, Purohit H, Smith GA, et al. Twitris: a system for collective social intelligence. In: Encyclopedia of social network analysis and mining. New York: Springer. ISBN 978-1-4614-6170-8, 2014. p. 2240–53.

[182] Wang D, Abdelzaher T, Kaplan L. Social sensing: building reliable systems on unreliable data. 1st edition. San Francisco, CA, USA: Morgan Kaufmann Publishers Inc.; 2015. ISBN 0128008679, 9780128008676.

[183] Wang D, Szymanski BK, Abdelzaher T, Ji H, Kaplan L. The age of social sensing. Available from: https://arxiv.org/abs/1801.09116, 2018.

[184] Lee EA. Cyber physical systems: design challenges. In: Object oriented real-time distributed computing (ISORC), 2008 11th IEEE international symposium on. IEEE; 2008. p. 363–9.

[185] Takagi K, Morikawa K, Ogawa T, Saburi M. Road environment recognition using on-vehicle lidar. In: 2006 IEEE intelligent vehicles symposium; 2006. p. 120–5.

[186] Wei J, Snider JM, Kim J, Dolan JM, Rajkumar R, Litkouhi B. Towards a viable autonomous driving research platform. In: Intelligent Vehicles symposium (IV), 2013 IEEE. IEEE; 2013. p. 763–70.

[187] Ozguner U, Stiller C, Redmill K. Systems for safety and autonomous behavior in cars: the darpa grand challenge experience. Proceedings of the IEEE 2007;95(2):397–412. https://doi.org/10.1109/JPROC.2006.888394.

[188] Hank P, Müller S, Vermesan O, Van Den Keybus J. Automotive ethernet: in-vehicle networking and smart mobility. In: Proceedings of the conference on design, automation and test in Europe. EDA Consortium; 2013. p. 1735–9.

[189] Fürst S, Mössinger J, Bunzel S, Weber T, Kirschke-Biller F, Heitkämper P, et al. Autosar–a worldwide standard is on the road. In: 14th international VDI congress electronic systems for vehicles, vol. 62. 2009. p. 5.

[190] Longo M, Zaninelli D, Viola F, Romano P, Miceli R, Caruso M, et al. Recharge stations: a review. In: Ecological vehicles and renewable energies (EVER), 2016 eleventh international conference on. IEEE; 2016. p. 1–8.

[191] Marchant GE, Lindor RA. The coming collision between autonomous vehicles and the liability system. Santa Clara Law Review 2012;52:1321.

[192] Hevelke A, Nida-Rümelin J. Responsibility for crashes of autonomous vehicles: an ethical analysis. Science and Engineering Ethics 2015;21(3):619–30.

[193] Lin P. Why ethics matters for autonomous cars. In: Autonomous driving. Springer; 2016. p. 69–85.

[194] Gogoll J, Müller JF. Autonomous cars: in favor of a mandatory ethics setting. Science and Engineering Ethics 2017;23(3):681–700.

[195] Qin Y, Boyle D, Yeatman E. A novel protocol for data links between wireless sensors and UAV based sink nodes. In: 2018 IEEE 4th World Forum on Internet of Things (WF-IoT); 2018. p. 371–6.

[196] Mitcheson PD, Boyle D, Kkelis G, Yates D, Saenz JA, Aldhaher S, et al. Energy-autonomous sensing systems using drones. In: 2017 IEEE SENSORS; 2017. p. 1–3.

[197] Katzschmann RK, DelPreto J, MacCurdy R, Rus D. Exploration of underwater life with an acoustically controlled soft robotic fish. Science Robotics 2018;3(16):eaar3449. https://doi.org/10.1126/scirobotics.aar3449.

[198] Kartakis S, Fu A, Mazo M, McCann JA. Communication schemes for centralized and decentralized event-triggered control systems. IEEE Transactions on Control Systems Technology 2017:1–14. https://doi.org/10.1109/TCST.2017.2753166.

[199] Ilic MD, Xie L, Khan UA, Moura JM. Modeling of future cyber–physical energy systems for distributed sensing and control. IEEE Transactions on Systems, Man, and Cybernetics-Part A: Systems and Humans 2010;40(4):825–38.

[200] Gubbi J, Buyya R, Marusic S, Palaniswami M. Internet of Things (IoT): a vision, architectural elements, and future directions. Future Generations Computer Systems 2013;29(7):1645–60.

[201] Sangiovanni-Vincentelli A, Damm W, Passerone R. Taming Dr. Frankenstein: contract-based design for cyber-physical systems. European Journal of Control 2012;18(3):217–38.

[202] Derler P, Lee EA, Tripakis S, Törngren M. Cyber-physical system design contracts. In: Proceedings of the ACM/IEEE 4th international conference on cyber-physical systems. ACM; 2013. p. 109–18.

[203] Jensen JC, Chang DH, Lee EA. A model-based design methodology for cyber-physical systems. In: Wireless Communications and Mobile Computing Conference (IWCMC), 2011 7th International. IEEE; 2011. p. 1666–71.

[204] Baker P, Croucher P, Rushton A. The handbook of logistics and distribution management. Kogan Page. ISBN 9780749476786, 2017. Available from: https://www.koganpage.com/product/the-handbook-of-logistics-and-distribution-management-9780749476779.

[205] Christopher M. Logistics & supply chain management. FT Publishing International. ISBN 9781292083827, 2016. Available from: http://www.informit.com/store/logistics-supply-chain-management-9781292083797.

[206] Aitken J. Supply chain integration within the context of a supplier association: case studies of four supplier associations. Ph.D. thesis. Cranfield University; 1998. Available from: http://dspace.lib.cranfield.ac.uk/handle/1826/9990.

[207] Council of Supply Chain Professionals. Supply chain terms and glossary. Available from: http://cscmp.org/CSCMP/Educate/SCM_Definitions_and_Glossary_of_Terms/CSCMP/Educate/SCM_Definitions_and_Glossary_of_Terms.aspx?hkey=60879588-f65f-4ab5-8c4b-6878815ef921, 2013.

[208] Schwab K. The fourth industrial revolution: what it means, how to respond. World Economic Forum (WEF). Available from: https://www.weforum.org/agenda/2016/01/the-fourth-industrial-revolution-what-it-means-and-how-to-respond/, 2016.

[209] Bollier D. When push comes to pull: the new economy and culture of networking technology. Tech. rep.; 2005. Available from: http://www.bollier.org/files/aspen_reports/2005InfoTechText.pdf.

[210] Intelligent assets: unlocking the circular economy potential. Tech. rep.; 2015. Available from: http://www3.weforum.org/docs/WEF_Intelligent_Assets_Unlocking_the_Cricular_Economy.pdf.

[211] Karnouskos S. Massive open online courses (MOOCs) as an enabler for competent employees and innovation in industry. Computers in Industry 2017;91:1–10. https://doi.org/10.1016/j.compind.2017.05.001.

[212] Fielding RT. Architectural styles and the design of network-based software architectures. Ph.D. thesis. Irvine: University of California; 2000. Available from: https://www.ics.uci.edu/~fielding/pubs/dissertation/fielding_dissertation.pdf.

[213] Shelby Z, Hartke K, Bormann C. The Constrained Application Protocol (CoAP). Tech. rep.; 2014.

[214] European Telecommunications Standards Institute Machine to Machine Technical Committee (ETSI M2M TC). ETSI TS 102 921 Machine-to-Machine communications (M2M) mIa, dIa and mId interfaces. Available from: http://www.etsi.org/deliver/etsi_ts/102900_102999/102921/01.02.01_60/ts_102921v010201p.pdf, 2013.

[215] International Telecommunication Union Telecom. Overview of the Internet of things, ITU-T Recommendation Y.2060. Available from: https://www.itu.int/rec/T-REC-Y.2060-201206-I, 2012.